주요 금지급 과실파리 침입대비

위기 대응 매뉴얼

김용균 · 김동순 · 박계청 · 한호연 공저

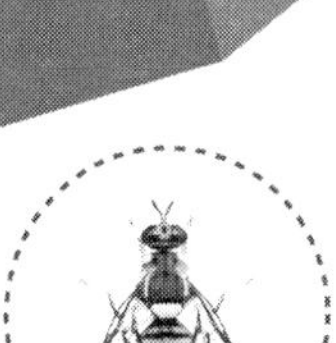
오리엔탈과실파리

지중해과실파리

퀸즐랜드과실파리

복숭아과실파리

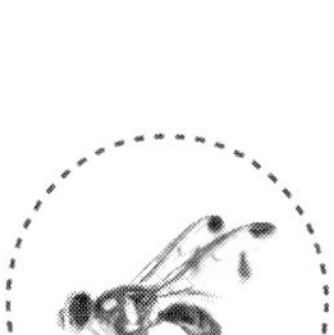
오이과실파리

홍릉과학출판사

머리말

국제 교역량 증가와 범세계적인 기후변화로 아열대성 해충인 금지급 과실파리류의 국내 침입 및 정착 가능성이 높아지고 있으며, 이러한 침입을 예측하고 대응하기가 점점 어려워지고 있다. 그러나 이러한 위험성에 대처하기 위해 여러 나라들이 정부 주관의 조직을 운영하면서 미리 마련된 대응프로그램을 가지고 훈련을 하고, 훈련과정에서 발견된 문제점을 수정하고 이를 기반으로 외래병해충 관리체계를 운영하고 있다. 실제 발생하였을 경우 이를 박멸하는 과정 동안 사전에 준비된 관리체계에서 발견된 문제점을 재수정하는 과정을 거쳐 보다 효율적으로 대처하고자 노력하고 있다. 이러한 시점에 농림수산식품기술기획평가원(IPET)에서 주관하는 『금지급 검역해충 과실파리류 침입 대비 국가 위기대응 시스템 개발』 연구과제(2016~2019년) 수행팀은 우리나라 침입 · 정착 시 농산업에 막대한 피해를 주는 금지급 과실파리류로부터 안전한 한국을 만들기 위해 현재까지 연구결과 및 지금까지 가지고 있는 정보를 검토하고 보완 · 개선하여 "주요 금지급 과실파리 침입 대비 위기 대응 매뉴얼"을 제작하였다. 본 매뉴얼에 금지급 과실파리류의 조기탐지를 위한 모니터링 기술, 발견 · 발생에 대한 사전준비, 위험평가의 신속 시행 및 과학적 지견에 근거한 해충 관리의 전체 과정(상시 모니터링-진단-긴급 모니터링-발생예찰-박멸-DB관리), 관리 운영체계 및 관련기관의 역할에 대하여 최신 정보를 수록하였다. 그러나 예기치 못한 고위해성 과실파리의 침입에 따른 본 매뉴얼 기반의 대처 과정 동안 여러 현실적 한계를 극복하는 과정에서 본 매뉴얼의 수정은 추후 따라야 할 숙제이다. 아무쪼록 본 책자가 금지급 과실파리를 대처하기 위한 한국형 매뉴얼을 구축하는 데 지침서로 이용되기를 바란다.

2017년 12월 30일
저자 일동

차례

차례

차례

CHAPTER 02

차례

차례

차례

차례

차례

차례

차례

차례

서론

흔히 "과실파리(fruit flies)"라고 일컫는 분류군들은 대다수가 파리목(Order Diptera)의 과실파리과(Tephritidae)와 초파리과(Drosophilidae)로 대별된다. 과실파리과는 아름다운 무늬와 다양한 색채로 공작파리(peacock flies)로도 부르며, 일반 과실파리(common fruit flies) 또는 초파리(vinegar flies)로 부르는 초파리과와 구분 짓고 있다. 과실파리과에는 약 4,700 종 이상이 현재까지 보고되었으며 이들은 500여 속으로 분류되고 있다(Norrbom 등, 1999; Catalogue of Life as of November 11, 2017 - www.catalogueoflife.org). 그러나 과실파리과 신분류군들이 계속 추가되고 있으며, 분자 및 생태정보와 형태적인 분류형질들을 통합하는 새로운 계통학적 접근을 통하여 상위분류체계 및 각 종의 범위가 지속적으로 개정되고 있다.

과실파리과에 속한 분류군 가운데 특히 4 개 속(*Ceratitis, Anastrepha, Rhagoletis, Bactrocera*)의 과실파리가 농업적으로 중요한 해충군으로 분류된다. 물론 이 속에 속한 과실파리가 모두 해충은 아니다. 예를 들어, *Bactrocera* 속에 현재까지 651 종을 포함하고 있는 것으로 알려지고 있는 데, 이들 가운데 약 50 종이 해충으로 분류된다(Vargas 등, 2015). 이들 해충성 과실파리과 종들은 높은 침입력과 다식성으로 여러 과일과 채소를 가해하여 전 세계적으로 방제의 표적이 되고 있다. 이들의 피해가 양과 질적인 면에서 모두 막대하기에 과실을 생산하는 나라들은 특정 과실파리류가 발생하는 수출국들로부터 수입하는 물품에 대해서 완전방역처리를 요구하고 있다. 따라서 과실파리류 방제 개념은 밀도억제 뿐만 아니라 완전박멸을 포함하는 방제 전략을 세우게 된다.

국내에서는 현재 검역본부에서 규정한 60 종의 금지해충 중에서 41 종(중복으로 확인된 1 종 제외)이 과실파리과에 속하는 분류군 들이다. 반면 관리해충으로 규정되어 있는 1,492 종 가운데 단 4 종의 과실파리만이 포함되어 있다. 즉 검역해충으로 부각된 대부분의 과실파리과 곤충이 금지해충으로 규정되어있다. 금지해충 41 종 가운데 동남아시아 및 오스트레일리아에 주로 분포하는 *Bactrocera* 속이 21 종으로 압도적인 다수를 차지하며, 중남미에 주로 분포하는 *Anastrepha* 속이 8 종, 북미에 주로 분포하는 *Rhagoletis* 속이 6 종을 차지하고 있다. 이 외에 *Carpomya, Ceratitis, Zonosemata* 속이 각각 1~3 종의 금지해충을 포함하고 있다. 관리해충은 *Acanthiophilus, Epochra, Plioreocepta, Trupanea* 속의 각 1 종씩이다. 그러나 최근에 주요 과실파리 해충의 연구 및 조사가 많이 이루어졌으며, 수많은 분류군들이 새롭게 기재된 바 있으므로, 목록의 수정이 절실한 상황이다. 따라서 새로운 정보에 입각하여, 과실파리의 위해성을 재조명하여 현재 규정되어 있는 목록을 최근 문헌을 중심으로 재 구성되고 있다. 이 작업은 주로 과실파리 해충의 분류 및 생태 관련 종합적인 정보를 포함하는 단행본, 논문, 소프트웨어, 온라인 데이터베이스 등 가장 중요한 자료 20 건을 선별하여 위해성을 검토하였으며, 검토의 기준은 기주식물의 범위 및 경제성, 과실파리의 분포 및 이동성, 도입 적응성 등으로 정하였다. 정해진 기준에 따른 등급분류 및 순위를 설정하였으며, 매년 본 과제의 연구원 및 검역본부 담당자들의 피드백을 받아 지속적으로 수정작업을 거칠 예정이다. 등급은 위험도에 따라 금지 과실파리는 Ⅰ 등급에서 Ⅲ 등급까지 분류하는 동시에, 각 종별 개별순위도 부여하였다. 관리급 과실파리는 모두 Ⅳ 등급으로 하였으며, 순위의 의미가 거의 없는 관계로 부여하지 않았다.

- **제 Ⅰ 등급(금지급)**: 광범위하게 분포하며 침투성이 큰 다식성 해충, 또는 원 서식범위를 넘어서 이주하여 큰 피해를 주고 있는 협식성 및 단식성 해충. 한국에서 숙주식물이 노지에서 재배되거나 자생하며, 월동 가능성이 높은 종들
- **제 Ⅱ 등급(금지급)**: 분포범위가 상대적으로 제한되어 있는 다식성, 협식성, 단식성 해충으로서, 다른 지역으로 이주할 위험성이 커지고 있는 종들. 한국에 숙주식물이 노지에서 재배되거나 자생하며 월동가능성이 있는 종들
- **제 Ⅲ 등급(금지급)**: 상대적으로 해충성이 적은 협식성 및 단식성 과실파리 해충. 한국에 숙주식물이 노지에서 재배되거나 자생하며 월동가능성이 있는 종들
- **제 Ⅳ 등급(관리급)**: 재배식물에 간혹 발생하는 과실파리로서, 한국에 숙주식물이 노지에서 재배되거나 자생하며 월동가능성이 있는 종들

위 기준에 따라 과실파리과 주요 해충들을 상세히 검토하여, 한국에 적용할 수 있는 금지급 및 관리급 과실파리 목록 초안을 완성하였다. 이 목록안을 살펴보면, 현재 규정되어 있는 금지 및 관리급 과실파리는 각각 41 종 및 4 종이나, 이번에 새롭게 제시된 과실파리는 각각 60 종 및 8 종이다. 이 목록에는 등급, 순위, 종명, 기존 등급, 등급분류 근거를 제시하였다. 결과적으로 금지급은 20 종 관리급은 4 종이 각각 증가하였으며, 내용면에서도 많은 변화가 있었다. 본 초안에서 제시된 60 종의 금지급 과실파리 중에는 36 종이 과거에도 금지급이었고, 1 종이 관리급이었으며, 23 종이 새롭게 금지급으로 제시되었다. 또한 8 종의 관리급 과실파리 중에는 1 종만이 과거의 관리급이었고 나머지 7 종은 새롭게 관리급으로 제시되었다. 따라서 과거에 금지급이었던 5 종과 관리급이었던 2 종은 목록에서 모두 제거하였다. 본 책자는 이들 금지급 과실파리 가운데 상위 10 선을 제시하며(표 1), 이 중 5 종(오리엔탈과실파리, 지중해과실파리, 퀸즐랜드과실파리, 복숭아과실파리, 오이과실파리)을 선택하여 이들의 모니터링 방법, 동정 기술, 발생 예찰 및 방제에 관한 일련의 매뉴얼을 차례로 기술하였다.

| 표 | 국내 검역대상 Ⅰ급 금지급 과실파리 상위 10 선

순위	종명	국명	등급분류 근거
1	*Bactrocera dorsalis* (Hendel, 1912)	오리엔탈 과실파리	많은 국내 재배작물을 포함하는 다양한 식물 종을 가해하며, 분포범위가 동남아시아 전역에서 아프리카까지 넓은 대표적인 검역해충이다. 많은 지역에 도입된 사례들이 있다.
2	*Ceratitis capitata* (Wiedemann, 1824)	지중해 과실파리	북아프리카 원산이나 전 세계 많은 지역에 도입이 된 바 있는 매우 중요한 검역해충이다. 국내 작물로는 귤, 고추, 사과, 다양한 핵과류 등을 가해할 수 있다.
3	*Bactrocera tryoni* (Froggatt, 1897)	퀸즐랜드 과실파리	많은 국내 작물을 포함한 다양한 식물 종을 가해하는 다식성 해충이다. 원서식지인 호주에서 다양한 지역으로 도입된 기록이 있다.
4	*Bactrocera carambolae* (Drew & Hancock, 1994)	카람볼라 과실파리	오리엔탈과실파리와 구분하기 매우 힘들며, 동남아시아에서 분포범위가 중첩된다. 브라질 등 남미에 도입된 바 있으며, 카람볼라, 귤, 대추 등 다양한 열대작물을 공격하는 다식성 해충이다.
5	*Bactrocera zonata* (Saunders, 1842)	복숭아 과실파리	인도에서 베트남까지 광범위한 분포하며, 다양한 작물을 가해하는 다식성 해충이다. 국내 작물로는 귤, 복숭아 등을 가해할 수 있다.
6	*Bactrocera correcta* (Bezzi, 1916)	구아바 과실파리	인도에서 중국 남서부까지 널리 분포하며, 다양한 식물을 공격하는 다식성 해충이다. 국내 작물로는 귤, 양벚나무, 대추 등을 가해할 수 있다.
7	*Bactrocera cucurbitae* (Coquillett, 1899)	오이 과실파리	파키스탄에서 동남아시아까지 넓게 분포하며, 다양한 지역으로 도입되었다. 박과류를 공격하는 과실파리 중에서 가장 위험한 해충이며, 박과류 외에도 11 개 식물의 과를 가해한 기록도 있다.
8	*Bactrocera neohumeralis* (Hardy, 1951)	작은퀸즐랜드 과실파리	호주, 파푸아뉴기니에 분포하며 매우 다양한 과를 공격하는 다식성 해충이다. 한국 재배 작물로는 귤, 복숭아, 자두, 살구, 배, 대추 등을 가해한 기록이 있다.
9	*Bactrocera latifrons* (Hendel, 1915)	남방고추 과실파리 (신칭)	동양구에 널리 분포하는 협식성 해충이나, 중요 작물인 고추를 가해하므로 주목할 필요가 있다.
10	*Bactrocera tsuneonis* (Miyake, 1919)	일본귤 과실파리 (개칭)	일본 남부(큐슈까지)와 중국 남서부에 분포하며 주로 귤을 가해한다. 그 분포범위로 볼 때 한국에 정착될 가능성이 큰 주요 검역해충이다.

CHAPTER 01

5 종 금지급 과실파리 생물정보

1 오리엔탈과실파리 생물정보

1.1 오리엔탈과실파리의 분류학적 위치

영 명	Oriental fruit fly
학 명	*Bactrocera (Bactrocera) dorsalis* (Hendel)
강	곤충강(Insecta)
목	파리목(Diptera)
과	과실파리과(Tephritidae)

Dacus dorsalis Hendel 1912: 18. — Taiwan. Koshun. LT♀ BMNH. Lectotype designated by Drew & Hancock 1994:17.

Bactrocera conformis Doleschall 1858: 122. — Indonesia. Maluku: Amboina [Ambon I.]. T A ZMHU. Preocc. Walker 1859; possibly also ST in NMW (Bezzi 1913: 69).

Bactrocera papayae Drew & Hancock 1994: 48. — Malaysia. Perak: Kuala Kangsar. HT♀ BMNH.

Bactrocera philippinensis Drew & Hancock 1994: 52. — Philippines. Cebu. HT♀ BBM.

Bactrocera invadens Drew, Tsuruta & White 2005: 149 — Kenya, Coast, Matuga. HT♂ NMKE.

Chaetodacus ferrugineus var. *okinawanus* Shiraki 1933: 62. — Japan. Ryukyu Is.: Okinawa I., Nago, Katena, Mawashi & Nishibaru; Yayeyama Is., Kumejima, Gushikawa, Ishigaki & Taketomi. ST ♂♀ NTU.

Musca ferruginea Fabricius 1794: 342. — India orientali [e. India]. T A UZMC? Preocc. Scopoli 1763; ST apparently lost (Zimsen 1964: 484).

Drew (1989)의 분류체계에 따르면, 많은 해충 종을 포함하는 *Bactrocera* 및 *Dacus* 속은 Dacinae아과의 Dacini족에 속한다. *Bactrocera dorsalis*는 *Bactrocera* 속의 600여종 중 하나이다. 이 속은 아프리카, 동남아시아, 중국, 오스트레일리아 및 남태평양 섬들까지 넓게 분포하고 있다. *Bactrocera* 속에 속한 많은 종들에 대해서 이들의 숙주 및 피해 상황이 아직 정확히 연구되지 않고 있으며 여기에 추가적으로 신종들이 매년 발견되는 상황이다. 따라서 정확히 집계할 수는 없지만, 전체적으로 매우 큰 경제적 피해를 주는 것으로 믿어지고 있다.

*Bactrocera dorsalis*는 오리엔탈과실파리(*B. dorsalis*) 종복합체(species complex - 80 종 포함)의 구성원이며, 이 종복합체는 *Bactrocera*아속에 속한다. 따라서 오리엔탈과실파리의 학명은 아속명을 포함하여 *Bactrocera (Bactrocera) dorsalis*로 인용되기도 한다. Drew와 Hancock (1994)은 아시아 전역에 분포하면서 형태 변이가 다양한 *B. dorsalis*에서 *B. carambolae*, *B. papayae* 및 *B. philippinensis* 등을 분리하여냈고, 이에 따라 고유한 *B. dorsalis* 자체는 아시아 대륙 및 말레이 반도의 북쪽에 제한적으로 분포하는 것으로 축소하였다. 이후 Drew 등(2005)은 동부 아프리카 개체군(Lux 등, 2003)과 서부 아프리카 개체군(Vayssières, 2004)들을 *B. invadens*라는 신종으로 기재하였다. Drew와 Romig (2013)은 *B. philippinensis*를 *B. papayae*의 동종이명으로 처리하였다. Schutze 등(2014)은 형태, 분자, 세포유전학, 행동학, 화학생태학적 방법 등의 확장된 연구를 통하여 종의 구분을 보다 명확히 하려 하였고, 결과적으로 *B. dorsalis*는 매우 넓게 분포하는 변이성이 높은 종으로서, 과거에 *B. dorsalis, B. invadens, B. papayae, B. philippinensis*로 취급되었던 분류군들을 모두 단일종으로 통합하였다. 반면 근연종인 *B. carambolae*는 명확히 구분이 되는 근연종으로 구분하였다. 필리핀 이외 지역에서 보고된 *B. pedestris* (Bezzi)는 주로 *B. dorsalis*의 오동정이다.

1.2 오리엔탈과실파리의 생활사

교미한 암컷은 하루에 136 개 정도의 알을 산란할 수 있으며, 각 산란 장소에 10～100 개의 알을 놓게 된다. 알은 부화하는데 24 시간 정도 소요될 수 있으나 저온에서 20 일 이상 걸릴 수 있다. 유충 단계는 3령을 거치며, 온도에 따라 6～35 일정도 지속될 수 있다. 적정온도 27℃ 및 습도 70% 조건하에 유충기는 6～7 일정도로 짧아질 수 있다. 과실이 지표면에 낙하한 후 3령충은 튀어 오름으로써 과실에서 탈출할 수 있다. 유충은 5～13 cm 깊이의 토양 속에서 용화한다. 용화를 위한 적당한 토양조건을 탐색하기 위하여 유충은 수평으로 반경 90 cm정도 이동할 수 있다. 번데기 시기는 대부분 10～12 일 소요되지만 심각한 저온에 의해 120 일(휴면기)까지 확장되어 월동하게 된다. 우화한 암컷은 8～12 일의 산란전기간(preoviposition period)이 필요하다. 성충은 우화 후에 낮이 약 9 시간 이상씩 유지되는 동시에 적정온도 25～29℃가 확보된다면, 5～6일 이후에 교미할 수 있다. 성충은 대부분 약 1～3개월 생존하지만, 시원한 산악지대에서는

1 년 동안 생존할 수 있다. 2 주에 거쳐 평균온도가 12.78℃ 이하이면 생식기관이 성숙해 있다 하더라도 생식적으로 활성화되지 않는다. 2 주간 평균 온도가 36.67℃ 이상이면 성충 활동이 억제되며 높은 치사율을 초래한다. 이 종은 서리 또는 경미하게 눈이 내려도 생존할 수 있다.

오리엔탈과실파리의 이동성을 살펴보면 다음과 같다. 이들은 기주를 찾게 되면 안주하는 경향을 보이며 기주 주변으로 평균 325 m의 반경으로 최대 약 590 m까지의 활동 영역을 갖게 된다. 그러나 산란할 기주 과실이 없는 경우, 미성숙 성충은 4.8 km 이상의 이동력을 보이게 된다. 수면 위 비행 경우 6.4 km 정도 이동이 가능한 것으로 관찰되었다. 일반적으로 우화 후 2 일째 활동의 정점을 이룬다. 일일 활동 리듬을 보이는데, 섭식활동은 이른 아침 경에 이뤄지고 교미는 해가 질 때 이뤄져 일몰 전 약 15 분 동안이 최성기이다.

1.3 오리엔탈과실파리의 분포

아시아: 방글라데시, 부탄, 브루나이 다루살람, 캄보디아, 중국(안후이성, Chongqing, Fujian, Guangdong, Guangxi, Guizhou, Hainan, Hong Kong, Hubei, Hunan, Jiangsu, Jiangxi, Macau, Shanghai, Sichuan, Tibet, Yunnan), 크리스마스섬(인도양), 인도(Andaman and Nicobar Islands, Andhra Pradesh, Assam, Bihar, Delhi, Goa, Gujarat, Himachal Pradesh, Indian Punjab, Jammu and Kashmir, Karnataka, Kerala, Madhya Pradesh, Maharashtra, Manipur, Odisha, Rajasthan, Sikkim, Tamil Nadu, Uttar Pradesh, Uttarakhand, West Bengal), 인도네시아(Irian Jaya, Java, Kalimantan, Nusa Tenggara, Sulawesi, Sumatra), 일본(류큐 열도), 라오스, 말레이시아(말레이반도, Sabah), 네팔, 파키스탄, 필리핀, 싱가포르, 스리랑카, 대만, 태국, 베트남

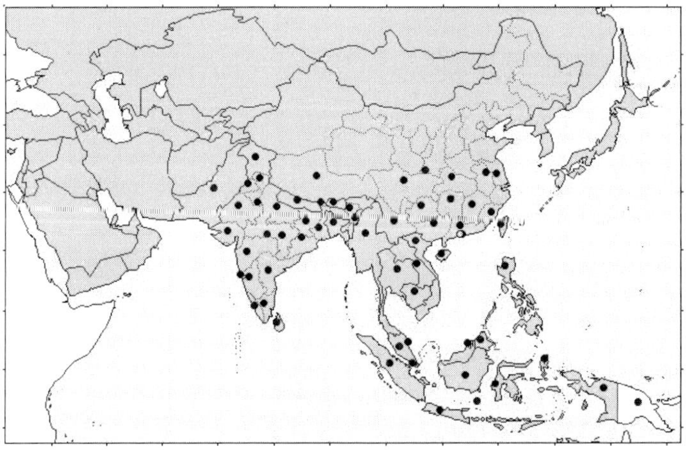

[자료출처] http://www.cabi.org/cpc/datasheet/17685

아프리카: 앙골라, 베냉, 보츠와나, 부르키나파소, 부룬디, 카메룬, 카보베르데, 중앙아프리카공화국, 차드, 코모로, 콩고, 코트디부아르, 적도 기니, 에티오피아, 가봉, 감비아, 가나, 기니, 기니비사우, 케냐, 라이베리아, 마다가스카르, 말리, 모리타니아, 모리셔스, 마요트섬, 모잠비크, 나미비아, 니제르, 나이지리아, 르완다, 세네갈, 시에라리온, 남아프리카공화국, 수단, 스와질란드, 탄자니아, 토고, 우간다, 잠비아, 짐바브웨

북아메리카: 미국(Hawaii)

남아메리카: 칠레, 프랑스령 기아나, 수리남

오세아니아: 오스트레일리아(북부 지역, 퀸즐랜드, 빅토리아), 쿡 제도, 프랑스령 폴리네시아, 괌, 미크로네시아연방 공화국, 나우루, 뉴질랜드, 팔라우, 파푸아뉴기니

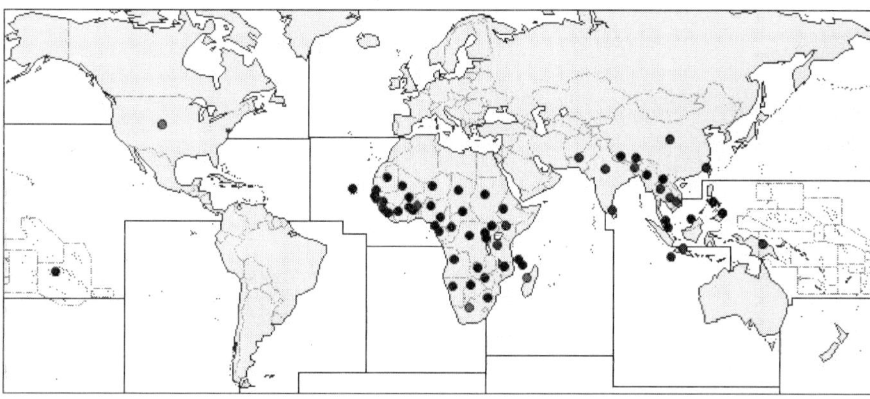

[자료출처] http://www.cabi.org/cpc/datasheet/17685

1.4 오리엔탈과실파리의 기주

1.4.1 기주 목록

여러 종류의 과수인 파파야, 오렌지, 사과, 망고, 바나나, 아보카도, 복숭아, 자두, 구아바, 배, 토마토 등에서 발생한다. 현재까지 알려진 기주 목록은 다음과 같다(*: 야생기주, **: 야생기주 여부가 알려지지 않음).

Agavaceae (용설란아과): *Dracaena steudneri**

Alangiaceae: *Alangium chinense**, *Alangium salviifolium**

Amaryllidaceae (수선화과): *Crinum asiaticum**

Anacardiaceae (옻나무과): *Anacardium occidentale* (cashew nut), *Bouea macrophylla*, *Bouea oppositifolia*, *Holigarna kurzii**, *Mangifera caesia* (binjai), *Mangifera foetida* (bachang), *Mangifera griffithii*, *Mangifera indica* (mango), *Mangifera laurina*, *Mangifera odorata* (kurwini mango), *Sclerocarya birrea* (marula), Sorindeia madagascariensis*, *Spondias dulcis* (otaheite apple), *Spondias mombin* (hog plum), *Spondias pinnata*, *Spondias purpurea* (red mombin)

Annonaceae (포포나무과): *Annona cherimola* (cherimoya), *Annona glabra* (pond apple), *Annona macroprophyllata*, *Annona montana*, *Annona muricata* (soursop), *Annona reticulata* (bullock's heart), *Annona senegalensis* (wild custard apple), *Annona squamosa* (sugar apple), *Artabotrys siamensis**, *Cananga odorata* (perfume tree)*, *Desmos chinensis**, *Mitrephora teysmannii*, *Polyalthea longifolia**, *Polyalthia simiarum**, *Rollinia pulchrinervis*, *Uvaria cordata**, *Uvaria grandiflora**

Apocynaceae (협죽도과): *Carissa carandas* (caranda (plum))*, *Carissa spinarum**, *Landolphia**, *Ochrosia**, *Saba senegalensis**, *Thevetia peruviana* (exile tree)*, *Willughbeia edulis*

Arecaceae (종려과): *Areca catechu* (betelnut palm), *Arenga pinnata* (sugar palm)*, *Arenga westerhoutii**, *Borassus flabellifer* (toddy palm), *Caryota mitis**, *Veitchia merrillii* (christmas palm)*

Boraginaceae (지치과): *Cordia alba**, *Cordia myxa* (sebesten)*, *Ehretia microphylla**

Burseraceae (감람과): *Garuga floribunda* (garuga)*

Cactaceae (선인장과): *Hylocereus undatus* (dragon fruit), *Pereskia grandifolia**

Capparaceae (카파리스과): *Capparis sepiaria* (indian caper)*, *Maerua duchesnei**

Caprifoliaceae (인동과): *Sambucus javanica**

Caricaceae (파파야과): *Carica papaya* (pawpaw)

Celastraceae (노박덩굴과): *Siphonodon**

Chrysobalanaceae (크리소발라누스과): *Parinari anamense**

Clusiaceae (클루시아과): *Calophyllum inophyllum* (Alexandrian laurel)*, *Garcinia atroviridis*, *Garcinia cowa*, *Garcinia dioica*, *Garcinia dulcis*, *Garcinia griffithii**, *Garcinia hombroniana**, *Garcinia mangostana* (mangosteen), *Garcinia mannii**, *Garcinia prainiana*, *Garcinia speciosa**, *Garcinia xanthochymus*, *Mammea siamensis**

Combretaceae (사군자과): *Terminalia arenicola**, *Terminalia catappa* (Singapore almond)*, *Terminalia citrina**

Convolvulaceae (메꽃과): *Erycibe subspicata**, *Merremia vitifolia**

Cucurbitaceae (박과): *Citrullus colocynthis* (colocynth), *Citrullus lanatus* (watermelon), *Coccinia grandis* (scarlet-fruited ivy gourd)*, *Cucumis ficifolius**, *Cucumis melo* (melon), *Cucumis sativus* (cucumber), *Cucurbita maxima* (giant pumpkin), *Cucurbita pepo* (ornamental gourd), *Gymnopetalum scabrum**, *Lagenaria siceraria* (bottle gourd), *Momordica charantia* (bitter gourd), *Trichosanthes ovigera*, *Zehneria wallichii**

Dilleniaceae (오이과과): *Dillenia obovata* (Burma simpoh)*

Ebenaceae (감나무과): *Diospyros areolata**, *Diospyros blancoi* (mabolo), *Diospyros castanea**, *Diospyros diepenhorstii**, *Diospyros kaki* (persimmon), *Diospyros malabarica**, *Diospyros mollis**, *Diospyros roxburghii**

Elaeocarpaceae (담팔수과): *Elaeocarpus hygrophilus*

Euphorbiaceae (대극과): *Antidesma ghaesembilla* (black currant tree)*, *Aporosa villosa**, *Baccaurea motleyana*, *Baccaurea racemosa*, *Baccaurea ramiflora*, *Balakata baccata**, *Breynia racemosa**, *Bridelia stipularis**, *Excoecaria agallocha**, *Glochidion littorale**, *Sauropus androgynus*, *Shirakiopsis indica**

Fabaceae (콩과): *Adenanthera pavonina* (red-bead tree)*, *Afzelia xylocarpa**, *Cordyla africana**, *Inocarpus fagifer*, *Parkia speciosa*, *Phaseolus vulgaris* (common bean)

Fagaceae (참나무과): *Castanopsis* (evergreen chinkapin)*

Flacourtiaceae: *Dovyalis hebecarpa* (ketembilla), *Flacourtia indica* (governor's plum), *Flacourtia rukam* (rukam)

Hanguanaceae: *Hanguana malayana**

Irvingiaceae (아프리카망고과): *Irvingia gabonensis* (wild mango), *Irvingia malayana**

Lamiaceae (꿀풀과): *Callicarpa longifolia**, *Gmelina elliptica**, *Gmelina philippensis**, *Premna serratifolia**

Lauraceae (녹나무과): *Litsea glutinosa* (indian laurel)*, *Litsea salicifolia**, *Persea americana* (avocado)

Lecythidaceae (오예과): *Barringtonia edulis*, *Careya arborea* (tummy wood)*

Loganiaceae (마전과): *Fagraea ceilanica**

Malpighiaceae (말피기과): *Malpighia emarginata*, *Malpighia glabra* (acerola)

Meliaceae (멀구슬나무과): *Azadirachta excelsa**, *Chukrasia tabularis* (Chittagong wood)*, *Heynea trijuga**, *Lansium domesticum* (langsat), *Sandoricum koetjape* (santol)

Menispermaceae (새모래덩굴과): *Fibraurea tinctoria**

Moraceae (뽕나무과): *Artocarpus altilis* (breadfruit), *Artocarpus elasticus*, *Artocarpus heterophyllus* (jackfruit), *Artocarpus integer* (champedak), *Artocarpus lacucha* (monkey jack), *Artocarpus lanceifolius*, *Artocarpus nitidus*, *Artocarpus odoratissimus*, *Artocarpus rigidus*, *Artocarpus sericicarpus*, *Ficus auriculata**, *Ficus benjamina* (weeping fig)*, *Ficus chartacea**, *Ficus fistulosa**, *Ficus hirta**, *Ficus hispida**, *Ficus microcarpa* (Indian laurel tree)*, *Ficus obpyramidiata**, *Ficus ottoniifolia**, *Ficus racemosa* (cluster tree), *Ficus religiosa* (sacred fig tree)*, *Ficus sycomorus* (sycamore fig), *Maclura cochinchinensis*, *Morus alba* (mora), *Morus nigra* (black mulberry), *Streblus asper**

Musaceae (파초과): *Musa* (banana), *Musa acuminata* (wild banana), *Musa acuminata* (wild banana)*, *Musa balbisiana**, *Musa troglodytarum*, *Musa* x *paradisiaca* (plantain)

Myristicaceae (육두구과): *Knema globularia**

Myrtaceae (도금양과): *Eugenia reinwardtiana*, *Eugenia uniflora* (Surinam cherry), *Myrciaria cauliflora* (jaboticaba), *Psidium cattleianum* (strawberry guava), *Psidium guajava* (guava), *Rhodomyrtus tomentosa* (Downy rose-myrtle), *Syzygium aqueum* (watery rose-apple), *Syzygium aromaticum* (clove), *Syzygium borneense**, *Syzygium cumini* (black plum), *Syzygium formosanum**, *Syzygium grande* (sea apple)*, *Syzygium jambos* (rose apple), *Syzygium lineatum*, *Syzygium malaccense* (malay-apple), *Syzygium megacarpum*, *Syzygium nervosum*, *Syzygium samarangense* (water apple)

Olacaceae (철청수과): *Schoepfia fragrans**, *Ximenia americana* (Hog plum), *Chionanthus parkinsonii**, *Myxopyrum smilacifolium**

Oxalidaceae (괭이밥과): *Averrhoa bilimbi* (blimbe), *Averrhoa carambola* (carambola)

Passifloraceae (시계꽃과): *Passiflora edulis* (passionfruit), *Passiflora foetida* (red fruit passion flower)*, *Passiflora laurifolia*, *Passiflora quadrangularis* (giant granadilla), *Passiflora suberosa* (corkystem passionflower)*

Phyllanthaceae (여우주머니과): *Flueggea virosa*

Polygalaceae (원지과): *Xanthophyllum flavescens**

Primulaceae (앵초과): *Ardisia crenata* (coral berry)*

Punicaceae (석류나무과): *Punica granatum* (pomegranate)

Rhamnaceae (갈매나무과): *Ziziphus jujuba* (common jujube), *Ziziphus mauritiana* (jujube), *Ziziphus nummularia* (lotebush), *Ziziphus oenoplia**

Rhizophoraceae (홍수과): *Rhizophora* (mangrove)*

Rosaceae (장미과): *Eriobotrya japonica* (loquat), *Malus domestica* (apple), *Prunus armeniaca* (apricot), *Prunus avium* (sweet cherry), *Prunus cerasus* (sour cherry), *Prunus domestica* (plum), *Prunus mume* (Japanese apricot tree), *Prunus persica* (peach), *Prunus salicina* (Japanese plum), *Pyrus communis* (European pear), *Pyrus pyrifolia* (Oriental pear tree)

Rubiaceae (꼭두서니과): *Breonia chinensis**, *Coffea arabica* (arabica coffee), *Coffea* *canephora* (robusta coffee), *Ixora javanica**, *Ixora macrothyrsa**, *Morinda citrifolia* (Indian mulberry), *Morinda coreia**, *Morinda umbellata**, *Nauclea latifolia* (pin cushion tree)*, *Nauclea orientalis**, *Neonauclea purpurea**, *Ochreinauclea maingayi*

Rutaceae (운향과): *Casimiroa edulis* (white sapote), *Citrofortunella mitis*, *Citrus aurantiifolia* (lime), *Citrus aurantium* (sour orange), *Citrus hystrix* (mauritius bitter orange), *Citrus jambhiri* (rough lemon), *Citrus latifolia* (tahiti lime), *Citrus limon* (lemon), *Citrus maxima* (pummelo), *Citrus reticulata* (mandarin), *Citrus sinensis* (navel orange), *Citrus swinglei*, *Citrus* x *paradisi* (grapefruit), *Clausena lansium* (wampi), *Fortunella japonica* (round kumquat), *Fortunella margarita* (oval kumquat), *Glycosmis pentaphylla*, *Murraya paniculata* (orange jessamine)*, *Poncirus trifoliata* (Trifoliate orange), *Triphasia trifolia* (limeberry)

Sapindaceae (무환자나무과): *Blighia sapida* (Akee apple), *Dimocarpus longan* (longan tree), *Lepisanthes fruticosa*, *Lepisanthes rubiginosa**, *Lepisanthes tetraphylla**, *Litchi chinensis* (lichi)**, *Nephelium lappaceum* (rambutan), *Pometia pinnata* (fijian longan)

Sapotaceae (산람과): *Chrysophyllum cainito* (caimito), *Manilkara zapota* (sapodilla), *Mimusops elengi* (spanish cherry), *Palaquium* (nyatoh)*, *Palaquium maingayi**, *Planchonella**, *Planchonella duclitan**, *Pouteria caimito*, *Pouteria campechiana* (canistel), *Vitellaria paradoxa* (shea tree)

Solanaceae (가지과): *Capsicum annuum* (bell pepper), *Capsicum frutescens* (chilli), *Physalis angulata* (cutleaf groundcherry), *Solanum aethiopicum* (african scarlet eggplant), *Solanum americanum*, *Solanum anguivi*, *Solanum capsicoides* (cockroach berry)*, *Solanum hazenii**, *Solanum incanum* (grey bitter-apple)*, *Solanum lycopersicum* (tomato), *Solanum melongena* (aubergine), *Solanum rudepannum**, *Solanum sodomeum**, *Solanum stramoniifolium*, *Solanum torvum* (turkey berry)*, *Solanum trilobatum**

Sterculiaceae (벽오동과): *Theobroma cacao* (cocoa)

Tiliaceae (아욱과): *Microcos tomentosa*, *Muntingia calabura* (Jamaica cherry)

Ulmaceae (느릅나무과): *Celtis tetranda**

Vitaceae (포도과): *Cissus repens**

Zingiberaceae (생강과): *Alpinia mutica**

1.4.2 우리나라에 알려진 기주 목록

제주도에 자생, 귀화 및 재배되는 식물 중 현재까지 알려진 오리엔탈과실파리의 기주는 다음과 같다.

연번	종분류	학명	국명
1	재배식물	*Acca sellowiana* (O.Berg) Burret	셀로위아나아카
2	재배식물	*Anacardium occidentale* L.	옥시덴탈레아나카르디움
3	재배식물	*Anana scomosus* (L.) Merr.	파인애플
4	재배식물	*Annona cherimola* Mill.	케리몰라아노나
5	재배식물	*Annona muricata* L.	무리카타아노나
6	재배식물	*Annona squamosa* L.	스쿠아모사아노나
7	재배식물	*Ardisia crenata* 'Shirimen'	백량금 '시리멘'
8	재배식물	*Artocarpus heterophyllus* Lam.	헤테로필루스아르토카르푸스
9	재배식물	*Averrhoa carambola* 'EllLin'	카람볼라아베로아 '엘린'
10	재배식물	*Bischofia javanica* Blume	자바니카비스코피아
11	재배식물	*Brugmansia xcandida* 'GrandMarnier'	칸디다천사의나팔 '그랜드 마르니에'
12	재배식물	*Capsicum annuum* L.	고추
13	재배식물	*Carica papaya* L.	파파야
14	재배식물	*Caryota mitis* Lour.	공작야자
15	재배식물	*Cestrum nocturnum* L.	야래향
16	재배식물	*Citrus aurantium* L.	광귤
17	재배식물	*Citrus natsudaidai* Hayata	황금하귤
18	재배식물	*Citrus sinensis* (L.) Osbeck	당귤나무
19	재배식물	*Citrus sinensis* 'Washington'	워싱톤네이블오렌지
20	재배식물	*Citrus unshiu* S. Marcov.	귤
21	재배식물	*Clusia rosea* Jacq.	로세아클루시아
22	재배식물	*Coccoloba uvifera* L.	우비페라코콜로바
23	재배식물	*Cocos nucifera* L.	코코넛야자
24	재배식물	*Coffea arabica* L.	커피나무
25	재배식물	*Cucumis melo* var. makuwa Makino	참외
26	재배식물	*Cucumis sativus* L.	오이
27	재배식물	*Diospyros kaki* 'Pendula'	처진감나무
28	재배식물	*Dracaena draco* L.	용혈수
29	재배식물	*Eriobotrya japonica* (Thunb.) Lindl.	비파나무

30	재배식물	*Ficus benjamina* L.	벤자민고무
31	재배식물	*Ficus carica* L.	무화과나무
32	재배식물	*Ficus hirta* Vahl	자바고무
33	재배식물	*Ficus microcarpa var. crassifolia* (Shieh) J. C. Liao	크라시폴리아고무
34	재배식물	*Ficus pumila* L.	모람
35	재배식물	*Ficus religiosa* L.	인도보리수
36	재배식물	*Fortunella japonica* (Thunb.) Swingle	둥근금감
37	재배식물	*Fortunella japonica var. margarita* (Swingle) *Makino*	금감
38	재배식물	*Fortunella margarita* Swingle	마르가리타금감
39	재배식물	*Fragaria ananassa* Duch.	딸기
40	재배식물	*Garcinia mangostana* L.	망고스타나복목
41	재배식물	*Juglans nigra* L.	흑호두
42	재배식물	*Juglans regia* L.	호두나무
43	재배식물	*Litchi chinensis* Sonn.	리치
44	재배식물	*Malus domestica* 'Maypole'	도메스티카꽃사과 '메이폴'
45	재배식물	*Mangifera indica* L.	인디카망기페라
46	재배식물	*Manilkara zapota* (L.) P. Royen	자포타마니카라
47	재배식물	*Momordica charantia* L.	여주
48	재배식물	*Morus alba* L.	뽕나무
49	재배식물	*Morus nigra* L.	니그라뽕나무
50	재배식물	*Murraya paniculata* (L.) Jack	파니쿨라타무르라이아
51	재배식물	*Musa acuminata* Colla	가는잎바나나
52	재배식물	*Musa paradisiaca* L.	바나나
53	재배식물	*Nicotiana tabacum* L.	담배
54	재배식물	*Olea europaea* L.	올리브나무
55	재배식물	*Opuntia ficus-indica* (L.) Mill.	보검선인장
56	재배식물	*Passiflora edulis* Sims	에둘리스시계꽃
57	재배식물	*Persea americana* Mill.	아보카도
58	재배식물	*Phaseolus vulgaris* L.	덩굴강낭콩
59	재배식물	*Poncirus trifoliata* (L.) Raf.	탱자나무
60	재배식물	*Prunus armeniaca* L.	아르메니아카살구
61	재배식물	*Prunus avium* L.	양벚나무
62	재배식물	*Prunus campanulata* 'Superba'	캄파눌라타벚나무 '수페르바'

63	재배식물	*Prunus cerasifera* Ehrh.	케라시페라자두
64	재배식물	*Prunus cerasus* L.	신양벚나무
65	재배식물	*Prunus domestica* L.	서양자두
66	재배식물	*Prunus mume* (Siebold) Siebold & Zucc.	매실나무
67	재배식물	*Prunus persica* (L.) Batsch	복사나무
68	재배식물	*Prunus salicina* Lindl.	자두나무
69	재배식물	*Psidium cattleianum* Sabine	카틀레이아눔구아바
70	재배식물	*Psidium guajava* L.	구아바
71	재배식물	*Punica granatum* L.	석류나무
72	재배식물	*Pyrus communis* L.	서양배
73	재배식물	*Pyrus pashia* Buch.-Ham. ex D. Don	파스히아배나무
74	재배식물	*Pyrus pyrifolia* var. culta (Makino) Nakai	배나무
75	재배식물	*Solanum melongena* L.	가지
76	재배식물	*Solanum nigrum* L.	까마중
77	재배식물	*Solanum tuberosum* L.	감자
78	재배식물	*Syzygium jambos* (L.) Alston	얌보스시지기움
79	재배식물	*Trichosanthes cucumerina subsp. anguina* (L.) Greb.	앙귀나뱀오이
80	재배식물	*Vitis vinifera* L.	포도
81	재배식물	*Zizyphus jujuba var. inermis* (Bunge) Rehder	대추나무
82	귀화식물	*Datura stramonium* L.	흰독말풀
83	귀화식물	*Nicandra physalodes* (L.) Gaertn.	페루꽈리
84	귀화식물	*Physalis angulata* L.	땅꽈리
85	귀화식물	*Solanum nigrum* var. *humile* (Bernh.exWilld.) C. Y. Wu & S. C. Huang	노랑까마중
86	자생식물	*Ardisia crenata* Sims	백량금
87	자생식물	*Cinnamomum yabunikkei* H. Ohba	생달나무
88	자생식물	*Crinum asiaticum* var. *japonicum* Baker	문주란
89	자생식물	*Diospyros kaki* Thunb.	감나무
90	자생식물	*Ficus erecta* Thunb.	천선과나무
91	자생식물	*Ficus erecta* var. *sieboldii* (Miq.) King	좁은잎천선과
92	자생식물	*Machilus thunbergii* Siebold & Zucc.	후박나무
93	자생식물	*Morus alba* f. *pendula* Dippel	처진뽕나무
94	자생식물	*Neolitsea sericea* (Blume) Koidz.	참식나무
95	자생식물	*Pyrus pyrifolia* (Burm.f.) Nakai	돌배나무

96	자생식물	*Viburnum japonicum* (Thunb.) Sprengel	푸른가막살
97	자생식물	*Zizyphus jujuba* Mill.	묏대추나무
98	자생식물	*Zizyphus jujuba* var. *hoonensis* (T. H. Chung) T. B. Lee	보은대추나무

[자료출처] 산림청 국가표준식물 목록

1.5 오리엔탈과실파리의 피해 및 방제 기술

1.5.1 이동과 확산 방법

오리엔탈과실파리는 다양한 열대와 아열대 지역에 외래 개체군을 정착할 잠재력을 가진 것으로 알려져 있다. 초위성체 진단마커를 이용하여, Aketarawong 등(2007)은 이 종이 실제 서식하는 동아시아, 남아시아, 동남아시아 및 태평양 지역의 14 개 지역 개체군에 대한 개체군 구조와 유전적 변이를 조사하였다. 분석되었던 개체군의 침입 양상과 관련하여, 대체로 중국 동남부 지역을 기원으로 서쪽 및 남쪽으로 이동하였을 것으로 추정하였다. 성충 비행과 감염된 과실의 수송은 무발생 지역으로 이동과 확산의 주요 수단이 된 것으로 보인다. 많은 *Bactrocera* 종들은 50～100 km 비행할 수 있다.

1.5.2 경로 매개체

다음은 충체 자신의 이동 능력 외에 다른 운반체에 의해 이동되는 수단이다.

매개체	내용	장거리	지역내
항공기	유충 및 알에 감염된 과실	○	
대량화물	모든 발육단계	○	
소모성물품 (유람선에 실은 식량 등)	모든 발육단계	○	
이동성 식물/쓰레기	유충 및 알에 감염된 과실	○	○
육상 교통수단	알, 유충 및 번데기에 감염된 과실	○	○
화물 (선원들의 사물함 포함)	유충 및 알에 감염된 과실	○	○
메일/우편	알 및 유충에 감염된 과실	○	○
식물 또는 식물 일부	알 및 유충에 감염된 과실	○	○
토양, 모래, 자갈 등	번데기	○	○
바람	성충		○

1.5.3 검역 중요성

오리엔탈과실파리는 다양한 과실류와 채소류의 매우 심각한 해충이다. 이들이 침입하면 방제되지 않을 경우에 막대한 경제적 손실을 주게 된다. 특히 피해가 심한 중요한 기주식물은 사과(*Malus domestica*), 살구(*Prunus armeniaca*), 아보가도(*Persea americana*), 감귤류, 커피(*Coffea arabica*), 구아바(*Psidium guajava*), 망고(*Mangifera indica*), 멜론(*Cucumis melo*), 복숭아(*Prunus persica*), 배(*Pyrus communis*) 자두(*Prunus domestica*) 등을 포함한다.

1.5.3.1 경제적 영향

박멸 비용으로서 동아프리카 국가인 모리셔스(Mauritius)에서는 11억 원(Seewooruthun 등, 2000)이 소요되었고, 일본 류큐섬에서는 2,400억 원(Kiritani, 1998)가 필요하였다. 미국 캘리포니아에서 박멸하지 않는 경우 연 피해 규모는 방제비용을 포함하여 50~200억 원으로 추정되었다. 호주에서는 방제비용이 ha당 200~900 호주달러가 소요되는 것으로 보고하였다. 하와이에서는 주요 작물의 피해손실이 13% 이상으로 연간 33억 원 이상의 피해를 유발하고 있는 것으로 알려져 있다.

1.5.3.2 환경적 영향

공통 먹이에 대해서는 오리엔탈과실파리가 다른 과실파리류에 비하여 경쟁 우위를 보이고 있다. 집단 번식능력 지수인 r-K gradient는 침입 경쟁력을 가늠하여 볼 수 있는 데, 이 지수를 통해 오리엔탈과실파리가 지중해과실파리보다 침입 경쟁력 우위를 보이는 것으로 예측하였다.

1.5.4 모니터링과 방제

1.5.4.1 의심 기주 조사

찔린 자국 및 괴사와 관련된 흔적이 보이는 과실(지역적으로 재배된 또는 수입 과실의 샘플)은 검사해야 한다. 의심되는 과실은 절개하여 유충 유무를 점검해야 한다. 유충 동정은 어려워 분자지표를 이용하거나 성충으로 발육시켜 정확한 동정을 진행하게 된다. 우화 후 체벽의 경화와 체색을 갖추도록 며칠간 성충에게 설탕과 물을 공급한다.

1.5.4.2 조기경보시스템

메칠유제놀을 미끼로 스타이너 트랩 또는 잭슨 트랩을 이용하여 침입 모니터링을 실시한다.

1.5.4.3 발생 모니터링

오리엔탈과실파리의 발견이 이뤄진 경우 발생 모니터링이 실시된다. 왁스형 메칠유제놀 미끼를 트랩에 장착한다. 오리엔탈과실파리의 다식성을 고려하여 의심지역에 존재하는 여러 기주를 대상으로 발생 모니터링이 진행된다. 또한 과실 조사도 병행한다.

1.5.4.4 법적 방제

오리엔탈과실파리가 발생하는 지역에서 농작물을 수출하는 국가에 대해서는 엄격한 수확후 살충처리를 요구한다. 이 처리는 훈증, 열처리, 저온처리, 살충제 처리 또는 방사능 조사가 포함된다. 방사능 조사는 대부분 나라에서 허용하지 않으며, 현재 많은 국가들이 메틸브로마이드 훈증처리를 한다. 열처리는 대부분 과실의 유통 기간을 감소시키는 경향이 있다. 그래서 법적 방제는 과실파리 발생이 없는 지역에서 생산된 과실 수입으로 제한하게 된다.

1.5.4.5 재배적 방제

일반적으로 과실파리에 대해 가장 효과적인 방제 기술 중 하나는 신문지, 종이박스 또는 길고 얇은 폴리에틸렌 주머니로 과실 열매를 싸는 것이다. 이는 산란에 대한 단순한 물리적 방제법으로 성충이 과실을 공격하기 전에 이뤄져야 한다. 조기 수확은 망고의 경우 효과적인 방제 전략이다. 대부분 과실에 대한 가해시기에 대해 활용할 수 있는 정보가 거의 없으나, 몇몇 *Bactrocera* 종은 과실이 성숙하기 전에 가해한다.

재배지 위생처리는 중요한 방제 방법으로 낙과 제거로 과실파리의 유충 발육할 수 있는 기주를 제거하는 의미를 담고 있다. 폐과일의 제거 방법은 소각 또는 매물(적어도 지표면에서 0.5 m 이하), 돼지 먹이 및 짙은 색 비닐봉지에 보관하여 태양에 방치함(이에 내부온도는 상승하여 유충을 죽임)으로써 가능하다. 또 다른 물리적 방제 방법으로 과실나무 아래 토양을 갈퀴질한다. 이는 번데기를 지상부로 노출시켜 건조 또는 다른 생물체에 의해 포식되게 한다.

1.5.4.6 화학적 방제

모든 작물의 전면 살포는 때때로 사용될 수 있지만, 미끼살포의 이용은 더 경제적이고 친환경적이다. 미끼살포는 단백질미끼와 살충제(예: malathion, spinosad, fipronil)의 혼합으로 구성된다. 과실파리 암수 모두는 암모니아를 내뿜는 단백질 재료에 유인된다. 그래서 살충제는 과수원내 단지 몇 개 장소에 적용될 수 있으며 파리는 이러한 장소로 유인될 것이다. 주로 이용되는 미끼는 산성을 띤 단백질 가수분해산물이며 양조장 폐기물을 이용하기도 한다.

1.5.4.7 불임곤충방사 기술

불임곤충방사 기술은 이온화방사선을 이용하여 불임 수컷을 만들고 야외에 방사시켜 암컷의 차세대 생산 능력을 저하시키는 방제 기술로 일본 오키나와 섬과 여러 지역에서 성공한 예를 갖고 있다.

1.5.4.8 수컷유살제 처리기술

오리엔탈과실파리의 수컷은 메칠유제놀에 다수가 유인된다. 이 유인물질에 살충제를 혼합하여 유인된 수컷을 제거시키는 기술이다.

2 지중해과실파리 생물정보

2.1 지중해과실파리의 분류학적 위치

영 명	Mediterranean fruit fly
학 명	*Ceratitis capitata* Weidemann
강	곤충강(Insecta)
목	파리목(Diptera)
과	과실파리과(Tephritidae)

Tephritis capitata Wiedemann 1824: 55. — India orient., mare indico [probably Is. of Indian Ocean]. T♂ UZMC. Type data (Wiedemann 1830: 496, Zimsen 1954: 28.

Ceratitis citriperda MacLeay 1829: 482. — Azores. St. Michael [Sao Miguel]. ST ♂♀ MMS.

Ceratitis hispanica Breme 1842: 188. — Spain. Malaga: environs of Malaga. ST ♂♀ IMZ?

Pardalaspis asparagi Bezzi 1924: 480. — South Africa. Cape: East London. HT ♀ SANC.

지중해과실파리는 집파리보다 작아 평균 3.5~5.0 mm의 몸길이를 갖는다. 성충은 대체적으로 어두운 체색 배경에 황색 복부에 두 개의 흰 띠를 갖는다. 날개는 짙은 황색, 노랑색, 검정색 및 흰색의 무늬를 갖는다. 암컷은 뾰족하고 홀쭉한 산란관을 지니고 기주 과실 표피 내부로 알을 낳게 된다. 유충은 다리가 없는 구더기 모양으로 흰 크림색이며 기주 내부에서 자라 최대 0.4 인치(= 약 1 cm) 길이로 성장하게 된다.

2.2 지중해과실파리의 생활사

암컷 성충은 산란관으로 기주 과실의 표피를 뚫고 1~10 개의 알을 산란하게 된다. 여기에 다른 암컷이 이 산란 구멍으로 산란을 할 수 도 있다. 수백 개의 알이 하나의 공간에서 발견되었다. 일반 환경에서 한 마리의 암컷은 300 개 이상의 알을 전 생애를 통해 산란한다. 62°F (17℃) 이하의 온도에서는 산란을 멈춘다. 알은 최적온도인 79°F (26℃)의 온도에서 2~3 일만에 부화를 한다. 부화한 유충은 과육 속으로 터널을 뚫으며 6~10 일간 섭식활동을 보이게 된다. 일반적으로 과실은 유충이 발육하면서 또는 이후에 땅에 떨어진다. 3령 유충이 과실로부터 나와 땅속에서 용화를 진행하게 된다. 그러나 용화는 다른 장소에서도 일어날 수 있어 꼭 땅속에서 번데기를 형성하는 것은 아니다. 번데기로 부터 성충 우화는 79°F에서 6~15 일 경과하며 진행된다. 새로이 우화한 성충은 성적으로 성숙되지 않아 성적 성숙을 위해서는 단백질 먹이를 섭취해야 한다. 산란하기 전(前)기간은 최소 2 일부터 매우 다양한 기간 동안 진행되며 이는 환경조건에 의존하게 된다. 섭식은 산란할 때 까지 진행된다. 따라서 양호한 조건에서 한 세대 기간은 18~33 일이 소요된다. 알, 유충 및 번데기 단계에서 발육은 50°F (10℃) 이하에서는 일어나지 않는다. 번데기 단계는 이 종이 먹이와 물 부족 및 극단 온도 조건과 같은 어려운 환경 조건 속에 견디게 한다.

2.3 지중해과실파리의 분포

지중해과실파리는 열대성 북아프리카 원산으로 연 4~5 세대 발생하는 과실파리이다. 열대 지방에서는 휴면 없이 연중 발생하는 것으로 알려져 있다. 아프리카를 기원으로 지중해과실파리는 지중해 연안의 국가와 호주, 중미, 남미, 유럽, 하와이 및 여러 태평양 군도 나라들로 번졌다. 예를 들어, 1910년에 최초로 하와이 군도에서 발견된 지중해과실파리는 풍부한 산란 기주 과실로 인해 급속도로 번식하여 망고, 구아바, 아보카도, 파파야, 커피, 복숭아 그리고 감과 같은 작물의 수확량을 줄이고 질을 저하시켰다. 아시아 동남아 지역에서는 분포하지 않으며, 중국에 분포하는 것으로 알려져 있으나 자세한 분포구역은 알려져 있지 않다.

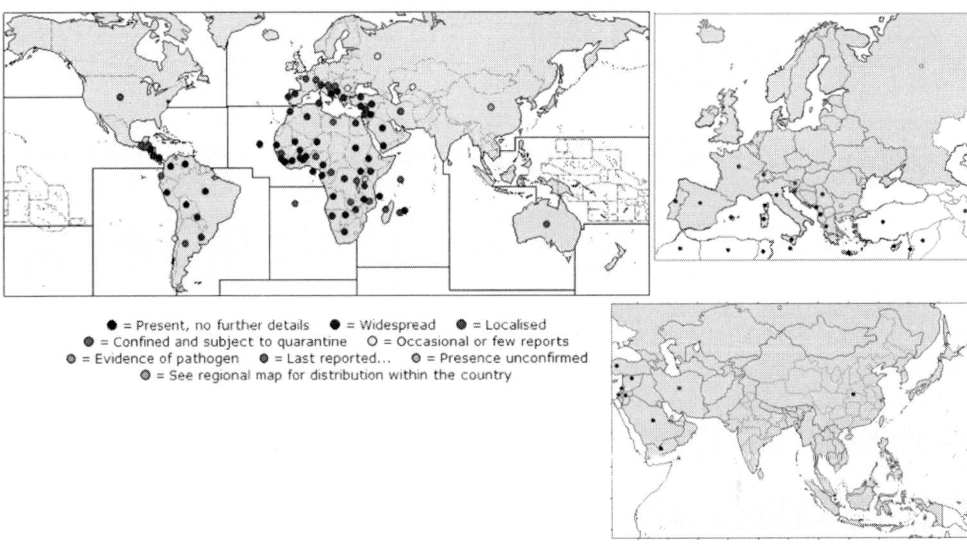

‖ 지중해과실파리 분포도 ‖

[자료출처] http://www.cabi.org/ISC

우리나라 기후대와는 다른 기후대에 주로 분포하지만 중국 및 러시아에서도 발생기록이 있고, 독일 등 북유럽에도 분포하기 때문에 국내 기후에 적응할 가능성이 있다.

2.4 지중해과실파리의 기주

지중해과실파리는 아프리카에서 중요한 경제적 피해를 입히는 해충이다. 지중해 국가에서는 특히 감귤과 복숭아에 피해를 입히는데, 과실에 썩음병을 전파하기 때문에 더 중요하다.

과실의 피해도는 매우 높고 100% 피해에 도달할 수 있다. 중앙아메리카에서는 커피 작물에 피해는 5~15% 되는 것으로 추정하고 있다. 뿐만 아니라, 딸기류는 성숙 전 낙과되므로 피해가 크다.

2.4.1 기주 목록

지중해과실파리는 200 종류 이상의 서로 다른 과일과 채소를 가해하는 것으로 알려지고 있다. 알려진 기주는 Anacardiaceae, Annonaceae, Apocynaceae, Arecaceae, Cactaceae, Caricaceae, Clusiaceae, Combretaceae, Ebenaceae, Juglandaceae, Lauraceae, Lythraceae, Malpighiaceae, Malvaceae, Muntingiceae, Myrtaceae, Passifloraceae, Rosaceae, Rubiaceae, Rutaceae, Santalaceae, Sapindaceae, Sapotaceae, Solanaceae 그리고 Vitaceae에 속한다.

2.4.2 우리나라에 알려진 기주 목록

귤 류, 고추, 사과, 복숭아 등 핵과류를 가해할 수 있다.

2.4.3 수입 규제 기주

다음의 신선한 과일, 견과류, 채소 및 딸기류가 규제대상이다.

일반명	학명
껍질있는 아몬드	*Prunus dulcis = P. amygdalus*
사과	*Malus sylvestris*
살구	*Prunus armeniaca*
아보카도	*Persea americana*
흑 미로발란(Black Myrobalan)	*Terminalia cherbula*
체리	*Prunus avium, P. cerasus*
시트론(Citrus citron)	*Citrus medica*
대추야자	*Phoenix dactylifera*
가지	*Solanum melongena L.*
무화과	*Ficus carica*

포도	*Vitis vinifera*
자몽	*Citrus paradisi*
구아바	*Psidium guajava*
감	*Diospyros khaki*
일본자두	*Prunus salicina*
키위	*Actinidia chinensis*
금귤	*Fortunella japonica*
레몬(상품명 가운데 유레카, 리스본 및 빌라프란카 품종은 제외)	*Citrus limon*
레몬(Meyer 품종)	*Citrus limon X reticulata*
레몬(Rough 품종)	*Citrus jambhiri*
라임(Sweet 품종)	*Citrus aurantiifolia*
비파	*Eriobotrya japonica*
홍귤	*Citrus reticulata*
망고	*Mangifera indica*
고광나무	*Murraya exotica*
산사과	*Syzygium malaccense* = *(Eugina malaccensis)*
큰잎카리사	*Carissa macrocarpa*, *Terminalia chebula*
천도복숭아	*Prunus persica*
올리브	*Olea europea*
부채선인장	*Optuntia* spp.
오렌지(calamondin)	*Citrus reticulata x Fortunella*
오렌지(Chinese)	*Fortunella japonica*
오렌지(king)	*Citrus reticulata x C. sinensis*
오렌지(sweet)	*Citrus sinensis*
오렌지(Unshu)	*Citrus reticulata* var. *Unshu*
피피야	*Carica papaya*
복숭아	*Prunus persica*
배	*Pyrus communis*
후추	*Capsicum annum*, *C. frutescens*
피조아	*Feijoa sellowiana*
자두	*Prunus americana*
자두(plum)	*Punica granatum*

자두(Prune)	*Prunus domestica*
포멜로(Shaddock)	*Citrus grandis*
마르멜로	*Cydonia oblonga*
로즈애플	*Syzyguim jambos* = *(Eugina jamos)*
광귤	*Citrus aurantium*
스페인체리(브라질자두)	*Eugenia dombeyi, E. brashilienis*
스트로베리 구아바	*Psidium cattleianum*
수리남 체리	*Eugenia uniflora*
토마토(분홍 및 적색 숙성)	*Lycopersicon esculentum*
껍질있는 호두	*Juglans* spp.
흰싸뽀뜨	*Casimiroa edulis*
황색 협죽도(Bestill)	*Thevetia peruviana*

＊ 위에 기술한 과일, 견과류, 채소 및 딸기류를 생산하는 작물의 배수 토양

＊ 이 이외의 생산물, 작물류 또는 이러한 것들을 운반하는 수단들로서 전문가가 지중해과실파리의 전파 위험이 있다고 판단되는 것을 포함한다. 또한 이러한 의심 물체를 지니는 사람도 규제 대상이 된다.

3 퀸즐랜드과실파리 생물정보

3.1 퀸즐랜드과실파리의 분류학적 위치

영 명	Queensland fruit fly
학 명	*Bactrocera tryoni* (Froggatt)
강	곤충강(Insecta)
목	파리목(Diptera)
과	과실파리과(Tephritidae)

Tephritis tryoni Froggatt 1897: 410. — Australia. New South Wales: Tenterfield; Penrith; Richmond R., Wollongbar Farm; & Inverell. ST ♂♀ NSWA?

Chaetodacus tryoni var. *juglandis* Tryon 1927: 188. — Australia. Queensland: Stanthorpe. HT ♀ QMBA.

Chaetodacus tryoni var. *sarcocephali* Tryon 1927: 188. — Australia. Queensland: Brisbane. LT ♀ QMBA. Lectotype designated by Drew 1989: 116.

Drew (1989)의 분류체계에 따르면, 많은 해충 종을 포함하는 *Bactrocera* 및 *Dacus* 속은 Dacinae아과의 Dacini족에 속한다. *Bactrocera tryoni* 는 *Bactrocera* 속의 600여종 중 하나이다. 이 속은 중동에서 호주까지 분포하며, 대부분은 동남아시아, 뉴기니 및 기타 남태평양 섬들에서 발견된다. *Bactrocera* 속에 속한 많은 종들에 대해서 이들의 숙주 및 피해 상황이 아직 정확히 연구되지 않고 있으며 여기에 추가적으로 신종들이 매년 발견되는 상황이다. 따라서 정확히 집계할 수는 없지만, 전체적으로 매우 큰 경제적 피해를 주는 것으로 믿어지고 있다. *Bactrocera tryoni* 는 호주의 고유종으로 호주에서는 퀸즐랜드, 뉴사우스웨일즈 및 빅토리아주에 분포한다. 이 종이 분포하는 다른 나라들로는 파푸아뉴기니, 뉴칼레도니아, 타이티, The Austral Islands 및 Society Islands 등이 있다. Easter Islands 에서도 발생이 있었으나 1971 년과 1976 년에 각각 박멸되었다. *Bactrocera tryoni* 의 유충은 125 가지 기주의 과실에서 보고된 바 있다.

3.2 퀸즐랜드과실파리의 생활사

교미한 퀸즐랜드과실파리 암컷은 산란하기 위해 성숙한 과일을 찾아 비행한다. 대부분의 기주에서는 다른 과실파리 유충이 없는 성숙한 과실이 산란에 가장 적합하다. 암컷은 과실 껍질 부위의 그늘진 쪽에 과피를 뚫고 최대 12 개까지의 (보통 4–5 개) 알을 낳으며, 암컷 한 마리는 한평생 1,000 개까지의 알을 낳을 수 있다. 암컷은 4일 동안 적당한 기주를 찾지 못할 경우 적합하지 않은 기주에도 쉽게 산란하는데, 이는 난소 성숙이 생리적으로 조절되기 때문이다. 알은 2∼3 일 내에 부화하고, 유충은 과실의 중심부를 향해 섭식을 시작하여 이들 부위를 썩게 한다. 겉으로 나타나는 증상은 별로 없지만 심하게 감염되면 과실은 보통 땅에 떨어진다. 같은 과일에 반복해서 산란될 수 있기 때문에 한 과일에서 많은 유충이 발견될 수 있다. 유충기간은 여름에 7 일에서 가을에는 6 주 이상으로 기주와 온도에 따라 변한다. 3령 유충은 과일에서 나오며, 과실이 땅에 떨어지지 않은 경우 유충은 땅에 떨어진다. 이들은 땅 속 0.8∼1.2 인치 (20∼30 mm) 깊이의 구멍을 파고 번데기가 된다. 번데기 기간은 1 주일 정도로 짧을 수도 있지만, 여름에는 보통 약 22 일, 늦가을에는 60 일 정도이며, 더 늦으면 추위에 의해 죽는다. 추운 날씨에 다소 적응될 수는 있지만 번데기로는 동면하지 않는다. 우화한 성충들은 2∼3 주 정도 지속되는 이동상(migratory phase)을 거친다. 우화 후 첫 주에 우화한 성충의 75%가 주변을 떠난다. 평균 분산(dispersal) 거리는 6.4 km 정도이지만, 2 주 후 16 km까지 이동할 수 있으며, 3∼7 주 후에는 26 km 까지도 이르는 것으로 알려져 있다.

3.3 퀸즐랜드과실파리의 분포

북아메리카: 미국 (현재 없으나 발견된 적 있음)

남아메리카: 칠레 (박멸됨)

오세아니아: 호주 (Queensland, Northern Territory, Victoria 및 New South Wales 에 분포), French Polynesia, New Caledonia, New Zealand (박멸됨), 파푸아뉴기니 (현재 없으나 발견된 적 있음)

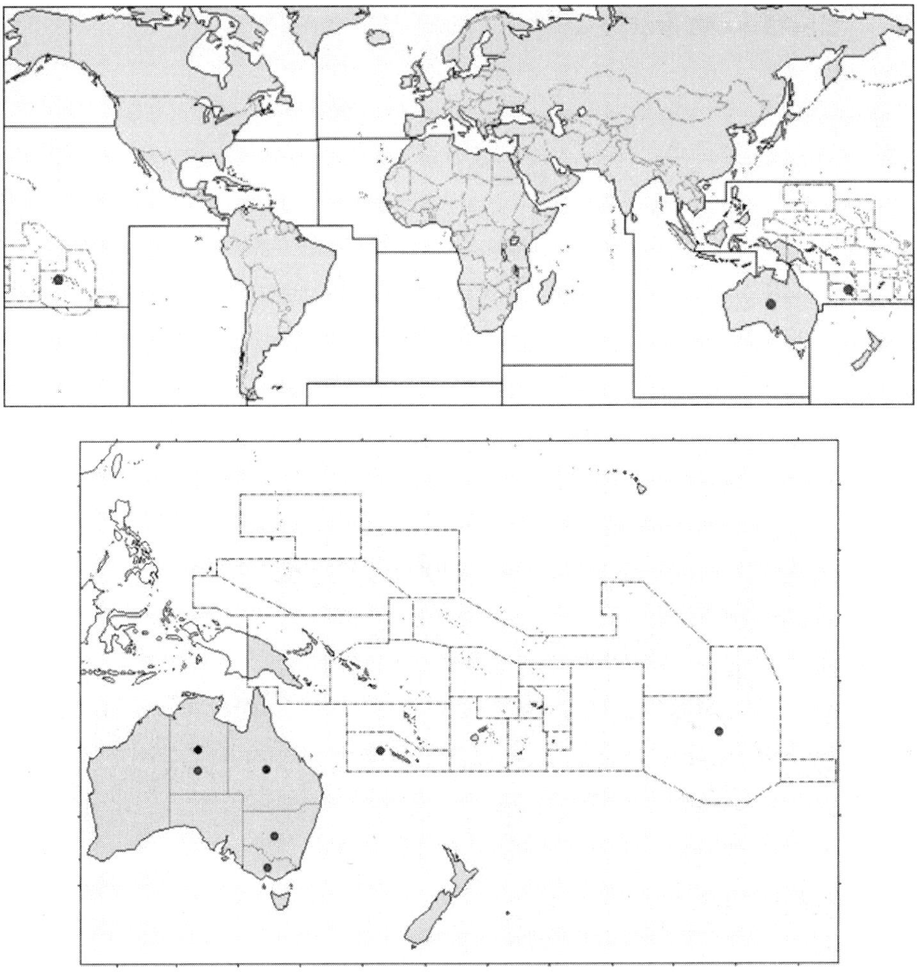

‖ 퀸즐랜드과실파리 분포 ‖

[자료출처] http://www.cabi.org/isc/datasheet/17693

3.4 퀸즐랜드과실파리의 기주

퀸즐랜드과실파리는 호주에서는 파인애플을 제외한 재배되는 모든 과수를 가해하며, 최소한 49 과(Family)에 속하는 234 종의 식물을 가해하는 것으로 보고되어 있다. 현재까지 알려진 주요 기주 목록은 다음과 같다 (*주기주식물; **야생기주식물; 괄호 안은 일반명).

Actinidiaceae (다래나무과): *Actinidia deliciosa* (kiwifruit)

Anacardiaceae (옻나무과): *Anacardium occidentale* (cashew nut)*, *Mangifera indica* (mango)*, *Spondias dulcis* (otaheite apple), *Spondias mombin* (hog plum), *Spondias purpurea* (red mombin)

Annonaceae (포포나무과): *Annona cherimola* (cherimoya), *Annona glabra* (pond apple)*, *Annona muricata* (soursop)*, *Annona reticulata* (bullock's heart)*, *Annona squamosa* (sugar apple), *Cananga odorata* (perfume tree), *Rollinia mucosa*, *Rollinia pulchrinervis*

Apocynaceae (협죽도과): *Nerium oleander* (oleander), *Thevetia peruviana* (exile tree)

Arecaceae (종려과): *Phoenix dactylifera* (date-palm)

Bombacaceae (물밤나무과): *Durio zibethinus* (durian)

Cactaceae (선인장과): *Opuntia ficus-indica* (prickly pear)

Caricaceae (파파야과): *Carica papaya* (pawpaw)*

Clusiaceae (클루시아과): *Calophyllum inophyllum* (Alexandrian laurel), *Garcinia mangostana* (mangosteen)

Combretaceae (사군자과): *Terminalia arenicola***, *Terminalia catappa* (Singapore almond)*

Cucurbitaceae (박과): *Cucumis* (melons, cucuimbers, gerkins), *Cucurbita moschata* (pumpkin), *Momordica charantia* (bitter gourd), *Trichosanthes cucumerina* (snake gourd)

Ebenaceae (감나무과): *Diospyros blancoi* (mabolo), *Diospyros kaki* (persimmon), *Diospyros virginiana* (persimmon (common))

Ericaceae (진달래과): *Vaccinium corymbosum* (blueberry)

Euphorbiaceae (대극과): *Phyllanthus acidus* (star gooseberry)

Flacourtiaceae (이나무과): *Dovyalis caffra* (kei apple), *Flacourtia jangomas* (Indian plum), *Flacourtia rukam* (rukam)

Juglandaceae (가래나무과): *Juglans regia* (walnut)

Lauraceae (녹나무과): *Persea americana* (avocado)

Liliaceae (백합과): *Clivia miniata* (kaffir lily)

Malpighiaceae (말피기과): *Malpighia emarginata*

Malvaceae (아욱과): *Gossypium hirsutum* (Bourbon cotton)

Meliaceae (멀구슬나무과): *Sandoricum koetjape* (santol)

Moraceae (뽕나무과): Artocarpus altilis (breadfruit), *Ficus racemosa* (cluster tree), *Morus alba* (mora), *Morus nigra* (black mulberry)*,

Musaceae (파초과): *Musa* (banana)*, *Musa x paradisiaca* (plantain)

Myrtaceae (도금양과): *Acca sellowiana*, *Eugenia*, *Eugenia brasiliensis* (brazil cherry), *Eugenia uniflora* (Surinam cherry)*, *Feijoa sellowiana* (Horn of plenty), *Myrciaria cauliflora* (jaboticaba), *Psidium cattleianum* (strawberry guava)*, *Psidium guajava* (guava)*, *Psidium guineense* (Guinea guava), *Syzygium aqueum* (watery rose-apple)*,

Syzygium cumini (black plum), Syzygium forte**, *Syzygium jambos* (rose apple)*, *Syzygium malaccense* (Malay apple)*, *Syzygium paniculatum* (australian brush-cherry), *Syzygium samarangense* (water apple)

Olacaceae (철청수과): *Olea europaea subsp. europaea* (European olive)

Oxalidaceae (괭이밥과): Averrhoa *bilimbi* (bilimbi), *Averrhoa carambola* (carambola)*

Passifloraceae (시계꽃과): Passiflora edulis (passionfruit)*, Passiflora foetida (red fruit passion flower), *Passiflora quadrangularis* (giant granadilla), *Passiflora suberosa* (corkystem passionflower)*

Punicaceae (석류나무과): *Punica granatum* (pomegranate)

Rhamnaceae (갈매나무과): *Ziziphus jujuba* (common jujube), *Ziziphus mauritiana* (jujube)

Rosaceae (장미과): *Cydonia oblonga* (quince)*, *Eriobotrya japonica* (loquat)*, *Fragaria ananassa* (strawberry), *Malus domestica* (apple)*, *Malus sylvestris* (crab-apple tree)*, *Prunus armeniaca* (apricot), *Prunus avium* (sweet cherry), *Prunus cerasifera* (myrobalan plum), *Prunus domestica* (plum), *Prunus persica* (peach)*, *Prunus salicina* (Japanese plum), *Pyrus communis* (European pear), *Pyrus pyrifolia* (Oriental pear tree), *Rubus fruticosus* (blackberry), *Rubus loganobaccus* (loganberry), *Rubus ursinus* (boysenberry)

Rubiaceae (꼭두서니과): *Coffea arabica* (arabica coffee)*

Rutaceae (운향과): *Aegle marmelos* (golden apple), *Casimiroa edulis* (white sapote)*, *Citrus aurantiifolia* (lime), *Citrus aurantium* (sour orange), Citrus jambhiri (rough lemon), *Citrus limetta* (sweet lemon tree), *Citrus limon* (lemon), *Citrus maxima* (pummelo), *Citrus medica* (citron), Citrus *reticulata* (mandarin), *Citrus sinensis* (navel orange), *Citrus x paradisi* (grapefruit), *Clausena lansium* (wampi), *Eremocitrus glauca* (Australian desert lime), *Fortunella japonica* (round kumquat)*, *Fortunella x crassifolia* (meiwa kumquat)

Sapindaceae (무환자나무과): *Blighia sapida* (Akee apple), *Dimocarpus longan* (longan tree), *Litchi chinensis* (lichi), *Nephelium lappaceum* (rambutan), *Pometia pinnata* (fijian longan)

Sapotaceae (산람과): *Chrysophyllum cainito* (caimito)*, *Manilkara zapota* (sapodilla)*, *Mimusops elengi* (spanish cherry), *Pouteria caimito*, *Pouteria campechiana* (canistel), *Pouteria sapota* (mammey sapote), *Synsepalum dulcificum*

Solanaceae (가지과): *Capsicum annuum* (bell pepper)*, *Capsicum frutescens* (chilli), *Cyphomandra betacea* (tree tomato), *Lycium barbarum* (Matrimonyvine), *Physalis peruviana* (Cape gooseberry), *Solanum laciniatum* (kangaroo apple), *Solanum lycopersicum* (tomato)*, *Solanum melongena* (aubergine), *Solanum seaforthianum*

(Brazilian nightshade), *Solanum torvum* (turkey berry)

Tiliaceae (피나무과): *Grewia asiatica* (phalsa)

Vitaceae (포도과): *Vitis labrusca* (fox grape), *Vitis vinifera* (grapevine)

3.5 퀸즐랜드과실파리의 피해 및 방제 기술

3.5.1 이동과 확산 방법

퀸즐랜드과실파리는 자력으로는 보통 1 km 정도를 이동할 수 있다. 하지만, 가방, 화물이나 자동차 등에 있는 감염된 과일을 통해서 장거리 확산이 흔하게 일어난다.

3.5.2 경로 매개체

다음은 충체 자신의 이동 능력 외에 다른 운반체에 의해 이동되는 수단이다.

매개체	내용	장거리	지역내
항공기	유충 및 알에 감염된 과실	○	
대량화물	모든 발육단계	○	
소모성물품 (유람선에 실은 식량 등)	모든 발육단계	○	
이동성 식물/쓰레기	유충 및 알에 감염된 과실	○	○
육상 교통수단	알, 유충 및 번데기에 감염된 과실	○	○
화물(선원들의 사물함 포함)	유충 및 알에 감염된 과실	○	○
메일/우편	알 및 유충에 감염된 과실	○	○
식물 또는 식물 일부	알 및 유충에 감염된 과실	○	○
토양, 모래, 자갈 등	번데기	○	○
바람	성충		○

3.5.3 검역 중요성

퀸즐랜드과실파리는 다양한 과실류와 채소류의 매우 심각한 해충이다. 이들이 침입하면 방제되지 않을 경우에 막대한 경제적 손실을 주게 된다. 특히 피해가 심한 중요한 기주식물은 사과(*Malus domestica*), 복숭아(*Prunus persica*), 토마토(*Solanum lycopersicum*), 바나나(*Musa*), 패션프루트(*Passiflora edulis*), 구아바(*Psidium guajava*) 및 망고(*Mangifera indica*) 등을 포함한다.

3.5.4 모니터링과 방제

3.5.4.1 의심 기주 조사

찔린 자국 및 괴사와 관련된 흔적이 보이는 과실(지역적으로 재배된 또는 수입 과실의 샘플)은 검사해야 한다. 의심되는 과실은 절개하여 유충 유무를 점검해야 한다. 유충 동정은 어려워 분자지표를 이용하거나 성충으로 발육시켜 정확한 동정을 진행하게 된다. 우화 후 체벽의 경화와 체색을 갖추도록 며칠간 성충에게 설탕과 물을 공급한다.

3.5.4.2 조기경보시스템

큐루어(Cue lure)를 미끼로 스타이너 트랩 또는 잭슨 트랩을 이용하여 침입 모니터링을 실시한다.

3.5.4.3 발생 모니터링

퀸즐랜드과실파리의 발견이 이뤄진 경우 발생 모니터링이 실시된다. 폴리에틸렌 용기에 함유된 큐루어 미끼를 트랩에 장착한다. 퀸즐랜드과실파리의 다식성을 고려하여 의심지역에 존재하는 여러 기주를 대상으로 발생 모니터링이 진행된다. 또한 과실 조사도 병행한다.

3.5.4.4 법적 방제

퀸즐랜드과실파리가 발생하는 지역에서 농작물을 수출하는 국가에 대해서는 엄격한 수확후 살충처리를 요구한다. 이 처리는 훈증, 열처리, 저온처리, 살충제 처리 또는 방사능 조사가 포함된다. 방사능 조사는 대부분 나라에서 허용하지 않으며, 현재 많은 국가들이 메틸브로마이드 훈증처리를 한다. 열처리는 대부분 과실의 유통 기간을 감소시키는 경향이 있다. 그래서 법적 방제는 과실파리 발생이 없는 지역에서 생산된 과실 수입으로 제한하게 된다.

3.5.4.5 재배적 방제

일반적으로 과실파리에 대해 가장 효과적인 방제 기술 중 하나는 신문지, 종이박스 또는 길고 얇은 폴리에틸렌 주머니로 과실 열매를 싸는 것이다. 이는 산란에 대한 단순한 물리적 방제법으로 성충이 과실을 공격하기 전에 이뤄져야 한다. 조기 수확은 망고의 경우 효과적인 방제 전략이다. 대부분 과실에 대한 가해시기에 대해 활용할 수 있는 정보가 거의 없으나, 몇몇 *Bactrocera* 종은 과실이 성숙하기 전에 가해한다.

재배지 위생처리는 중요한 방제 방법으로 낙과 제거로 과실파리의 유충 발육할 수 있는 기주를 제거하는 의미를 담고 있다. 폐과일의 제거 방법은 소각 또는 매몰(적어도 지표면에서

0.5 m 이하), 돼지 먹이 및 짙은 색 비닐봉지에 보관하여 태양에 방치함(이에 내부온도는 상승하여 유충을 죽임)으로써 가능하다. 또 다른 물리적 방제 방법으로 과실나무 아래 토양을 갈퀴질한다. 이는 번데기를 지상부로 노출시켜 건조 또는 다른 생물체에 의해 포식되게 한다.

3.5.4.6 화학적 방제

모든 작물의 전면 살포는 때때로 사용될 수 있지만, 미끼살포의 이용은 더 경제적이고 친환경적이다. 미끼살포는 단백질미끼와 살충제(예: malathion, spinosad, fipronil)의 혼합으로 구성된다. 과실파리 암수 모두는 암모니아를 내뿜는 단백질 재료에 유인된다. 그래서 살충제는 과수원내 단지 몇 개 장소에 적용될 수 있으며 파리는 이러한 장소로 유인될 것이다. 주로 이용되는 미끼는 산성을 띤 단백질 가수분해산물이며 양조장 폐기물을 이용하기도 한다.

3.5.4.7 불임곤충방사 기술

불임곤충방사 기술은 이온화방사선을 이용하여 불임 수컷을 만들고 야외에 방사시켜 암컷의 차세대 생산 능력을 저하시키는 방제 기술로 일본 오키나와 섬과 여러 지역에서 성공한 예를 갖고 있다.

3.5.4.8 수컷유살제 처리기술

퀸즐랜드과실파리의 수컷은 큐루어에 다수가 유인된다. 이 유인물질에 살충제를 혼합하여 유인된 수컷을 제거시키는 기술이다.

4 복숭아과실파리 생물정보

4.1 복숭아과실파리의 분류학적 위치

영 명	peach fruit fly
학 명	*Bactrocera zonata* (Saunders)
강	곤충강(Insecta)
목	파리목(Diptera)
과	과실파리과(Tephritidae)

Dasyneura zonatus Saunders 1842: 61. — Central India. T A UMO?. Type depository mis-stated by Hardy 1973: 54, no ST in BMNH.

Bactrocera maculigera Doleschall 1858: 122. — Indonesia. Maluku: Amboina [Ambon I.]. T A ZMHU. Also possible ST in NMW (Froggatt 1909: 94).

Rivellia persicae Bigot 1890: 192. — India. [Bihar: Chota Nagpur, Ranchi]. ST♂♀ ZSI?. Type data (Cotes 1890: 195, Bezzi 1916: 106); also possibly ST in UMO.

Dacus ferrugineus var. mangiferae Cotes 1893: 17. — India. Bihar: Tirhoot. LT♀ ZS?. Lectotype designated by Drew & Hancock 1994: 20, female in Cotes' figure; type data (Bezzi 1913: 75).

Drew (1989)의 분류체계에 따르면, 많은 해충 종을 포함하는 *Bactrocera* 및 *Dacus*속은 Dacinae아과의 Dacini족에 속한다. *Bactrocera zonata*는 *Bactrocera*속의 600여종 중 하나이다. 이 속은 동남아시아, 중국, 오스트레일리아 및 남태평양 섬들에서 아프리카까지 넓게 분포하고 있다. *Bactrocera* 속에 속한 많은 종들에 대해서 이들의 숙주 및 피해 상황이 아직 정확히 연구되지 않고 있으며 여기에 추가적으로 신종들이 매년 발견되는 상황이다. 따라서 정확히 집계할 수는 없지만, 선제적으로 매우 큰 경제적 피해를 주는 것으로 믿어지고 있다.

*Bactrocera zonata*는 *Bactrocera*아속에 속한다. 따라서 복숭아과실파리의 학명은 아속명을 포함하여 *Bactrocera* (*Bactrocera*) *zonata*로 인용되기도 한다. 복숭아과실파리는 언 듯 보기에 퀸즐랜드과실파리(*B. tryoni*)와 비슷하나 날개의 전단의 띠가 날개 말단부 직전에 끊어져 있는 것으로 쉽게 구분할 수 있다. 이런 날개 무늬는 구아바과실파리(*B. correcta*)도 가지고 있으나, 이 종은 가슴등판이 검정색이며 배에 T-무늬가 있는 것으로 쉽게 구분할 수 있다.

4.2 복숭아과실파리의 생활사

복숭아과실파리의 성체는 실험실에서는 빛을 약하게 하였을 때, 그리고 야외에서는 해질녘에 교미를 하는 것이 관찰된 바 있다. 암수 공히 몇 차례에 걸쳐 교미하지만, 암컷은 살아있는 동안에 교미 후 2~7 일이 경과하면 산란을 한다. 따라서 성적 성숙이 일어나는(8~16 일) 기간을 포함한다면 첫 번째 알을 산란하기까지의 산란전 기간은 10~23 일이다.

암컷은 끝으로 가면서 좁아지는 형태의 백색 타원형의 알을 낳는다. 알은 오리엔탈과실파리의 것과 비슷하며 길이는 1.1 mm, 너비는 0.2 mm이며 끝부분에 micropyle이 있다. 복숭아과실파리의 암컷은 산란기로 과실에 구멍을 내어 2-9개의 알을 과실 내부에 산란한다. 암컷은 낮에 산란을 하나 오후에 대부분의 알을 낳는 것을 선호한다. 산란흔은 과실에 미생물을 감염시켜 빠르게 부패하게 하는 요인이 될 수 있다. 복숭아과실파리 암컷은 하루에 최대 93개, 일생동안에는 최대 584개의 알을 산란할 수 있으므로 적합한 환경에서는 매우 빠르게 번식할 수 있다. 이상적인 환경에서 알의 부화는 이틀 이내에 일어날 수도 있다. 이 부화기간은 온도가 정상 이하일 때 늦어질 수 있다.

과실의 펄프를 섭식하는 복숭아과실파리 유충은 매끄럽고, 흰색이며, 다리가 없는 전형적인 구더기이다. 온도에 따라 유충기간은 4~6 일 동안이다. 이후 유충은 과실에 뚜렷한 구멍을 뚫고 밖으로 떨어져 흙속에서 용화한다. 무언가에 방해를 받았을 때 유충은 몸을 접어 점프를 할 수 있다. 이 현상은 실험실에서도 관찰되었으며 이들의 분산에 중요한 역할을 하는 것으로 생각된다.

유충들은 과실의 펄프를 섭식함으로써 해당 과실에 피해를 입히며. 추가적으로 유충이 빠져나오면서 명확하고 보기 싫은 구멍을 남김으로서도 피해를 준다. 피해는 지중해과실파리나 오이과실파리의 것들과 비슷하다

토양이 용화에 필수적인 것은 아니지만, 유충들은 대부분 토양의 질감이나 촘촘함에 따라 땅 밑 1~8 인치 아래서 용화한다. 전형적인 번데기는 5 mm 길이의 흑갈색이며 타원형의 위용(puparium)에 싸여있다. 이 시기는 활동이 없는 시기이며 여름에는 4~16 일, 그리고, 문헌에 따르면, 겨울에는 최대 46 일 동안 지속된다. 성충은 땅속에서부터 우화한다.

생활환은 이상적인 환경에서는 20 일 만에 완료될 수 있으며 낮은 온도에서는 연장된다.

성체는 대략 집파리 정도의 크기이다. 적갈색이며 배의 가로띠는 노랑색, 날개는 투명하며 각 날개의 끝부분에 작은 갈색의 점이 있다. 더듬이는 머리의 세로 길이보다 짧다.

갓 우화한 성충은 성적으로 성숙한 상태가 아니며, 저장에너지가 적거나 거의 없다. 이상적인 환경에서 성충은 8 일(드물게는 6 일)에서 16 일 만에 성적으로 성숙하며 몇 세대를 번식하게 된다. 복숭아과실파리 성충은 당밀, 부패한 과실, 화밀, 식물의 즙 등을 섭식한다.

자연 상태에서 성충의 평균수명은 일반적으로 천적의 유무, 구할 수 있는 먹이의 종류와 질,

기후에 영향을 받는다. 실험실에서는 최대 78 일이 기록된 바 있다.

표식/재포획 실험을 통하여, 성충은 방사 지역에서 40 km 거리에서 재포획 된 바 있다. 따라서 이들은 먹이나 숙주를 찾기 위하여 매우 빠르게 분산될 수 있다. 단 적절한 먹이나 숙주가 한 지역에만 존재한다면, 복숭아 과실파리는 그 지역에 머무는 경향이 있다는 보고가 있다. 이는 이러한 지역으로부터 해충에 오염된 과실의 인위적인 이동을 막음으로써 복숭아과실파리의 분산을 어느 정도 방지할 수 있다는 것을 시사해 준다(검역 규정 등에 명시되어 있듯이). 복숭아과실파리의 분산은 성충의 비행뿐만 아니라, 바람이나, 인위적인 오염과실의 이동을 통해서도 영향을 받는다. 휴식을 취하거나 섭식하기 위하여 성충은 나무나 꽃이 핀 숙주, 또는 진딧물로 오염된 곳을 찾으며, 적당한 열매를 가진 숙주는 주로 산란을 위해서만 찾는다. 가장 온도가 높은 낮 시간에는 잎, 꽃 또는 온도가 낮은 다른 곳에 숨어 있다.

4.3 복숭아과실파리의 분포

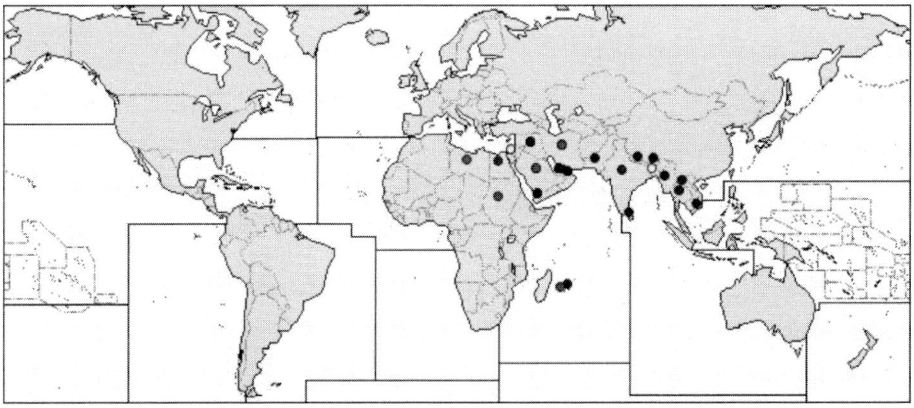

● = Present, no further details
● = Widespread
● = Localised
● = Confined and subject to quarantine
○ = Occasional or few reports
● = Evidence of pathogen
● = Last reported
● = Presence unconfirmed
● = See regional map for distribution within the country

[자료출처] http://www.cabi.org/isc/datasheet/17694

복숭아 과실파리는 아시아에서는 인도의 대부분의 주에 분포하며 파키스탄까지 광범위하게 분포할 것으로 추정되고 있다.

아프리카에서는 두 지역에 분포하는데, 모리셔스 및 레위니옹 같은 인도양의 섬들과 이집트와 리비아로 대표되는 북아프리카 지역이다. 최근에는 수단의 게지라(Gezira) 지방에서 발견되어 사하라 사막 남부까지 침입했을 위험성이 제시되었다(De Meyer 등, 2007).

이들은 또한 아라비아 반도의 오만, 사우디아라비아, UAE, 예멘에도 분포한다.

북미에는 세 개체가 캘리포니아에서 트랩으로 확인되었으나(Carey와 Dowel, 1989), 박멸되었다(Spaugy, 1988). 현재까지 알려진 분포지역의 명단은 다음과 같다.

아시아: 방글라데시, 부탄, 인도(Andhra Pradesh, Assam, Bihar, Delhi, Goa, Gujarat, Haryana, Himachal Pradesh, Indian Punjab, Jammu and Kashmir, Karnataka, Kerala, Madhya Pradesh, Maharashtra, Tamil Nadu, Uttar Pradesh, West Bengal), 이란, 이라크, 이스라엘, 라오스, 미안마, 네팔, 오만, 파키스탄, 사우디아라비아, 스리랑카, 태국, UAE, 베트남, 예멘.

아프리카: 이집트, 리비아, 모리셔스, 레위니옹, 수단.

4.4 복숭아과실파리의 기주

4.4.1 기주 목록

다양한 과를 공격하는 다식성 과실파리이며, 주요 작물인 망고, 구아바 복숭아에 심각한 해충이다. 현재까지 알려진 기주 목록은 다음과 같다(*: 야생기주).

Anacardiaceae (옻나무과): *Mangifera indica* (mango)

Annonaceae (포포나무과): *Annona squamosa* (sugar apple)

Arecaceae (종려과): Phoenix dactylifera (date palm)

Caricaceae (파파야과): *Carica papaya* (pawpaw)

Combretaceae (사군자과): *Terminalia catappa* (Singapore almond)

Cucurbitaceae (박과): *Luffa*, *Momordica charantia* (bitter gourd)

Lecythidaceae (오예과): *Careya arborea* (tummy wood)*

Moraceae (뽕나무과): *Ficus carica* (fig)

Myrtaceae (도금양과): *Psidium guajava* (guava)

Punicaceae (석류나무과): *Punica granatum* (pomegranate)

Rosaceae (장미과): *Cydonia oblonga* (quince), *Eriobotrya japonica* (loquat), *Malus domestica* (apple), *Prunus armeniaca* (apricot), *Prunus persica* (peach)

Rutaceae (운향과): *Aegle marmelos* (golden apple), *Citrus* spp.

Solanaceae (가지과): *Solanum tuberosum* (potato), *Solanum melongena* (egg plant), *Solanum lycopersicum* (tomato)

Tiliaceae (아욱과): *Grewia asiatica* (phalsa)

4.4.2 우리나라에 알려진 기주 목록

제주도 등 국내에 자생, 귀화 및 재배되는 식물 중 현재까지 알려진 복숭아과실파리의 기주는 다음과 같다.

연번	종분류	학명	국명
1	재배식물	*Annona squamosa* L.	스쿠아모사아노나
2	재배식물	*Carica papaya* L.	파파야
3	재배식물	*Citrus*	귤류
4	재배식물	*Ficus carica* L.	무화과나무
5	재배식물	*Luffa*	수세미 류
6	재배식물	*Malus domestica*	사과
7	재배식물	*Mangifera indica* L.	망고
8	재배식물	*Momordica charantia* L.	여주
9	재배식물	*Prunus persica* (L.) Batsch	복사나무
10	재배식물	*Prunus armeniaca* (L.)	살구나무
11	재배식물	*Psidium guajava* L.	구아바
12	재배식물	*Punica granatum* L.	석류나무
13	재배식물	*Solanum lycopersicum* L.	토마토
14	재배식물	*Solanum melongena* L.	가지
15	재배식물	*Solanum tuberosum* L.	감자

[자료출처] 산림청 국가표준식물 목록

4.5 복숭아과실파리의 피해 및 방제 기술

4.5.1 이동과 확산 방법

복숭아과실파리는 성충으로 우화하여 완전히 경화가 이루어진 후에는 상당한 거리까지 분산하며, 특히 성적으로 성숙한 성충은 멀리 새로운 숙주를 찾아 나닌다. Qureshi 등(1975)은 표식한 개체를 통하여 이들이 40 km까지 이동하는 것을 확인하였다. 1991년 레위니옹 섬에서 확인된 경우를 보면 이들의 분산능력을 유추해 볼 수 있다(Hurtrel 등, 2002). 즉 처음에는 감염지역이 북부에만 한정되었으며 남쪽에서는 채집된 경우가 거의 없었는데, 2년 후에는 남쪽인 St. Denis에 상당한 감염이 발견되었고, 이 개체군이 북동쪽, 북서쪽, 서쪽으로 팽창되는 것이 확인되었다. 이들은 또한 숙주(주로 감염된 과실)의 이동을 통하여 다른 지역으로 쉽게 분산될 수 있다.

4.5.2 경로 매개체

다음은 충체 자신의 이동 능력 외에 다른 운반체에 의해 이동되는 수단이다.

매개체	내용	장거리	지역내
항공기	유충 및 알에 감염된 과실	○	
대량화물	모든 발육단계	○	
소모성물품 (유람선에 실은 식량 등)	모든 발육단계	○	
이동성 식물/쓰레기	유충 및 알에 감염된 과실	○	○
육상 교통수단	알, 유충 및 번데기에 감염된 과실	○	○
화물(선원들의 사물함 포함)	유충 및 알에 감염된 과실	○	○
메일/우편	알 및 유충에 감염된 과실	○	○
식물 또는 식물 일부	알 및 유충에 감염된 과실	○	○
토양, 모래, 자갈 등	번데기	○	○
바람	성충		○

4.5.3 검역 중요성

복숭아과실파리는 인도와 파키스탄 그리고 현재는 이집트까지 복숭아, 구아바 및 망고를 극심하게 가해하고 있는 해충이다. 이들은 전술한 세 가지 작물 외에도 많은 과채류를 가해하는 심각한 다식성 해충이다. 복숭아과실파리는 과실파리 중에서 가장 악명 높은 오리엔탈과실파리(*B. dorsalis*)와 함께 중복 감염이 일어나기도 하며, 인도 북부 및 파키스탄의 일부 지역에서는 복숭아과실파리가 더 심각한 해충으로 간주되고 있다(Qureshi 등, 1991; Kapoor, 1993). 반면, 두 종이 역시 중복 분포하는 스리랑카에서는 복숭아과실파리를 주요해충으로 간주하지 않고 있다(Tsuruta 등, 1997). 비슷한 자원을 이용하는 종들의 경쟁력은 환경조건, 주요 작물의 종류, 지역 집단의 유전적 특성 등 다양한 변수에 기인할 것이다. 한국에서는 복숭아의 작물로서의 중요성을 감안한다면, 오리엔탈과실파리 못지않게 주목해야할 검역해충으로 사료된다.

4.5.3.1 경제적 영향

복숭아과실파리는 인도와 동남아시아에서 심각한 과실의 해충으로 알려져 있다. 인도에서는 파리목의 3대 해충 중 하나이며, 복숭아, 살구, 구아바, 무화과의 25%~100% 손실을 끼치는 매우 심각한 해충이다. 파키스탄에서는 구아바의 경우 25~50% 손실을 끼쳤으며(Siddiqui 등, 2003), 파키스탄 남부에서는 복숭아과실파리 감염 때문에 수확을 포기한 적도 있었다(Saafan

등, 2005a, b). 최근 들어 복숭아과실파리는 숙주의 범위를 다음과 같은 다양한 주요 작물로 확대되는 추세이다: 귤류, 망고 [*Mangifera indica*], 가지 [*Solanum melongena*], 토마토 [*Solanum lycopersicum*], 사과 [*Malus domestica*], 비파나무 [*Eriobotrya japonica*], 그리고 심지어는 감자 [*Solanum tuberosum*] (El-Samea와 Fetoh, 2006). 전체적인 경제적 영향은 높은 방제 및 박멸비용, 국내외 주요 수입처의 검역조치, 과실에 대한 직접적인 피해로 분류할 수 있다. 아프리카 레위니옹의 경우, 복숭아과실파리가 도입된 이후 많은 비용을 지출했지만, 박멸에 실패하자 현재는 박멸을 위한 노력을 포기한 바 있다.

4.5.3.2 환경적 영향

같은 기주에 대한 경쟁시 복숭아과실파리가 다른 경쟁력이 떨어지는 과실파리류에 비하여 경쟁적 우위를 보이고 있다. Duyck 등 (2004)은 집단 번식능력 지수인 r-K gradient로 침입 경쟁력을 가늠할 수 있다고 하였다. 즉 *Bactrocera와* 같은 K-전략을 지니는 분류군들이 경쟁이 치열한 경우에 우위를 보이는 것을 예측하였다. Duyck 등 (2004)은 실제 사례에서도 오리엔탈과실파리가 전형적인 r-전략을 지닌 지중해과실파리보다 침입 경쟁력 우위를 보이는 것을 확인하였다. 실제 이집트의 경우, 복숭아과실파리가 번성하면서 지중해과실파리의 분포가 제한되는 현상이 관찰되었다(Hashem 등, 2001). 또한 두 종이 함께 감염이 된 경우에도, 어떤 것이 먼저 감염된 것과 상관없이 거의 복숭아과실파리 성충이 최종적으로 우화되는 것이 확인되었다(Mohamed, 2004). Saafan 등 (2005a, b)은 이집트의 귤류와 살구 과수원에서 지중해과실파리가 복숭아과실파리에 비해 매우 드문 것이 확인되었다.

인도에서 오래된 기록(Narayanan과 Batra, 1960)에 따르면, 개체수와 피해의 정도에 있어 오리엔탈과실파리가 복숭아과실파리보다 더 중요하다고 보고되어 있다. 반면 최근 Agarwal과 Kapoor (1986)는 북부지방에서는 복숭아과실파리가 더욱 우세하다고 보고하였다. 실제로 Bihar 지방에서는 복숭아과실파리의 집단 크기가 오리엔탈과실파리보다 평균 3.38 배 큰 것으로 확인되었다(Agarwal 등, 1999). 반면 인도 남부와 스리랑카에서는 아직도 오리엔탈과실파리가 우세하다(Tsuruta 등, 1997).

4.5.4 모니터링과 방제

4.5.4.1 의심 기주 조사

찔린 자국 및 괴사와 관련된 흔적이 보이는 과실(지역적으로 재배된 또는 수입 과실의 샘플)은 검사해야 한다. 의심되는 과실은 절개하여 유충 유무를 점검해야 한다. 유충 동정은 어려워 분자지표를 이용하거나 성충으로 발육시켜 정확한 동정을 진행하게 된다. 우화 후 체벽의 경화와 체색을 갖추도록 며칠간 성충에게 설탕과 물을 공급한다.

4.5.4.2 조기경보시스템

메칠유제놀을 미끼로 스타이너트랩 또는 잭슨트랩을 이용하여 침입 모니터링을 실시한다.

4.5.4.3 발생 모니터링

복숭아과실파리의 발견이 이뤄진 경우 발생 모니터링이 실시된다. 왁스형 메칠유제놀 미끼를 트랩에 장착한다. 복숭아과실파리의 다식성을 고려하여 의심지역에 존재하는 여러 기주를 대상으로 발생 모니터링이 진행된다. 또한 과실 조사도 병행한다.

4.5.4.4 법적 방제

복숭아과실파리가 발생하는 지역에서 농작물을 수출하는 국가에 대해서는 엄격한 수확후 살충처리를 요구한다. 이 처리는 훈증, 열처리, 저온처리, 살충제 처리 또는 방사능 조사가 포함된다. 방사능 조사는 대부분 나라에서 허용하지 않으며, 현재 많은 국가들이 메틸브로마이드 훈증처리를 한다. 열처리는 대부분 과실의 유통 기간을 감소시키는 경향이 있다. 그래서 법적 방제는 과실파리 발생이 없는 지역에서 생산된 과실 수입으로 제한하게 된다.

4.5.4.5 재배적 방제

일반적으로 과실파리에 대해 가장 효과적인 방제 기술 중 하나는 신문지, 종이박스 또는 길고 얇은 폴리에틸렌 주머니로 과실 열매를 싸는 것이다. 이는 산란에 대한 단순한 물리적 방제법으로 성충이 과실을 공격하기 전에 이뤄져야 한다. 조기 수확은 망고의 경우 효과적인 방제 전략이다. 대부분 과실에 대한 가해시기에 대해 활용할 수 있는 정보가 거의 없으나, 몇몇 *Bactrocera* 종은 과실이 성숙하기 전에 가해한다.

재배지 위생처리는 중요한 방제 방법으로 낙과 제거로 과실파리의 유충 발육할 수 있는 기주를 제거하는 의미를 담고 있다. 폐과일의 제거 방법은 소각 또는 매물(적어도 지표면에서 0.5 m 이하), 돼지 먹이 및 짙은 색 비닐봉지에 보관하여 태양에 방치함(이에 내부온도는 상승하여 유충을 죽임)으로써 가능하다. 또 다른 물리적 방제 방법으로 과실나무 아래 토양을 갈퀴질한다. 이는 번데기를 지상부로 노출시켜 건조 또는 다른 생물체에 의해 포식되게 한다.

4.5.4.6 화학적 방제

모든 작물의 전면 살포는 때때로 사용될 수 있지만, 미끼살포의 이용은 더 경제적이고 친환경적이다. 미끼살포는 단백질미끼와 살충제(예: malathion, spinosad, fipronil)의 혼합으로 구성된다. 과실파리 암수 모두는 암모니아를 내뿜는 단백질 재료에 유인된다. 그래서 살충제는 과수원내 단지 몇 개 장소에 적용될 수 있으며 파리는 이러한 장소로 유인될 것이다. 주로 이용되는 미끼는 산성을 띤 단백질 가수분해산물이며 양조장 폐기물을 이용하기도 한다.

4.5.4.7 불임곤충방사 기술

불임곤충방사 기술은 이온화방사선을 이용하여 불임 수컷을 만들고 야외에 방사시켜 암컷의 차세대 생산 능력을 저하시키는 방제 기술로 일본 오키나와 섬과 여러 지역에서 성공한 예를 갖고 있다.

4.5.4.8 수컷유살제 처리기술

복숭아과실파리의 수컷은 메칠유제놀에 다수가 유인된다. 이 유인물질에 살충제를 혼합하여 유인된 수컷을 제거시키는 기술이다.

5 오이과실파리 생물정보

5.1 오이과실파리의 분류학적 위치

영 명	melon fly
학 명	*Bactrocera cucurbitae* Coquillet
강	곤충강(Insecta)
목	파리목(Diptera)
과	과실파리과(Tephritidae)

Dacus cucurbitae Coquillett 1899: 129. — USA. Hawaii: Oahu, Honolulu. LT♀ USNM. Lectotype designated by Drew 1989: 213.

Dacus yuiliensis Tseng & Chu 1992: 84. — new name for aureus Tseng & Chu 1982.

Dacus aureus Tseng & Chu 1982: 85. — Taiwan. Hualien: Yuili. HT♂ BCIQT? Preocc. May 1952

Drew (1989)의 분류체계에 따르면, 많은 해충 종을 포함하는 *Bactrocera* 및 *Dacus*속은 Dacinae아과의 Dacini족에 속한다. *Bactrocera dorsalis*는 *Bactrocera*속의 600여종 중 하나이다. 이 속은 아프리카, 동남아시아, 중국, 오스트레일리아 및 남태평양 섬들까지 넓게 분포하고 있다. *Bactrocera* 속에 속한 많은 종들에 대해서 이들의 숙주 및 피해 상황이 아직 정확히 연구되지 않고 있으며 여기에 추가적으로 신종들이 매년 발견되는 상황이다. 따라서 정확히 집계할 수는 없지만, 전체적으로 매우 큰 경제적 피해를 주는 것으로 믿어지고 있다.

오이과실파리는 1899년 처음 하와이군도에서 Coquillett이 채집하여 기록하였다. 당시 동종이명이 존재하지 않았으나, 다른 속에 편입되어 *Dacus cucurbitae*로 간주하였다. 이는 아속 *Zeugodacus*에 포함되어 있어 *Bactrocera (Zeugodacus) cucurbitae*로 종종 인용되었다.

5.2 오이과실파리의 생활사

근래 이루어진 오이과실파리 생활사 자료는 "제3장 오이과실파리 발생 예찰"에서 자세히 기술되어 있다. 오이과실파리는 주로 어린과실의 표피를 뚫고 과실 내부에 40개 까지 알을 낳으며(CABI, 2017a), 메론에서 100개 이상의 번데기가 발견되기도 하였였다(Vayssières 등, 2007). 그러나 기주식물에 따라 줄기나 꽃잎에 알을 낳기도 한다(Grant 등, 2017). 알은 1~2일 내 부화하고 유충은 번데기가 되기 위하여 탈출할 때까지 과실 내부에서 4~17 일간 섭식한다. 기주식물 아래 토양 속에서 번데기로 된 후 보통 7~13 일후 성충으로 우화하는데, 서늘한 조건에서는 수 주가 걸릴 수 있다. 아열대지역에서 성충은 연중발생하며 우화 10~12 일후 해질녁 교미하고 온도에 따라 차이는 있으나 5~15 개월 생존한다(서늘한 경우 더 오래 생존). 성충은 Cuelure에 유인되며 서식환경이 좋지 않은 겨울철에는 수풀과 나무의 마른 잎 밑에서 여러 마리가 집단으로 숨어서 지낸다. 이 종은 대기온도가 평균 14℃ 이하가 되는 경우 페로몬 트랩에 잘 유인되지 않는다. 기존 문헌에 *Bactrocera* 속의 과실파리가 50~100 km 비행할 수 있다고 기술되어 있는데, 실험자료로 증명되지 않았으며 근거자료가 없다.

5.3 오이과실파리의 분포

오이과실파리는 동남아 열대지역 인도지역이 원산지로 추정되며 아프리카와 하와이 지역으로 분포가 확대된 것으로 보고 있다.

아프리카에서 첫 발견은 1930년대 초반이나 훨씬 이전 이미 이 지역 대륙에 정착하고 있던 것으로 추정된다. 아프리카 대륙에서 몇 십년간 동부지역에 제한적으로 분포하였으나, 최근에는 서부 아프리카와 서이첼(Seychelles) 제도 지역으로 확산되었다(Meyer 등, 2007).

하와이에서는 1890년대 처음 발견되었고, 서이첼에서는 1999년 11월 최초 검출되었다(Meyer 등, 2007). 오이과실파리는 마에(Mahe Island)에 빠르게 정착하였고, 그 후 에게 해 군도의 다른 섬들로 침입하였다(이상 CABI, 2017a 참조).

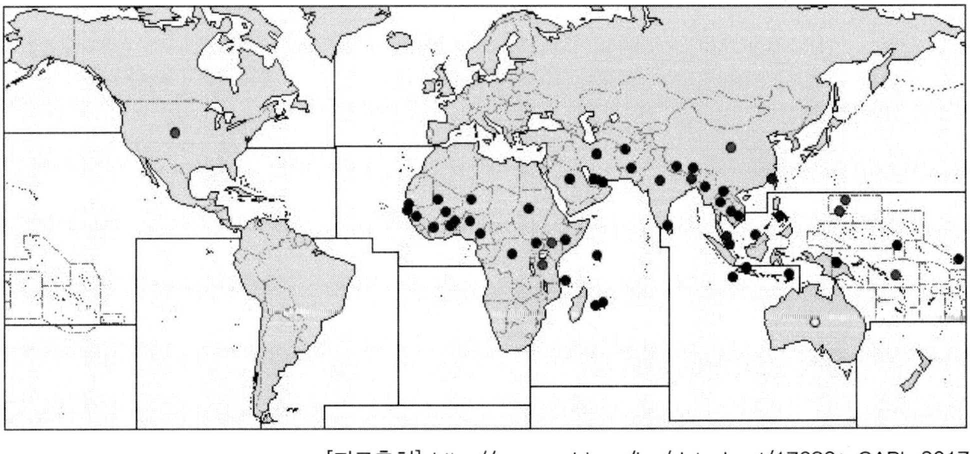

[자료출처] http://www.cabi.org/isc/datasheet/17683; CABI, 2017a

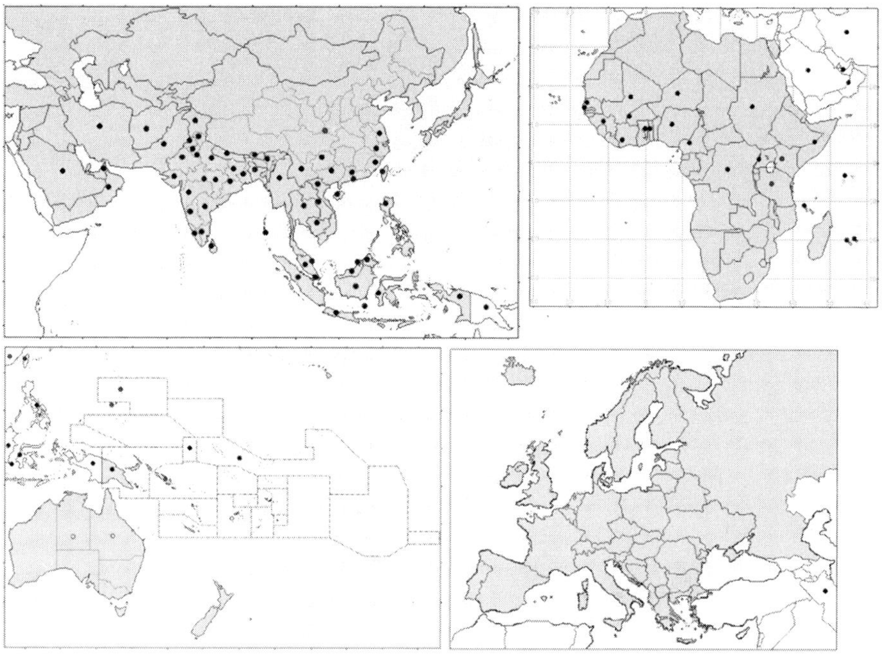

주요 대륙의 세부분포 지도; CABI, 2017a

대륙	국가	지역	분포
아시아	아프가니스탄		존재함
	방글라데시		널리 분포
	부탄		존재함
	브루나이		존재함
	캄보디아		존재함
	중국		제한적 분포
	→	푸젠	존재함
	→	광둥	존재함
	→	광시	존재함
	→	구이저우	존재함
	→	하이난	존재함
	→	홍콩	널리 분포
	→	장쑤	존재함
	→	윈난	존재함
	→	저장	존재함
	크리스마스 섬		존재함
	동 티모르		존재함

인도		널리 분포
→	안다만 니코바르 제도	존재함
→	안드라프라데시	존재함
→	아삼	존재함
→	비하르	존재함
→	델리	존재함
→	구자라트	존재함
→	하리아나	존재함
→	히마찰 프라데시	존재함
→	펀자브	존재함
→	잠무 카슈미르	존재함
→	카르나타카	존재함
→	케랄라	존재함
→	마디야 프라데시	존재함
→	마하라슈트라	존재함
→	오리사	존재함
→	라자스탄	존재함
→	타밀 나두	존재함
→	우타르 프라데시	존재함
→	우타라칸드	존재함
→	서 벵골	존재함
인도네시아		존재함
→	이리안 자야	존재함
→	자바	존재함
→	칼리만탄	존재함
→	누사텡가라	존재함
→	술라웨시	존재함
→	수마트라	존재함
이란		존재함
일본		박멸됨
→	류큐 제도	박멸됨
라오스		존재함
말레이시아		널리 분포
→	서 말레이시아	존재함
→	사바	존재함
→	사라왁	존재함

	미얀마	존재함
	네팔	존재함
	오만	존재함
	파키스탄	존재함
	필리핀	존재함
	사우디 아라비아	존재함
	싱가폴	존재함
	스리랑카	존재함
	대만	널리 분포
	태국	존재함
	아랍 에미리트	존재함
	베트남	존재함
아프리카	베닌	존재함
	부르키나파소	존재함
	카메룬	존재함
	코모로	존재함
	콩고	존재함
	코트디부아르	존재함
	감비아	존재함
	기니	존재함
	케냐	제한적 분포
	말리	존재함
	모리셔스	존재함
	니제르	존재함
	나이지리아	존재함
	레위니옹	존재함
	세네갈	존재함
	세이셸	존재함
	소말리아	존재함
	수단	존재함
	탄자니아	제한적 분포
	토고	존재함
	우간다	존재함

북미	미국		제한적 분포
	→	캘리포니아	박멸됨
	→	하와이	존재함
오세아니아	호주		존재, 가끔 발생
	→	퀸즐랜드	존재, 가끔 발생
	괌		제한적 분포
	키리바시		존재함
	나우루		존재함
	북 마리아나제도		제한적 분포
	파푸아 뉴기니		존재함
	솔로몬 제도		제한적 분포

[자료출처] http://www.cabi.org/cpc, 2017

5.4 오이과실파리의 기주

오이과실파리의 감염, 피해가 확인된 기주 목록은 다음과 같다.

과	학명	일반명
용설란과 (Agavaceae)	*Dracaena curtisii*	–
비름과 (Amaranthaceae)	*Amaranthus spinosus*	비름(amaranth) 일종
수선화과 (Amaryllidaceae)	*Allium cepa*	양파(onion)
옻나무과 (Anacardiaceae)	*Anacardium occidentale*	캐슈넛(cashewnut)
	Dracontomelon dao	–
	Mangifera indica	망고(mago)
	Mangifera spp.	–
	Spondias purpurea	카자(cajá) 멈빈(mombin) 일종
	Spondias sp.	–
포포나무과 (Annonaceae)	*Annona biflora cinerea*	커스터드애플(custard apple) 일종
	Annona muricata	가시여지(soursop) 그라비올라(graviola)
	Annona reticulata	커스터드애플(custard apple)

	Annona senegalensis	커스터드애플(custard apple) 일종
	Annona squamosa	슈가애플(sugar apple) 커스터드애플(custardapple)
	Annona spp.	–
협죽도과 (Apocynaceae)	*Carissa bispinosa*	–
	Landolphia sp.	–
	Ochrosia sp.	–
	Saba senegalensis	–
천남성과 (Araceae)	*Anthurium* sp.	–
종려과 (Arecaceae)	*Pheonix dactylifera*	대추야자(date palm)
	Phoenix spp.	–
국화과 (Asteraceae)	*Helianthus annuus*	해바라기(sunflower)
매자나무과 (Berberidaceae)	*Berberis lycium*	–
	Podophyllum sp.	–
능소화과 (Bignoniaceae)	*Crescentia* spp.	–
십자화과 (Brassicaceae)	*Brassica juncea*	갓(leaf mustard)
	Brassica oleracea	양배추 일종
	Brassica oleracea var. *botrytis*	꽃양배추(cauliflower)
	Brassica oleracea var. *capitata*	양배추
	Brassica oleracea var. *gongylodes*	콜라비(kohlrabi)
	Brassica oleracea var. *italica*	브로콜리(broccoli)
	Brassica spp.	배추속(Brassica)
	Raphanus sativus	무(radish)
	Raphanus sp.	–
선인장과 (Cactaceae)	*Hylocereus undatus*	용과(dragon–fruit)
	Opuntia ficus–indica	선인장(prickly pear)
	Opuntia sp.	–
칼로필룸과 (Calophyllaceae)	*Calophyllum inophyllum*	용화수(Alexandrian laurel)
	Mammea africana	–

백계피과 (Canellaceae)	*Warburgia ugandensis*	–
	Capparis sepiaria	–
	Capparis sepiaria var. *citrifolia*	–
	Capparis thorelii	–
	Maeruasiamensis	–
파파야과 (Caricaceae)	*Carica papaya*	파파야
물레나물과 (Clusiaceae)	*Garcinia* spp.	–
사군자과 (Combretaceae)	*Terminalia catappa*	카타파(tropicalalmond)
메꽃과 (Convolvulaceae)	*Ipomoea batatas*	–
박과 (Cucurbitaceae)	*Benincasa fistulosa*	박(gourd) 일종
	Benincasa hispida	동아(winter melon)
	Citrullus amarus	수박(citron melon) 일종
	Citrullus colocynthis	콜로신스(colocynth)
	Citrullus lanatus	수박(water melon)
	Citrullus lanatus subsp. *lanatus*	수박(water melon) 일종
	Citrullus sp.	–
	Citrullus spp.	–
	Cocciniagrandis	박(gourd) 일종
	Coccinia trilobata	–
	Coccinia spp.	–
	Cucumis anguria	–
	Cucumis dipsaceus	박(gourd) 일종
	Cucumis ficifolius	–
	Cucumis maderaspatanus	–
	Cucumis melo	멜론(melon)
	Cucumismelo subsp. *melo* var. *cantalupo*	캔탈로프(cantaloupe)
	Cucumis melo subsp. *agrestis* var. *conomon*	월과(oriental pickling melon)
	Cucumis melo subsp. *agrestis* var. *momordica*	–
	Cucumis melo subsp. *melo*	참외
	Cucumis melo subsp. *melo* var. *flexuosus*	–

Cucumis melo subsp. *melo* var. *inodorus*	-
Cucumis metuliferus	키와노(kiwano)
Cucumis sativus	오이
Cucumis sativus var. *sativus*	오이
Cucumis spp.	-
Cucurbita maxima	서양계 호박
Cucurbita moschata	호박
Cucurbita pepo	호박 일종
Cucurbita pepo subsp. *ovifera* var. *ovifera*	색동호박(ornamental gourd)
Cucurbita pepo subsp. *pepo*	주키니(zucchini)
Cucurbita spp.	-
Cucurbitaceae	박과(Cucurbitaceae)
Cyclanthera pedata	카이구아(caigua)
Diplocyclos palmatus	-
Gymnopetalum scabrum	-
Kedrostis	-
Kedrostis leloja	-
Lagenaria amebicana	-
Lagenaria hispida	-
Lagenaria siceraria	호리병박(calabash)
Lagenaria sphaerica	-
Lagenaria spp.	-
Luffa acutangula	비단 단호박(ridge gourd)
Luffa aegyptiaca	수세미(sponge gourd)
Luffa spp.	-
Melothria sphaerocarpa	-
Momordica balsamina	여주(balsam apple) 일종
Momordica charantia	여주(balsam apple)
Momordica charantia var. *pavel*	-
Momordicacochinchinensis	객(Gac)
Momordica dioica	-
Momordica foetida	-
Momordica rostrata	-

	Momordica trifoliolata	–
	Momordica sp.	–
	Momordica spp.	–
	Sechium edule	차요테(chayote)
	Sicyos hispidus	–
	Sicyos pachycarpus	–
	Sicyos sp.	–
	Sicyos spp.	–
	Solena amplexicaulis	–
	Solena heterophylla	–
	Telfairia occidentalis	–
	Trichosanthes cucumerina	뱀오이(snake gourd) 일종
	Trichosanthes cucumerina var. *anguina*	뱀오이(snake gourd)
	Trichosanthes dioica	–
	Trichosanthes pilosa	뱀오이(snake gourd) 일종
	Trichosanthes tricuspidata	–
	Trichosanthes wawraei	–
	Trichosanthes spp.	–
	Zehneria mucronata	–
	Zehneria wallichii	–
감나무과 (Ebenaceae)	*Diospyros digyna*	블랙 사포테(black sapote)
진달래과 (Ericaceae)	*Vaccinium corymbosum*	블루베리
대극과 (Euphorbiaceae)	*Endospermum diadenum*	–
	Euphorbia heterophylla	–
	Jatropha sp.	–
	Ricinus communis	피마자(castor bean)
콩과 (Fabaceae)	*Cajanus cajan*	피젼피(pigeon pea)
	Crotalaria incana	–
	Crotalaria sp.	–
	Fabaceae	–
	Lablab purpureus	편두(hyacinth bean)

	Lablab purpureus subsp .*purpureus*	까치콩(hyacinth bean)
	Phaseolus lunatus	리마콩(limabean) 채두
	Phaseolus vulgaris	덩굴강낭콩(bean)
	Phaseolus sp.	-
	Phaseolus spp.	-
	Pisum sativum	완두(pea)
	Sesbania grandiflora	-
	Sesbania spp.	-
	Vigna mungo var. *mungo*	-
	Vigna radiata var. radiata	-
	Vigna unguiculata	동부(cowpea)
	Vign aunguiculata subsp. *Unguiculata Sesquipedalis* group	동부(cowpea) 일종
	Vign aunguiculata subsp. *Unguiculata Unguiculata* group	동부(cowpea) 일종
	Vigna sp.	-
	Vigna spp.	-
가래나무과 (Juglandaceae)	*Juglans hindsii*	호두(walnut) 일종
	Juglans regia	호두(walnut) 일종
	Juglans spp.	-
꿀풀과 (Lamiaceae)	*Ocimum basilicum*	바질(basil)
	Ocimum sp.	-
으름덩굴과 (Lardizabalaceae)	*Akebia quinata*	으름덩굴(five leaf akebia)
녹나무과 (Lauraceae)	*Persea americana*	아보카도(avocado)
	Persea sp.	-
마전과 (Loganiaceae)	*Strychnos nux-vomica*	마전자(nux vomica)
	Strychnos spinosa	-
말피기과 (Malpighiaceae)	*Malpighia glabra*	-
아욱과 (Malvaceae)	*Abelmoschus esculentus*	오크라(okra)
	Abelmoschus moschatus	아욱(mallow) 일종
멀구슬나무과 (Meliaceae)	*Sandoricum koetjape*	산톨(santol) 일종

뽕나무과 (Moraceae)	*Artocarpus heterophyllus*	잭프루트(jackfruit)
	Ficus carica	무화과(fig)
	Ficus chartacea	–
	Ficus erecta	천선과
	Ficus pumila	벽려모람(creeping fig) 일종
	Ficus spp.	–
파초과 (Musaceae)	*Musa×paradisiaca*	바나나(banana)
	Musa acuminata	바나나(banana) 일종
	Musa spp.	–
도금양과 (Myrtaceae)	*Acca sellowiana*	페이조아(feijoa) 파인애플구아바 (pineapple guava)
	Eugenia uniflora	피탕가(pitanga) 수리남체리(surinam cherry)
	Eugenia spp.	–
	Psidium cattleianum	스트로베리구아바 (strawberry guava)
	Psidium cattleyanum var. *littorale*	스트로베리구아바 (strawberry guava) 일종
	Psidium guajava	구아바(guava)
	Psidium spp.	–
	Syzygium aqueum	워터애플(water apple)
	Syzygium cuminii(추가)	–
	Syzygium ambos	로즈애플(rose apple)
	Syzygium malaccense	말레이애플(Malay apple)
	Syzygium samarangense	왁스잠부(wax jambu)
괭이밥과 (Oxalidaceae)	*Averrhoa carambola*	카람볼라 (carambola, starfruit)
판다나과 (Pandanaceae)	*Pandanus fascicularis*	–
시계꽃과 (Passifloraceae)	*Adenia heterophylla*	–
	Adenia hondala	–
	Passiflora edulis	패션프루트(passion fruit)
	Passiflora edulis forma *flavicarpa*	패션프루트(passion fruit) 일종

	Passiflora foetida	시계초(passion flower)
	Passiflora laurifolia	워터레몬(water lemon)
	Passiflora igularis	스위트 그라나딜라 (sweet granadilla)
	Passiflora quadrangularis	자이언트 그라나딜라 (giant granadilla)
	Passiflora seemannii	–
	Passiflora subpeltata	시계초(passion flower) 일종
	Passifloratripartita var. *mollissima*	바나나 시계초 (banana passion flower)
	Passiflora spp.	–
여우주머니과 (Phyllanthaceae)	Baccaurea angulata	–
화본과 (Poaceae)	*Zea mays*	옥수수(maize)
갈매나무과 (Rhamnaceae)	*Ziziphus jujuba*	대추(Chinesedate, jujube)
	Ziziphusjujuba var. *jujuba*	–
장미과 (Rosaceae)	*Cydoniaoblonga*	퀸스(quince)
	Eriobotrya japonica	비파(loquat)
	Fragaria×ananassa	딸기(strawberry)
	Fragaria chiloensis	딸기(strawberry) 일종
	Fragaria vesca	딸기(strawberry) 일종
	Fragaria sp.	–
	Malus domestica	사과
	Malus pumila	사과
	Malus sylvestris	사과
	Malus spp.	–
	Prunus armeniaca	살구
	Prunusdomestica subsp. *domestica*	–
	Prunus mume	매실
	Prunus persica	복숭아
	Prunuspersica var. *nucipersica*	승도(nectarine)
	Prunuspersica var. *persica*	복숭아
	Prunus spp.	–

	Pyrus communis	서양배
	Pyrus spp.	–
꼭두서니과 (Rubiaceae)	*Coffea arabica*	커피
운향과 (Rutaceae)	*Aegle marmelos*	벨(bael)
	Casimiroa edulis	화이트사포테(white sapote)
	Citrus aurantium	광귤(bitter orange)
	Citrus hystrix	캐퍼 라임(kaffir lime)
	Citrus limon	레몬(lemon)
	Citrus maxima	포멜로(pomelo)
	Citrus nobilis	탄골(tangor)
	Citrus paradisi	자몽(grapefruit)
	Citrus reticulata	만다린(mandarine)
	Citrus sinensis	당귤, 오렌지(orange)
	Citrus spp.	–
	Clausena lansium	왐피(wampi)
	Triphasia trifolia	라임베리(limeberry)
무환자나무과 (Sapindaceae)	*Blighia sapida*	아키(akee)
	Dimocarpus longan	용안(longan)
	Dimocarpus longan subsp. *longan*	용안(longan)
	Litchi chinensis	리치(litchi)
산람과 (Sapotaceae)	*Chrysophyllum albidium*	스타애플(star apple) 일종
	Chrysophyllum cainito	스타애플(star apple)
	Chrysophyllum oliviforme	스타애플(star apple) 일종
	Chrysophyllum sp.	–
	Manilkara zapota	사포딜라(sapodilla)
	Manilkara spp.	–
	Pouteria campechiana	카니스텔(canistel)
	Pouteria sapota	마미 사포테 (mammee sapote)
	Pouteria spp.	–
	Capsicum annum	고추(pepper)
	Capsicumannuum var. *annuum*	고추(pepper) 일종

가지과 (Solanaceae)	*Capsicum frutescens*	고추(pepper) 일종 타바스코(Tabascopepper)
	Capsicum spp.	–
	Cestrum nocturnum	야래향(night jessamine)
	Cestrum sp.	–
	Cestrum spp.	–
	Physalis philadelphica	토마틸로(tomatillo)
	Solanum aethiopicum	가지(eggplant) 일종
	Solanum anguivi	–
	Solanum betaceum	타마릴로(tamarillo)
	Solanum capsicoides	–
	Solanum donianum	–
	Solanum erianthum	–
	Solanum incanum	–
	Solanum linnaeanum	–
	Solanum lycopersicum	토마토(tomato)
	Solanum lycopersicum var. *cerasiforme*	방울토마토(cherry tomato)
	Solanum lycopersicum var. *lycopersicum*	토마토(tomato)
	Solanum macrocarpon	가지(eggplant) 일종
	Solanum mauritianum	–
	Solanum melongena	가지(eggplant)
	Solanum nigrum	까마중(black nightshade)
	Solanum pseudocapsicum	예루살렘체리 (Jerusalem cherry)
	Solanum sessiliflorum	–
	Solanum trilobatum	–
	Solanum tuberosum	감자(potato)
	Solanum tuberosum subsp. *tuberosum*	감자(potato) 일종
	Solanum spp.	–
물이끼과 (Sphagnaceae)	*Sphagnum* sp.	–

포도과 (Vitaceae)	*Cayratia trifolia*	거지덩굴 일종
	Tetrastigma leucostaphylum	-
	Vitis vinifera	유럽종 포도
	Vitis spp.	-

5.5 오이과실파리의 피해 및 방제 기술

5.5.1 이동과 확산 방법

오이과실파리의 이동과 확산은 주로 성충비행과 감염과실의 이동에 의하여 이루어진다. 과실의 수출입뿐만 아니라 일반 배의 화물 또는 비행승객의 과실 밀반입, 우편물을 통한 과실의 밀반입이 중요하다. 실제 뉴질랜드에서 연간 7~33 건의 화물과 10~28 건의 승객소지 수화물에서 오이과실파리에 감염된 과실을 검출하였다(Baker와 Cowley, 1991).

5.5.2 경로 매개체

다음은 충체 자신의 이동 능력 외에 다른 운반체에 의해 이동되는 수단이다.

매개체	내용	장거리	지역내
항공기	유충 및 알에 감염된 과실	○	
대량화물	모든 발육단계	○	
소모성물품 (유람선에 실은 식량 등)	모든 발육단계	○	
부유 식물체/쓰레기	유충 및 알에 감염된 과실	○	○
육상 교통수단	알, 유충 및 번데기에 감염된 과실	○	○
화물(선원들의 사물함 포함)	유충 및 알에 감염된 과실	○	○
메일/우편	알 및 유충에 감염된 과실	○	○
식물 또는 식물 일부	알 및 유충에 감염된 과실	○	○
토양, 모래, 자갈 등	번데기	○	○
바람	성충		○
히치하이크	성충	○	○

식물체의 경우 다양한 부분이 운반체 역할을 할 수 있다.

식물체의 종류/부위	발육단계	내부	외부
꽃, 꽃송이(화서), 꽃받침, Cones	알, 유충	○	
과실류(콩 꼬투리 포함)	알, 유충	○	
기주식물이 심어진 배지	번데기	○	
잎	알, 유충	○	
뿌리	알, 유충	○	
줄기(지상부), 가지, 새순	알, 유충	○	

껍질, 구근(비늘줄기), 덩이줄기(tuber), 채근(구경 corms), 지하경(rhizome), 실생묘(seedling), 조직배양 식물, 종자, 목질부 등은 운반체 역할을 하지 않는다.

5.5.3 검역 중요성

오이과실파리는 원산지인 아시아 열대지역과 침입지인 하와이에서 박과류 작물에 매우 심각한 해충이다. 방제를 소홀히 하는 경우 피해수준이 100%에 도달할 수 있다.

5.5.3.1 경제적 영향

경제적 피해는 수출대상 국가의 검역조치로 농산물의 수출금지와 직접적 피해로 발생한다. 오이과실파리는 박과류 채소의 주요한 해충으로 값비싼 검역비용과 박멸비용을 치러야 한다. 일본 류큐열도에서 오이과실파리와 오리엔탈과실파리 박멸비용은 200백만 유로에 달하였다(Kiritani, 1998).

5.5.3.2 환경적 영향

오이과실파리는 먹이자원에 대한 경쟁적 우위로 다른 종 과실파리류 제거할 수 있다. 생태적 니체가 포화된 상태에서 k-전략 적응종인 *Bactrocera* 속 과실파리는 경쟁적인 적응력을 수 있다. 대표적인 k-전략 종인 오리엔탈과실파리는 지중해과실파리 분포지역으로 침입한 경우 이 종을 대체하는 것으로 알려져 있다(Duyck 등, 2004).

5.5.4 모니터링과 방제

5.5.4.1 의심 기주 조사

오이과실파리 기주식물의 목록을 작성하고, 국내 해당지역에서 기주식물로 가능성 있는 종을 선정한다. 농경지 내에서는 주기적으로 약제방제를 실시하기 때문에 발견이 되지 않을 수 있다. 야생기주식물의 조사가 중요하면 특히 민간에서 정원수 또는 텃밭에서 재배되는 기주식물을 파악해야 한다.

5.5.4.2 조기경보시스템

상시 모니터링 트랩을 운영하여 감시가 필요하다. 항만, 공항, 대형 마켓, 농산물 집하장, 외래인 밀집지역 등 위험도가 높은 지역에 트랩을 설치하여 조기 검출한다.

5.5.4.3 발생 모니터링

찔린 자국 및 괴사와 관련된 흔적이 보이는 과실(지역적으로 재배된 또는 수입 과실의 샘플)은 검사해야 한다. 의심되는 과실은 절개하여 유충 유무를 점검해야 한다. 유충 동정은 어려워 분자지표를 이용하거나 성충으로 발육시켜 정확한 동정을 진행하게 된다. 우화 후 체벽의 경화와 체색을 갖추도록 며칠간 성충에게 설탕과 물을 공급한다.

5.5.4.4 법적 방제

오이과실파리가 발생하는 지역에서 농작물을 수출하는 국가에 대해서는 엄격한 수확후 살충처리를 요구한다. 이 처리는 훈증, 열처리, 저온처리, 살충제 처리 또는 방사능 조사가 포함된다. 방사능 조사는 대부분 나라에서 허용하지 않으며, 현재 많은 국가들이 메틸브로마이드 훈증처리를 한다. 열처리는 대부분 과실의 유통 기간을 감소시키는 경향이 있다. 그래서 법적 방제는 과실파리 발생이 없는 지역에서 생산된 과실 수입으로 제한하게 된다.

5.5.4.5 재배적 방제

일반적으로 과실파리에 대해 가장 효과적인 방제 기술 중 하나는 신문지, 종이박스 또는 길고 얇은 폴리에틸렌 주머니로 과실 열매를 싸는 것이다. 이는 산란에 대한 단순한 물리적 방제법으로 성충이 과실을 공격하기 전에 이뤄져야 한다. 대부분 과실에 대한 가해시기에 대해 활용할 수 있는 정보가 거의 없으나, 몇몇 *Bactrocera* 종은 과실이 성숙하기 전에 가해한다.

재배시기 조절로 효과적인 방제를 한 경우가 있는데, 인도에서 여름파종 오이는 10월 파종 오이에 비하여 오이과실파리 피해를 많이 줄일 수 있었다(Borah, 1996). 기타 저항성 품종을 이용할 수 있는 것으로 알려져 있다(Tewatia와 Dhankhar, 1996).

감염과실의 제거 방법은 소각 또는 매물(적어도 지표면에서 0.5 m 이하), 돼지 먹이 및 짙은 색 비닐봉지에 보관하여 태양에 방치함(이에 내부온도는 상승하여 유충을 죽임)으로써 가능하다. 또 다른 물리적 방제 방법으로 과실나무 아래 토양을 갈퀴질한다. 이는 번데기를 지상부로 노출시켜 건조 또는 다른 생물체에 의해 포식되게 한다.

5.5.4.6 화학적 방제

모든 작물의 전면 살포는 때때로 사용될 수 있지만, 미끼살포의 이용은 더 경제적이고 친환경적이다. 미끼살포는 단백질미끼와 살충제(예: 스피노사드, 합성피레스로이드계)의 혼합으로 구성된다. 과실파리 암수 모두는 암모니아를 내뿜는 단백질 재료에 유인된다. 그래서 살충제는 과수원내 단지 몇 개 장소에 적용될 수 있으며 파리는 이러한 장소로 유인될 것이다.

주로 이용되는 미끼는 산성을 띤 단백질 가수분해산물이며 이 종은 작물에 따라 심한 약해가 발생될 수 있다. 양조장 폐기물을 이용하여 효과적인 유인살충제가 개발되었다.

곤충병원성 곰팡이가 오이과실파리 유충 방제에 효과가 있다는 보고(Purnima와 Saxena, 1998, 1999)가 있으나 과실내부에 있는 유충에 적용하기에는 한계가 있다. 님(*Azadirachta indica*) 추출물이 산란억제제로 사용될 수 있다고 보고된 바 있다(Purnima와 Saxena, 1998).

5.5.4.7 불임곤충방사 기술

불임곤충방사 기술은 이온화방사선을 이용하여 불임 수컷을 만들고 야외에 방사시켜 암컷의 차세대 생산 능력을 저하시키는 방제 기술로 일본 남부오키나와 섬과 여러 지역에서 성공한 예를 갖고 있다(Shiga, 1989).

5.5.4.8 수컷유살제 처리기술

오이과실파리의 수컷은 큐-루어[1)]에 다수가 유인된다. 이 유인물질에 살충제를 혼합하여 유인된 수컷을 제거시키는 기술이 수컷유살제(male annihilation) 처리 기술이다. 농장내에서 수컷 방제용으로 큐-루어를 사용할 수 있으나, 수백미터 범위에 있는 수컷을 유인하여 제거한 만큼 오이과실파리가 증가할 위험이 있다. 하지만, 오이과실파리 박멸 프로그램에서 수컷소거제는 가장 널리 사용되는 방법이다.

1) Cuelure = 4-(*p*-acetoxyphenyl)-2-butanone

CHAPTER 02

금지급 과실파리 진단 매뉴얼

과실파리과는 형태적으로 매우 다양하므로 몇 가지 쉽게 정의할 수 있는 특징으로 정확히 구분하기는 쉽지 않다. 성충의 경우 다음과 같은 형질들이 동정에 도움이 된다.

① 날개가 2 개이며 대부분 무늬가 있다.
② 암컷의 경우 배 끝에, 배 끝마디보다 긴 산란통이 있다.
③ 날개 후면부에서 날개가 찢어진 것 같은 부분 바로위에 시맥(wing vein)으로 이루어진 삼각형의 기주실(cell bcu 또는 cell cup)이 있는데 말단부가 뾰쪽하게 뻗어있다.

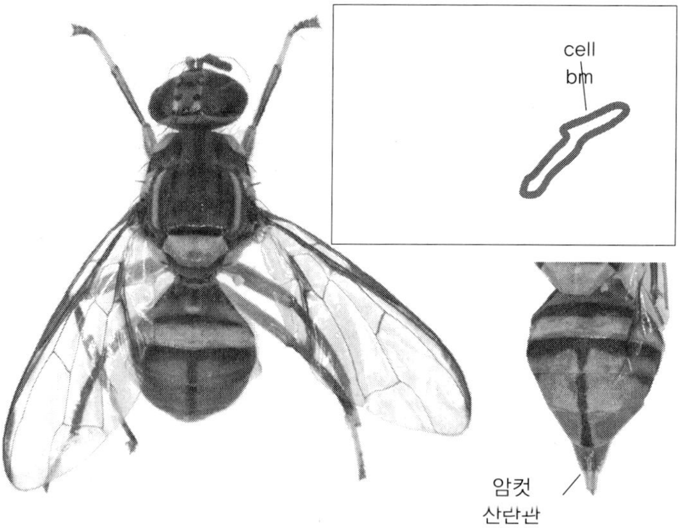

그림 2.1 오리엔탈과실파리 성충, 날개, 및 암컷 산란관

1 오리엔탈과실파리 형태 및 진단법

1.1 유충

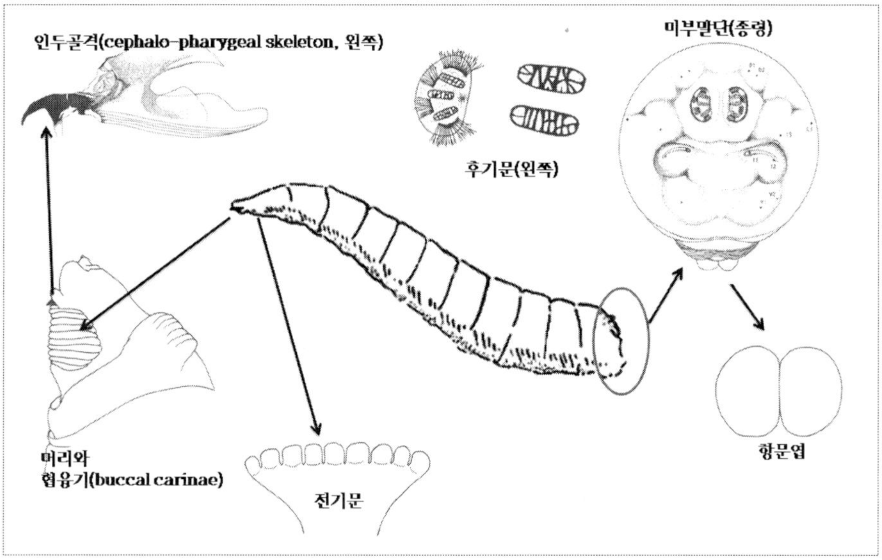

▌그림 2.2▐ 오리엔탈과실파리 유충 형질

[자료출처] Heppner J.B.(1988)

1.2 성충

중형의 *Bactrocera*이다. 얼굴은 황갈색에 한 쌍의 타원형 흑색 점이 측면 하단부 가까이 있으며, 2쌍의 이마센털과 1쌍의 안센털을 갖고 있다. 가슴판(순판)의 색깔은 흑색에서 갈색과 흑색이 섞여있는 다양한 변이형이 존재 한다. 가슴판 횡단봉합선 뒤쪽 양 옆에는 한 쌍의 넓은 황색 세로띠가 소순판 측면 전방의 센털(intra-alar seta)에서 끝나며 중앙에는 황색 띠가 없다. 소순판과 어깨판, 날개 앞쪽에서 측판 하단 부근까지 황색이다. 넓적다리마디들은 모두 황색-황갈색이며 점이 없다. 앞다리 종아리마디는 옅은 갈색이며 뒷다리 종아리마디는 짙은 갈색이다. 날개는 투명하며 좁은 갈색 띠가 전단부를 따라 시맥 R_{2+3}끝에 이르러 급격히 좁아지며, 다시 약간 넓어져서 R_{4+5}를 약간 지나서 끝나며, 끝 부분이 확장되지 않는다. 기주실(bcu)과 둔맥(A)을 따라 추가적인 좁은 갈색 띠가 있다. 복부등판들은 황갈색-갈색 바탕에 흑갈색 무늬가 있으며 변이가 심하다(Leblanc 등, 2013). 암컷의 산란통은 황갈색이며 바로 앞쪽 복부등판과 길이가 비슷하다.

Bactrocera carambolae 및 *B. verbascifoliae*와 매우 비슷하나, 날개 전단의 갈색 무늬가 시맥 R2+3의 끝부분을 지나서는 급격히 넓어지지 않는 점과, 앞 넓적다리마디가 무늬가 없이 전부 황갈색인 점으로 구분된다.

1.3 유인제

메칠유제놀(methyl eugenol)

1.4 DNA 바코드

2016년 11월 현재 BOLD 데이터베이스에서 수많은 개체(1,000 개 이상)이 입력되어 있으며, 다른 이름(*B. papayae*, *B. philippinensis*, *B. invadens*)으로 되어 있는 것들도 많이 있다. 현재 오동정 등에 의한 오류도 상당수 있으므로, 특정 바코드 염기서열을 *B. dorsalis*로 동정할 때는 일부 서열이 아닌 대부분의 서열과 0.5% 이내로 일치하며, 근연종인 *B. carambolae*와는 구분이 되는 것을 기준으로 판단하여야 한다.

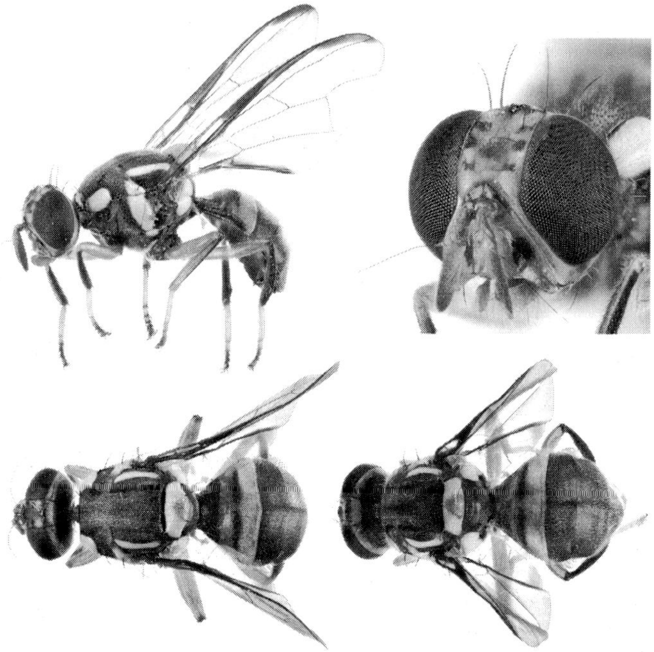

▮ 그림 2.3 ▮ 오리엔탈과실파리 수컷

[자료출처] H.Y. Han

한국에서 오리엔탈과실파리가 유인되는 트랩에 동시에 발견될 가능성 있는 과실파리 종들은 오이과실파리(*Bactrocera cucurbitae* (Coquillett)), 호박과실파리(*Bactrocera depressa* (Shiraki)), 호박꽃과실파리(*Bactrocera scutellata* (Hendel)), 녹나무과실파리(*Bactrocera hyalina* (Shiraki))이다. 이들 종들을 구별할 수 있는 검색표는 다음과 같다.

[검색표(성충)]

1. 가슴에 노란색의 세로줄이 2개이다 2
—. 가슴에 노란색의 세로줄이 3개이다 3
2. 소순판은 노란색이다 .... 오리엔탈과실파리
—. 소순판의 아래 반 정도가 검은색이다 .... 녹나무과실파리
3. 소순판의 아래 반 정도가 검은색이다 .... 호박꽃과실파리
—. 소순판은 노란색이다 4
4. 날개 검은 무늬가 크고 짙다 .... 오이과실파리
—. 날개 검은 무늬가 작고 흐리다 .... 호박과실파리

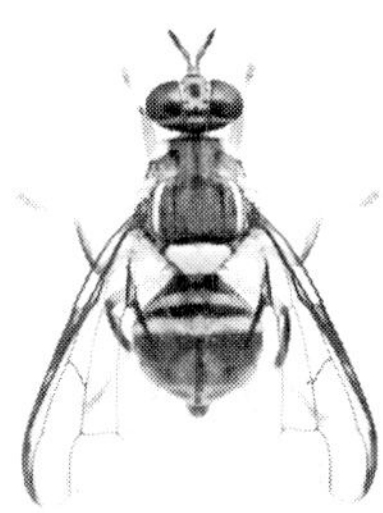

오리엔탈과실파리
(IAEA Imagebank 0410590)

녹나무과실파리

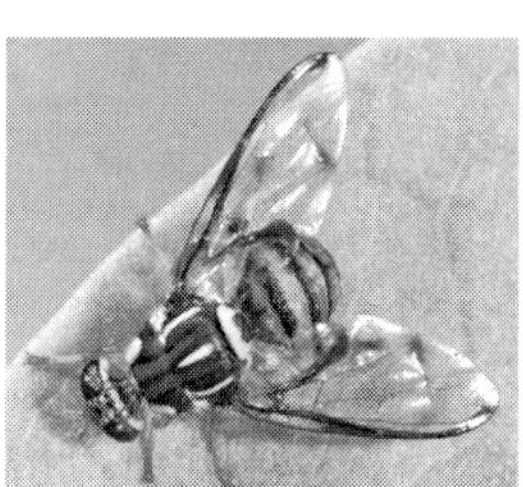

호박꽃과실파리

오이과실파리

호박과실파리

2 지중해과실파리 형태 및 진단법

2.1 알

지중해과실파리의 알 색깔은 보통 번쩍이는 흰색에서 매끄럽고 보드라운 노랑색을 띠며 부화에 이르게 되면 약간 어두운 색을 보이게 된다. 알은 보통 길쭉하고 말단 부위로 가면서 가늘어진다. 알은 앞쪽에는 작은 기공을 갖는다.

2.2 유충

과일의 연한 부위에서 성장하는 유충은 구더기형으로 복부는 8 마디이고 몸의 앞부분이 가늘어지는 모습이다. 과실파리는 번데기가 최종 유충령 표피에 둘러싸인 나용(裸踊, exarate pupa) 모습을 갖는다. 이러한 위용(圍踊, puparium)은 뚜렷한 체절 모습을 띠면서 전방은 둥근 모습, 양측면과 위, 아랫면은 약간 불룩한 타원 모습, 후방은 둥글거나 절단면 구조를 지니게 된다.

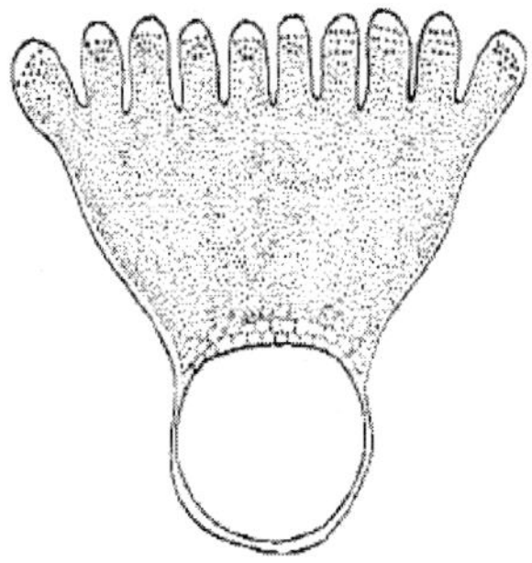

유충의 앞쪽 기문

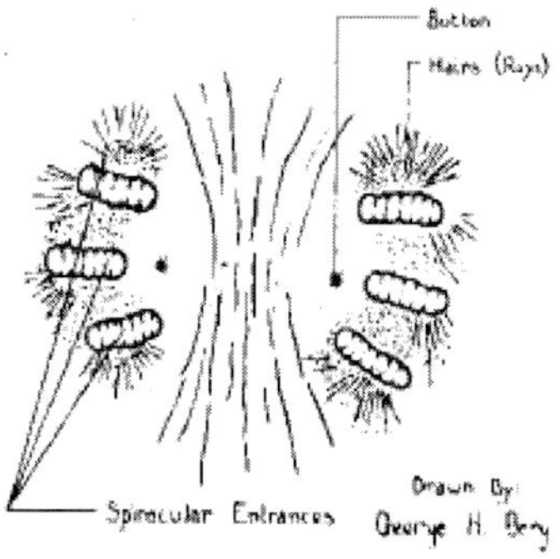

성숙 유충의 후방 기문들

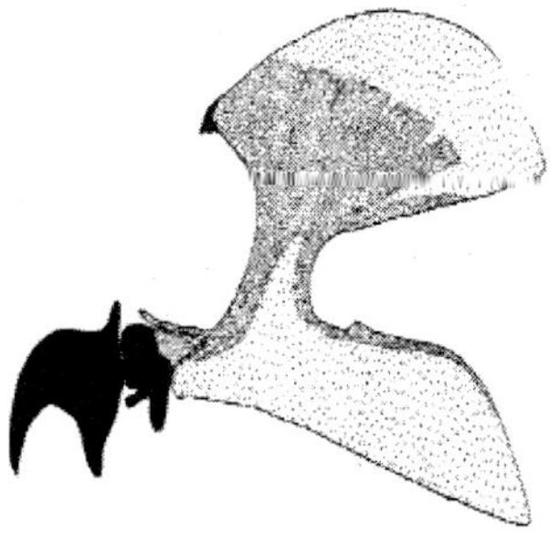

두부 인두골격(옆모습)

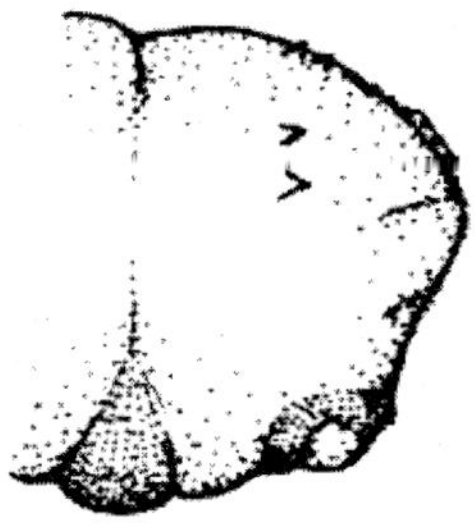

유충 말단(옆모습)

‖ 동정형질과 모식도 ‖

기타 유충 동정법은 큐티클 탄화수소 분석법(Cuticular Hydrocarbon Analysis)이 있다. 방역 대상 지역에 있는 토착 과실파리 유충의 큐티클 탄화수소와 지중해과실파리 유충 탄화수소에 기초하여 판정 모델이 설정되게 된다. 두 성분의 조합 비율이 3령 유충을 판별하는 데 충분하다. 판별의 정확도가 높고, 손상되거나 말라서 DNA 분석에 사용할 수 없는 시료도 가능하며, 비용 면에서 낮고 모든 과정이 자동화되어 있어 이 큐티클 탄화수소 분석법이 특히 효과적인 동정 방법이 된다.

2.3 성충

머리는 검정색의 뒤통수 부분을 제외하면 연한 황갈색이다. 이마센털과 안센털은 각 2쌍이며 검정색이다. 수컷의 앞쪽 안센털은 주걱모양으로, 자루는 백색이며 확장된 말단부는 검정색이다. 가슴판(순판)은 반짝이는 검정색 바탕에 회갈색 분이 덮여있어 3개의 검정 세로띠가 있

그림 2.4 지중해과실파리(*Ceratitis capitata*)의 수컷 및 암컷(머리의 암수이형 주목)

[자료출처] H.Y. Han

는 것으로 보인다 – 중앙 띠는 전반부에서 끝나며, 한 쌍의 측면 띠는 각각 길게 3 부분으로 나뉜다. 소순판은 볼록하며 반짝이는 검정색이며, 기부에 가늘게 회갈색 분이 덮여있다. 가슴 측판과 다리는 황갈색이다. 날개 패턴은 복잡하고 특이하며 중간과 말단부의 굵은 띠는 황색을 띤다. 배의 길이와 너비가 비슷하며 2번 등판과 4번 등판의 말단부에 가늘게 회백색 분이 덮여 있어 복부를 위쪽에서 보면 회백색 가로띠가 한 쌍 보인다. 산란통은 황갈색 바탕에 말단 2/5 정도가 어두운 갈색이며, 앞쪽 2개의 등판 길이보다 약간 짧다.

소형에서 중형이며, 매우 다채로운 색상과 무늬를 지녀서 구분이 쉽다. 특히 수컷은 앞쪽 안센털의 끝부분이 주걱처럼 넓어져 있는 것이 특이하다. 암컷의 경우도 날개무늬가 황색 부분이 많은 것과 소순판의 끝부분이 검정색인 것으로 근연종들과 구분할 수 있다.

2.4 유인제

Trimedlure/capilure, terpinyl acetate

2.5 DNA 바코드

2016년 11월 현재 BOLD 데이터베이스에 200개체 이상 입력되어 있다. 근연종 문제는 없는 것으로 사료되며, 진단시 대부분의 개체들과 유전자 거리 0.5% 이내로 클러스터를 이루는지 확인하면 된다.

3 퀸즐랜드과실파리 형태 및 진단법

3.1 알

가는, 백색의 타원형 모양이고, 1~2 mm의 길이를 나타내며. 약간 휘어져 있음. 노출된 기주의, 특히 이미 구멍이 뚫려 있거나 상처가 있는 부위에 6~7 개씩 그룹으로 형성된다.

3.2 유충

퀸즐랜드과실파리의 유충은 전형적인 머리가 없는 유백색의 구더기로 길이는 약 10 mm이고, 11 마디로 구성되며, 다른 *Bactrocera* 과실파리의 유충과 아주 비슷함. 많은 수의 유충이 기주 내부에서 섭식함. 3 개의 영기를 거치는데. 3령 유충은 뛸(점프) 수 있다.

3.3 위용

번데기는 갈색으로 5~6 mm 정도의 길이이며, 유충은 보통 지표에서 2~3 cm 깊이의 토양에서 번데기가 된다.

3.4 성충

중형의 *Bactrocera*이다. 얼굴은 황갈색에 한 쌍의 타원형 흑색 점이 측면 하단부 가까이 있으며, 2쌍의 이마센털과 1쌍의 안센털을 갖고 있다. 가슴판(순판)의 배경 색깔은 적갈색이며, 횡단봉합선 뒤쪽 양 옆에는 한 쌍의 넓은 황색 세로띠가 소순판 측면 전방의 센털(intra-alar seta) 바로 앞에서 끝나며 중앙에는 황색 띠가 없다. 소순판과 어깨판, 날개 앞쪽에서 측판 하단부근까지 황색이다. 다리는 대부분 황갈색이며, 뒷다리 종아리마디가 짙은 갈색이다. 날개는 투명하며 좁은 갈색 띠가 전단부를 따라 이어져서 시맥 R_{4+5} 말단부를 지나 시맥 M 말단부에 이르기 2/5쯤 전에 끝나며 띠의 말단부는 확장되지 않는다. 기주실(bcu)과 둔맥(A)을 따라 넓은 갈색의 띠가 있다. 복부등판들은 적갈이며, 등판 3-5는 각각 중앙부에는 좁은 흑색의 세로띠와, 측면에는 넓은 세로가 있으며 이들은 각 등판의 앞부분에서 연결되어 있다. 암컷의 산란통은 복부와 동일하게 적황색이며 5번 복부등판과 길이가 비슷하다.

이 종은 *B. aquilonis*와 매우 비슷하며, Vargas 등 (2015)은 이들이 같은 종일 가능성을 지적하였다. 현재 *B. aquilonis*는 전체적으로 훨씬 밝은 오렌지색을 띠며, 복부에 거의 무늬가 보이지 않는 점으로 구분된다. 또한 근연종인 *B. neohumeralis*는 어깨판이 가슴등판과 비슷하게 어두운 색인 점으로 쉽게 구분할 수 있다.

3.5 유인제

Cuelure, Raspberry ketone

3.6 DNA 바코드

2017년 11월 현재 BOLD 데이터베이스에 54 개체가 입력되어 있으며 모두 다운로드 가능하다. *Bactrocera aquilonis* 및 *B. neohumeralis*와 바코드로 구분되지 않는다. 이들의 종 문제 해결이 선결되어야 할 상황이다.

‖ 그림 2.5 ‖ 퀸즐랜드과실파리(*Bactrocera tryoni*)의 수컷 및 암컷

[자료출처] H.Y. Han

4 복숭아과실파리 형태 및 진단법

4.1 유충

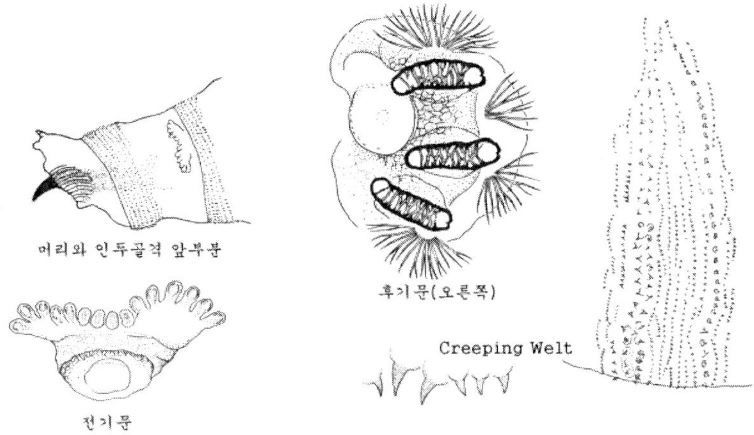

[자료출처] Kandybina 1977(as *Dacus*)

4.2 성충

중형의 *Bactrocera*이다. 얼굴은 황갈색에 한 쌍의 타원형 흑색 점이 측면 하단부 가까이 있으며, 2쌍의 이마센털과 1쌍의 안센털을 갖고 있다. 가슴판(순판)의 배경 색깔은 적갈색이며, 횡단봉합선 뒤쪽 양 옆에는 한 쌍의 넓은 황색 세로띠가 소순판 측면 전방의 센털(intra-alar seta)에서 끝나며 중앙에는 황색 띠가 없다. 소순판과 어깨판, 날개 앞쪽에서 측판 하단 부근까지 황색이다. 다리는 대부분 황갈색이며, 넓적다리마디의 말단부와 뒷다리 종아리마디의 기부 및 말단부 1/3 정도가 짙은 갈색이다. 날개는 투명하며 좁은 갈색 띠가 전단부를 따라 시맥 R2+3 말단부에서 끝나며, 시맥 R_{4+5} 말단부에 작은 흑갈색 점이 있다. 즉 날개 전단의 띠가 말단부 직전에 끊어져 있다고도 기술할 수 있다. 기주실(cell bcu)과 둔맥(A)을 따라 짙은 띠가 형성되지는 않으나, 기주실은 옅은 황색이다. 복부등판들은 적갈색이며, 등판 3-5에 가늘고 뚜렷하지 않은 T-자의 흑갈색 무늬가 있는데, 대부분 중앙부에서 끊어져 있다. 암컷의 산란통은 적갈색 바탕에 말단 1/3 정도가 흑갈색이다. 산란통 길이는 5번 복부등판과 비슷하다.

복숭아과실파리는 언뜻 보기에 퀸즐랜드과실파리(*B. tryoni*)와 비슷하나 날개의 전단의 띠가 날개 말단부 직전에 끊어져 있는 것으로 쉽게 구분할 수 있다. 이런 날개 무늬는 구아바과실파리(*B. correcta*)도 가지고 있으나, 이 종은 가슴등판이 흑색이며 복부에 뚜렷한 T-무늬가 있는 것으로 쉽게 구분할 수 있다.

4.3 유인제

메칠유제놀(methyl eugenol)

4.4 DNA 바코드

2017년 11월 현재 BOLD 데이터베이스에 66 개체가 입력되어 있으며, 38 개체의 바코드가 다운로드 가능하다. 분석결과 대부분의 개체들이 2 개의 clade로 확연하게 나뉘므로 지역 집단 간 유전적 차이가 크거나, 심지어는 잠재종 문제의 가능성이 있는 것으로 사료된다. 추가적인 연구가 필요한 상황이나, 일단은 이 두 개체군이 같이 묶이므로 일반적인 동정에는 문제가 없다.

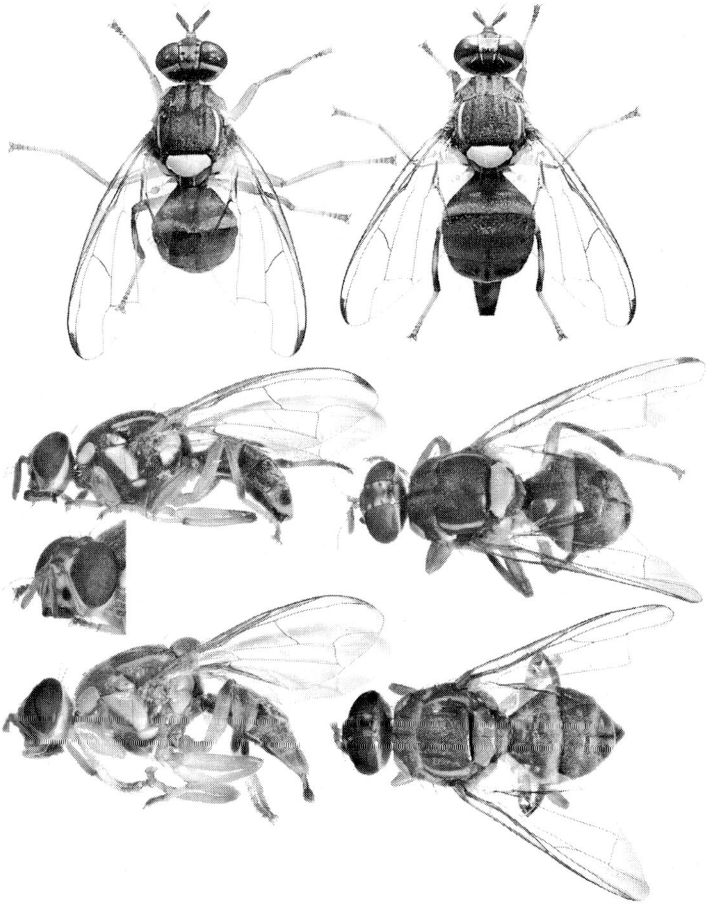

그림 2.6 복숭아과실파리(*Bactrocera zonata*). Upper male & female – Downloaded and modified from IAEA Imagebank (male – IAEA06410602, female – IAEA06410603). Lower male & female [자료출처] H.Y. Han

한국에서 복숭아과실파리가 유인되는 트랩에 동시에 발견될 가능성 있는 과실파리 종들은 오리엔탈과실파리(*Bactrocera dorsalis* (Hendel)), 오이과실파리(*Bactrocera cucurbitae* (Coquillett)), 호박과실파리(*Bactrocera depressa* (Shiraki)), 호박꽃과실파리(*Bactrocera scutellata* (Hendel)), 녹나무과실파리(가칭; *Bactrocera hyalina* (Shiraki))이다. 이들 종들을 구별할 수 있는 검색표는 다음과 같다.

[검색표(성충)]

1. 가슴등판에 노란색의 세로줄이 2개이다	2
—. 가슴등판에 노란색의 세로줄이 3개이다	4
2. 가슴등판의 바탕색은 대부분 적갈색이다	복숭아과실파리
—. 가슴등판의 바탕색은 흑색 또는 흑색과 적갈색이 섞여있다	3
3. 소순판은 노란색이다	오리엔탈과실파리
—. 소순판의 아래 반 정도가 검은색이다	녹나무과실파리
4. 소순판의 아래 반 정도가 검은색이다	호박꽃과실파리
—. 소순판은 노란색이다	4
5. 날개 검은 무늬가 크고 짙다	오이과실파리
—. 날개 검은 무늬가 작고 흐리다	호박과실파리

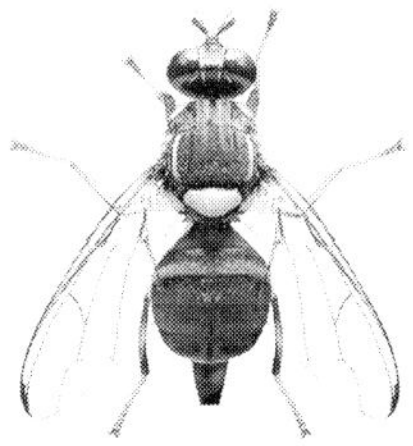
복숭아과실파리
(IAEA Imagebank 06410603)

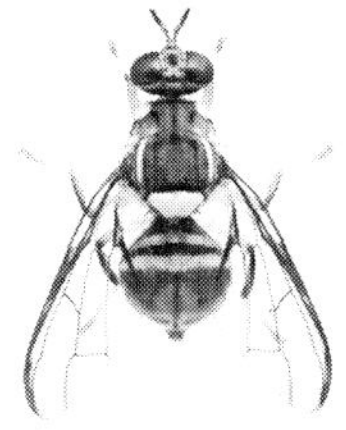
오리엔탈과실파리
(IAEA Imagebank 06410590)

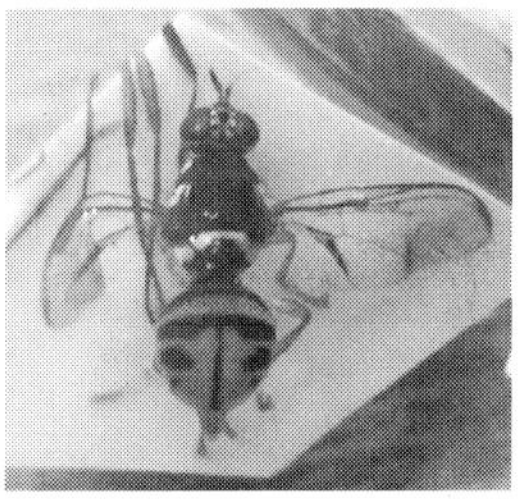
녹나무과실파리

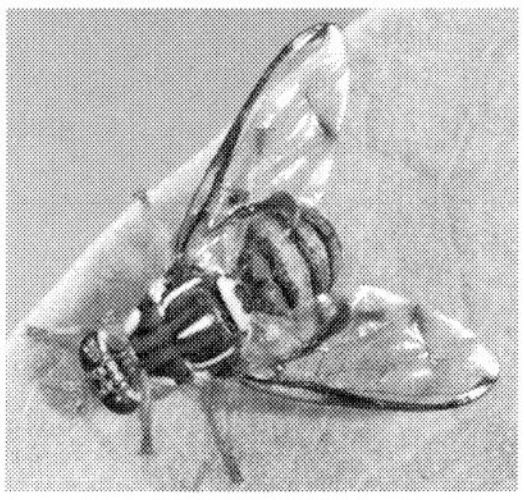
호박꽃과실파리

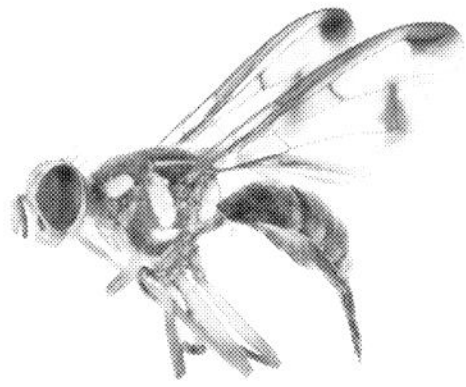
오이과실파리

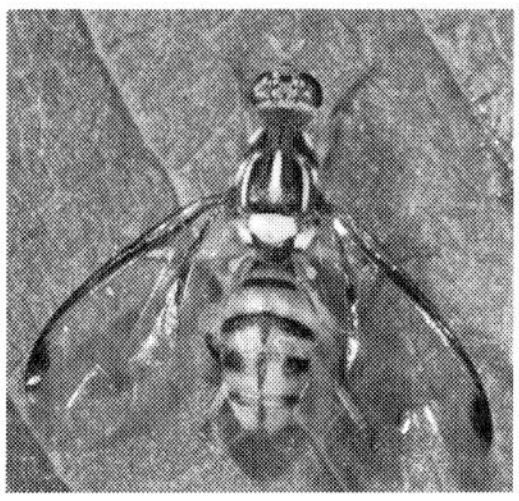
호박과실파리

5 오이과실파리 형태 및 진단법

5.1 성충

중형의 *Bactrocera*이다. 얼굴은 황갈색에 한 쌍의 타원형 흑색 점이 측면 하단부 가까이 있으며, 3쌍의 이마센털 중 앞쪽 2쌍은 가깝게 근접해있다. 가슴판(순판)은 갈색 내지 황갈색이며, 횡단봉합선 뒤쪽 양 옆에는 한 쌍의 뚜렷한 황색 세로띠가 소순판 측면 전방의 센털(intra-alar seta)에서 끝나며, 황색 중앙세로띠는 측면 띠보다 훨씬 짧다. 소순판과 어깨판, 날개 앞쪽에서 측판 하단 부근까지 황색이다. 넓적다리마디들은 모두 옅은 황색이며, 종아리 부분이 약간 짙다. 날개는 투명하며 좁은 갈색 띠가 전단부를 따라 R_{4+5}를 약간 지나서 끝나며, 끝부분이 크게 확장되어 있다. 기주실(bcu)과 둔맥(A)을 따라서, 그리고 DM-Cu맥을 따라서 각각 넓은 갈색 띠가 있다. 복부등판들은 황갈색-갈색 바탕에 흑갈색 무늬가 있으며 중앙 세로무늬가 뚜렷하며, 3번 복부등판의 가로무늬와 함께 T-자를 형성한다. 암컷의 산란통은 황갈색이며 바로 앞쪽 복부등판보다 길다.

이 종은 가슴 및 배의 무늬와 날개무늬로 쉽게 구분이 가능하다.

5.2 유인제

Raspberry ketone, Cuelure

5.3 DNA 바코드

2016년 11월 현재 BOLD 데이터베이스에 500 개체 이상 입력되어 있으며 오동정도 없다. 다만 오이과실파리 개체들이 2 개의 클러스터를 형성하는 것으로 보아, 아직 기록되지 않은 잠재종이 존재하는 것으로 사료된다.

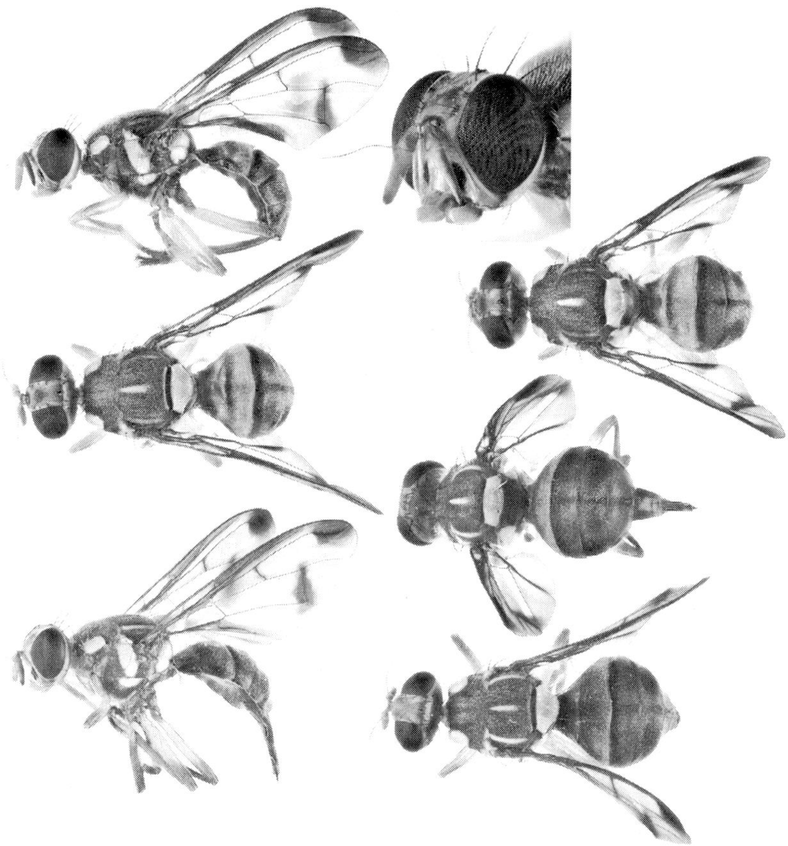

▌그림 2.7▌ 오이과실파리(*Bactrocera cucurbitae*)의 수컷 및 암컷

[자료출처] H.Y. Han

6 금지급 과실파리 분자진단법

6.1 시료 준비법

모든 발육태(알, 유충, 번데기, 성충)를 재료로 활용가능하다. 성충은 다리 또는 가슴을 재료로 활용이 권장되며 이들 영역에 응애 등 다른 이물질이 부착할 수 있기에 재료로 사용 전 확인 및 제거한다. 번데기는 주로 기주의 외부환경에 존재하므로 내부기생성인 기생봉(천적)이 감염될 가능성이 있기에 사용 시 주의가 요구된다.

6.2 DNA 추출법

핵산 추출은 시판되는 핵산추출키트(예를 들면, Quiagen Dneasy Blood & Tissue Kit)를 사용한다. 추출방법은 구매한 핵산추출키트에 포함된 매뉴얼에 따라 DNA를 추출한다.

6.3 유전자 증폭(PCR) 조건

① PCR premix는 iNtRON 또는 BIONEER 제품을 사용하며, 제품 구매시 제공되는 튜브(tube) 당 다음과 같이 재료를 혼합하여 분석을 실시한다.

DNA	1 μl
프라이머: 정방향 (10 pmol)	1 μl
프라이머: 역방향 (10 pmol)	1 μl
증류수	17 μl
전체 부피	20 μl

* 정방향 프라이머: LCO1490 (5-GGTCAACAAATCATAAAGATATTGG-3)
역방향 프라이머: HCO2198 (5-TAAACTTCAGGGTGACCAAAAAATAC-3)

② 분석에 사용되는 PCR 기계의 조건은 다음과 같다.

구분	온도	시간	반복수
초기 변성	95℃	7 min	1 ×
변성 재생 합성	95℃ 45~55℃ 72℃	60 s 30 s 60 s	35 ×
최종단계	72℃	10 min	1 ×

③ 증폭된 PCR결과물은 마크로젠 등에 염기서열 분석의뢰 한다.

1) 염기서열 분석 의뢰한 회사에 BLAST까지 요청하여 동정결과를 수령하거나,
2) 염기서열 정보를 수령하여 직접 "해충DNA 바코드시스템(http://10.110.128.102/main/main.asp)" 또는 "BOLD SYSTEMS (http://boldsystems.org)"에 접속, BLAST하여 동정을 실시한다.

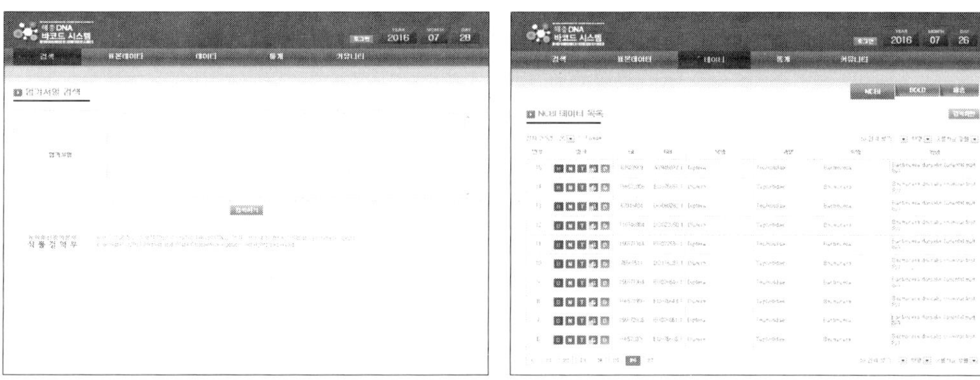

농림축산검역본부, 해충 DNA바코드 시스템 웹사이트

6.4 간이분자진단법

6.4.1 DNA 추출법

전체 게놈 DNA는 과실파리 성충 1 마리에 500 μl의 20% Chelex를 채우고 95℃에서 20 분간 가온한다. 이후 2 분간 얼음에 보관하여 반응을 정지시킨 후 다시 14,000 × g에서 3 분간 원심분리한 후 상등액을 추출하여 PCR에 이용한다.

6.4.2 PCR 조건

전체 반응용액이 25 μl를 기준으로 주형 DNA는 1 μl, 10x 완충용액은 2.5 μl, 기질 dNTP (각각 10 mM)는 2.5 μl, 진단 프라이머(10 pmol/μl, 표 2.1)는 각각 2.5 μl, Taq polymerase가 1 μl 그리고 탈이온증류수가 13 μl로 구성된다. 이 반응 용액을 검색 대상 종별로 상이한 반응 조건(표 2.2)에서 PCR을 실시한다. 그림 2-2는 증폭물 결과의 특이성을 보여주고 있다. 이때 모든 종의 PCR 반응 양성대조는 CO-I 공통 프라이머(5′-CCCGGTAAAATTAAAATATAAACTTC-3′, 5′-GGATCACCTGATATAGC ATTCCC-3′)를 이용한다.

표 2.1 진단 프라이머 염기서열 및 증폭물 크기

대상곤충	방향	프라이머 서열(5′-3′)	증폭물 크기(bp)
B. latifrions	정방향	TACACTATTATTAGTGAGAAGC	463
	역방향	GATAGGATCTCCTCCTCCAGCG	
B. dorsalis	정방향	CCCATATTATTAGTCAAGAATCAGGAAAG	452
	역방향	GATTTAATACTAGCCCTGTAAATAGGGGG	
B. cucurbitae	정방향	ATTAGGATTTATTGTTTGAGCA	325
	역방향	TCAATGAACAAATCCTGCTATG	
B. tryoni	정방향	CTACCCCCTTCCCTTACACTAC	369
	역방향	GTCTCCTCCCCCAGCAGGGTCAAAAAAG	
C. capitata	정방향	GGATTATTAGGATTTATTGTTTGAGCA	398
	역방향	GGATATCAATGAACAAATCCTGCTATG	
B. depressa	정방향	ATAGTAGAAAATGGGGCTGGAACAGGC	260
	역방향	GCCAATACTGGTAGTGATAACAATAAC	
B. scutellata	정방향	ATTTTGACTACTGCCCCCTTCA	395
	역방향	ATTTCGATCTGTTAATAGCATT	

	B.lat		*B.dor*		*B.try*		*C.cap*		*B.dep*		*B.scu*		
변성	94℃	30s	94℃	30s	94℃	30s	94℃	30s	94℃	30s	94℃	30s	
재생	53℃	30s	60℃	30s	63℃	30s	55℃	30s	55℃	30s	48℃	30s	× 35
합성	72℃	30s	72℃	30s	72℃	30s	72℃	30s	72℃	30s	72℃	30s	

▌표 2.2 ▌종별 진단 PCR의 반응 조건

B.cuc			
변성	94℃	30s	
재생	45℃	30s	× 10
합성	72℃	30s	
변성	94℃	30s	
재생	55℃	30s	× 30
합성	72℃	30s	

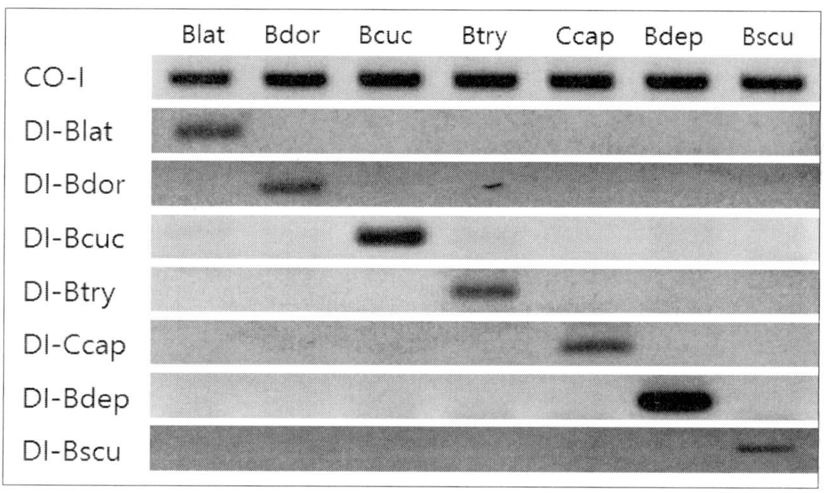

▌그림 2.7 ▌진단 PCR을 이용한 PCR 반응의 특이성

- B.lat　*B. latifrons* (남방고추과실파리)
- B.dor　*B. dorsalis* (오리엔탈과실파리)
- B.cuc　*B. cucurbitae* (오이과실파리)
- B.try　*B. tryoni* (퀸즐랜드과실파리)
- C.cap　*C. capitata* (지중해과실파리)
- B.dep　*B. depressa* (호박과실파리)
- B.scu　*B. scutellata* (호박꽃과실파리)

7 과실파리 표본관리 및 정밀동정

잭슨(Jackson) 트랩 등 끈끈이 판에서 채집된 의심 성충 표본은 조심스럽게 다루어져야 한다. 끈끈이 물질에 포획된 표본이 정확하게 동정됨을 보증하기 위해서 다음의 과정이 권고된다.

- 끈끈이판(트랩 삽입지)의 표본 주위를 잘라서 표본이 붙은 작은 끈끈이판 조각을 만든다. 이 작은 조각에 곤충핀(2호)을 꼽아 표본을 완성한다. 전문가에게 동정을 의뢰하기 위해 표본을 우송하려면 우송용 곤충상자에 위의 표본을 꼽아 단단히 고정시킨다. 이를 더 큰 상자에 넣고 상자 사이의 빈 공간에는 스티로폼 등의 충진제를 넣어 파손을 방지한다.
- 끈끈이판(트랩 삽입지)을 직접 잘라서 사용하지 않으려면, 작은 시약용 주걱으로 끈끈이판에서 표본을 끈끈이와 함께 조심스럽게 떼어내어 카드종이에 붙인 후에 위와 같은 방식으로 보관용 표본을 제작한다.
- 의심 유충은 끓는 물속에 넣어 죽인 후, 바로 식혀서 70~75% 에탄올에 보존한다. 멕페일과 잭슨 트랩에서 채집된 의심 성충 표본 및 다른 곤충 영기는 모두 동정 확인을 위해 에탄올 바이엘에 넣어 보관한다.

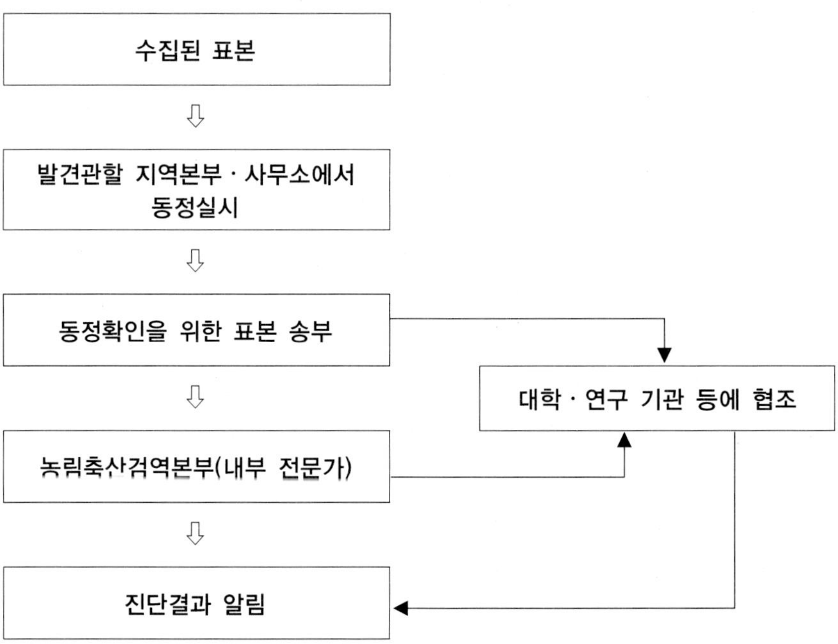

▮ 수집된 표본 동정(진단) 절차도 ▮

CHAPTER 03

금지급 과실파리 발생예찰

1 오리엔탈과실파리 발생예찰

1.1 발생세대수 설정

곤충은 전형적인 변온동물로 온도에 따라 발육이 좌우된다. 알, 유충 및 성충의 생식발육은 대기온도에 의해 영향을 받으며, 다만 번데기 단계는 토양 내에서 경과함으로 토양온도의 지배를 받는다. 따라서 발육을 진행할 수 있는 최저온도의 개념인 발육영점온도와 발육완료에 필요한 총 온량을 적산하여(적산온도, degree-days, DD) 생활사의 경과를 예측할 수 있다. 지금까지 알려진 발육영점온도는 알 12℃, 유충 11℃, 용 14℃가 있으며(Robinson과 Hooper, 1989), 발육영점온도와 유효적산온도는 해충의 온도에 따른 발육기간 자료를 이용하여 추정할 수 있다. 현재 이용 가능한 오리엔탈과실파리의 온도발육자료는 Vargas 등 (2000)이 파파야를 기주식물로 사육하여 보고한 자료가 존재한다.

표 3.1 오리엔탈과실파리의 발육과 온도와의 관계

평균 온도	실험온도 범위	발육기간			성충수명 및 산란수				
		알	유충	용	산란전 기간	암컷 수명	수컷 수명	총 산란수	일 산란수
18.5	24-13	3.2	11.1	24.9	48.4	179.8	196.0	952.1	3.7
24.0	-	2.0	7.7	12.4	37.3	93.6	107.1	1243.9	12.4
23.5	29-18	2.0	7.3	12.2	18.2	83.6	106.4	1296.4	13.6
29.5	35-24	2.0	7.8	10.5	15.6	49.0	53.1	396.7	8.2

[자료출처] Vargas 등 (2000), 기주식물 파파야

▌표 3.2▐ 오리엔탈과실파리 발육단계별 발육영점온도 및 발육완료에 필요한 적산온도

발육단계	Vargas 등(2000)		Jiajiao 등(2000)	
	발육영점온도(℃)	적산온도(DD)	발육영점온도(℃)	적산온도(DD)
알	9.2	30	12.8	19
유충	5.7	140	5.6	154
용	10.5	169	12.0	141
알-용	9.2	330	9.1	328
산란전기간	15.7	219	-	-

Vargas 등 (2000)의 자료를 이용하여 각 발육단계의 발육영점온도와 유효적산온도를 추정하면 표와 같으며, 참고로 Jiajiao 등 (2000)의 보고 자료와 비교되어 있다. 이 자료는 포장에서 예찰 작업시 특정 발육단계의 발육완료를 추정하는데 활용할 수 있다. Vargas 등 (2000)의 자료를 우선적으로 따른다.

오리엔탈과실파리 박멸과정에서 최종발견 후 발생 세대수에 따라서 대응조치를 달리하게 되는데, 세대수는 세대기간(알-알기간) 완료에 필요한 발육영점온도와 유효적산온도를 이용하여 추정할 수 있다. 미국 USDA 매뉴얼에서는 발육영점온도 12.2℃와 적산온도 620 DD를 적용하고 있는데 원자료에 대한 문헌적 근거가 미약하다. 문헌적 근거가 있는 Vargas 등 (2000)의 자료를 기반으로 추정한 값은 각각 9.5℃와 717 DD로 이 매개변수를 세대수 추정에 우선적으로 사용할 수 있다.

▌표 3.3▐ 오리엔탈과실파리 세대기간(알-알) 발육영점온도 및 적산온도

모형의 종류	발육영점온도(℃)	적산온도(DD)	비 고
미국 USDA 모형 (1989)	12.2	620	미국매뉴얼
Vargas 등(2000) 기반모형 (알-알 발육기간 모형)	9.5	717	신규작성

대기온도자료는 발견 또는 발생된 지점에서 가장 기후학적으로 가까이 있는 기상대의 기상자료를 이용한다. 기타 이동형 데이터 로거를 설치하여 현장의 온도를 직접 수집하고 그 값을 이용할 수도 있다. 일평균대기온도를 이용하여 적산온도를 계산하는데, 일최고 및 최고온도를 갖고 있는 경우 평균온도((최고+최저)/2)로 계산하여 사용한다.

일별 평균대기온도에서 발육영점온도 이상의 온도를 일유효온도라고 하며 따라서 단위는 일도(day degrees, DD)가 된다. 적산온도는 이 일유효온도를 누적하는 것이다. Vargas 등(2000) 기반모형을 기준으로 했을 때 최종 발견일 다음날부터 적산온도를 계산하여 717 DD 되는 날이

1 세대가 완료되는 날이다(717 DD와 정확하게 일치하지 않는 경우는 이 적산온도 값을 초과하는 첫날을 1세대 완료일로 취급한다). 제공된 엑셀시트(사용법 : 부록 1)를 이용하여 간편하게 계산할 수 있다.

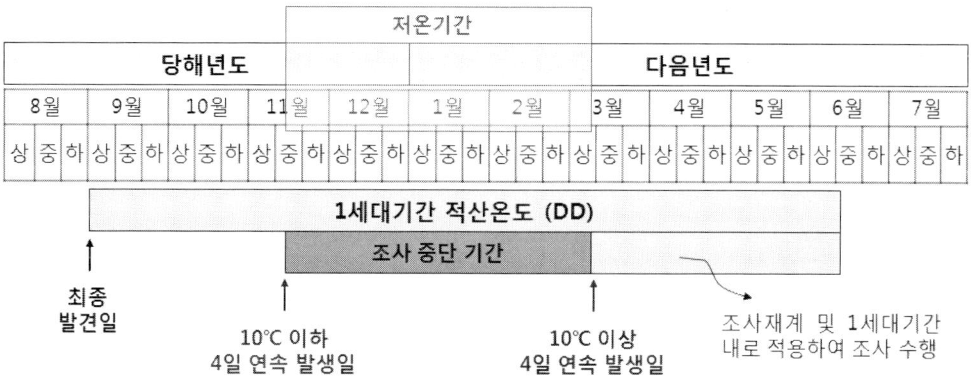

그림 3.1 발생세대 추정기간에 겨울철이 포함되는 경우 조치방법

1.2 월동사망률 추정

발생세대수 추정을 하는 동안 겨울철과 만나는 경우 적산온도가 누적되지 않기 때문에 진행되고 있는 세대가 다음연도로 넘어가서 완료될 수 있다. 이런 경우 현장조사 활동은 발생세대수가 아닌 평균 대기온도를 기준으로 결정한다. 오리엔탈과실파리 성충은 4℃ 이하에서 활동이 불가능하다(Chen 등, 2006). 성충활동과 관련해서는 일평균대기온도 18℃ 이상에서 장거리 이동이 가능하고, 최소 10℃ 이상의 기상조건에서 페로몬 트랩에 포획된다(Ye와 Liu, 2005). 오리엔탈과실파리 성충 모니터링은 성충이 비행할 수 있는 기상환경조건에서 가능하므로 성충비행활동 임계온도로 10℃를 적용하여 연속적으로 4일 이상 일평균대기온도가 10℃ 이하로 내려가면 조사를 중단할 수 있다. 또한 연속적으로 4일 이상 일평균 대기온도가 10℃ 이상 올라가면 조사를 재개한다. 조사를 재개한 경우 전년도(또는 이전)부터 이어서 계산한 적산온도에 근거한 세대수에 따라 현장조사의 의사를 결정한다. 노지작물에서는 겨울동안 조사중지가 가능하지만 시설재배(특히 가온재배)의 작물은 상황에 따라 위험도를 평가하여 조사를 계속 실시한다.

겨울철 온도조건에 따라 월동발육단계의 사망률을 추정하여 대응조치에 참고할 수 있다(사용법 : 부록 2). 오리엔탈과실파리의 저온사망률과 관련하여 월 최저평균온도가 0℃에서 5℃되는 지역에서 11월 15일, 12월 30일, 1월 6일 야외에 성충 또는 약충을 처리한 경우 100% 사망하였다(Han 등, 2011). 번데기의 경우는 일부 생존하는 개체가 있어 다른 발육단계보다 저온에 대한 내성이 높은 것으로 평가되고 있다. 오리엔탈과실파리 번데기의 기주식물별 온도에 따른 사망률 자료(Ren 등, 2006)를 이용하여 기주식물 및 온도별 100% 사망률에 필요한 일 수를 추정할 수 있다.

▌표 3.4▌ 오리엔탈과실파리 번데기의 기주식물 및 온도별 100% 사망률에 필요한 일수

6℃					-3℃				
Guava	Star fruit	Orange	Tomato	Pum-pkin	Guava	Star fruit	Orange	Tomato	Pum-pkin
11	14	13	11	17	2.54	2.00	1.50	0.79	0.79

이 자료를 이용하여 오리엔탈과실파리(번데기 기준)가 100% 사망하는 데 필요한 최저온도의 연속출현일수를 구할 수 있다. 다음에 제공된 엑셀시트를 이용하여 계산하고 대응조치 운영시 참고자료로 활용한다.

▌표 3.5▌ 오리엔탈과실파리(번데기 기준)의 100% 사망에 필요한 최저온도 범위별 연속일수

온도(℃)범위	100% 사망에 필요한 일 수
5.0 이상	생존
4 ~ 5	8
3 ~ 4	6
1 ~ 3	4
-1 ~ 1	3
-6 ~ -1	2
-6 이하	1

부록 1 오리엔탈과실파리 발생세대수 추정 엑셀시트 사용방법

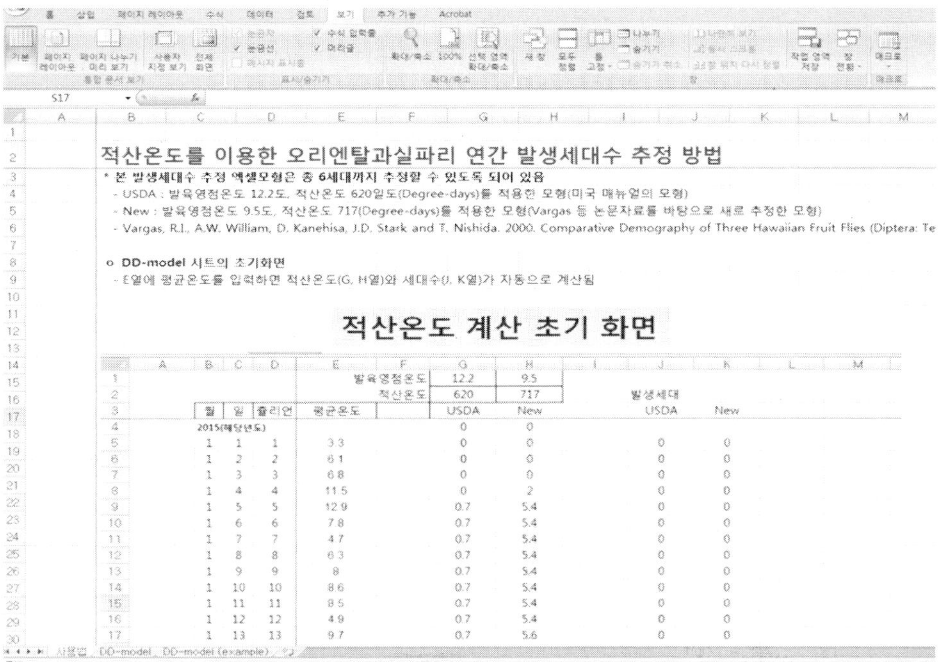

적산온도 계산 초기 화면

	A	B	C	D	E	F	G	H	I	J	K
1						발육영점온도	12.2	9.5			
2						적산온도	620	717		발생세대	
3		월	일	줄리언	평균온도		USDA	New		USDA	New
4		2015(해당년도)					0	0			
5		1	1	1	3.3		0	0		0	0
6		1	2	2	6.1		0	0		0	0
7		1	3	3	6.8		0	0		0	0
8		1	4	4	11.5		0	2		0	0
9		1	5	5	12.9		0.7	5.4		0	0
10		1	6	6	7.8		0.7	5.4		0	0
11		1	7	7	4.7		0.7	5.4		0	0
12		1	8	8	6.3		0.7	5.4		0	0
13		1	9	9	8		0.7	5.4		0	0
14		1	10	10	8.6		0.7	5.4		0	0
15		1	11	11	8.5		0.7	5.4		0	0
16		1	12	12	4.9		0.7	5.4		0	0
17		1	13	13	9.7		0.7	5.6		0	0
18		1	14	14	9.3		0.7	5.6		0	0
19		1	15	15	8.4		0.7	5.6		0	0
20		1	16	16	7.7		0.7	5.6		0	0
21		1	17	17	5		0.7	5.6		0	0
22		1	18	18	6		0.7	5.6		0	0
23		1	19	19	8.5		0.7	5.6		0	0
24		1	20	20	6.9			5.6		0	0
25		1	21	21	9.2					0	0
26					7.6					0	

E 열에 해당지역의 평균온도 입력

G와 H열에 적산온도가 계산되어 출력됨
- G : 발육영점온도 12.2도
- H : 발육영점온도 9.5도

J와 K열에 발생세대가 표시됨

적산온도 계산 예제화면 1

	월	일	줄리언	평균온도	USDA	New	발생세대 USDA	발생세대 New
1				발육영점온도	12.2	9.5		
2				적산온도	620	717		
262	9	15	258	22.3	1640.5	2141.3	3	3
263	9	16	259	21.1	1649.4	2152.9	3	4
264	9	17	260	22.5	1659.7	2165.9	3	4
265	9	18	261	22.7	1670.2	2179.1	3	4
266	9	19	262	22.4	1680.4	2192	3	4
267	9	20	263	22.6	1690.8	2205.1	3	4
268	9	21	264	23.3	0.0	0	1	1
269	9	22	265	23.9	11.7	14.4	1	1
270	9	23	266		21.8	27.2	1	1
271	9	24	267		32.5	40.6	1	1
272	9	25	268		43.5	54.3	1	1
273	9	26	269		54.6	68.1	1	1
274	9	27	270		65.3	81.5	1	1
275	9	28	271		76.7	95.6	1	1
276	9	29	272	24	88.5	110.1	1	1
277	9	30	273	20.9	97.2	[illegible]	1	1
278	10	1	274	23.6	108.6		1	1
279	10	2	275	19.4	115.8		1	1
280	10	3	276	21.1	124.7		1	1
281	10	4	277	21.3	133.8		1	1

- 2015년 9월 21 마지막 발견일 가정
- "0"를 입력
- 적산온도 계산이 다음날(9월 22일)부터 다시 시작됨

자동계산되는 것이므로 무시

1세대 완료에 필요한 적산온도에 도달되지 않았으므로 "1세대로"로 출력되고 있음

적산온도 계산 예제화면 2

	월	일	줄리언	평균온도	USDA	New	발생세대 USDA	발생세대 New
1				발육영점온도	12.2	9.5		
2				적산온도	620	717		
445	3	15	75	8.3	449.8	696.8	1	1
446	3	16	76	12	449.8	699.3	1	1
447	3	17	77	15	452.6	704.8	1	1
448	3	18	78	15.3	455.7	710.6	1	1
449	3	19	79	12.4	455.9	713.5	1	1
450	3	20	80	11.1	455.9	715.1	1	1
451	3	21	81	12.4	456.1	718	1	2
452	3	22	82	11.2	456.1	719.7	1	2
453	3	23	83	9.8	456.1	720	1	2
454	3	24	84	9.1	456.1	720	1	2
455	3	25	85	8.9	456.1	720	1	2
456	3	26	86	8.7	456.1	720	1	2
457	3	27	87	10.2	456.1	720.7	1	2
458	3	28	88	13.1	457.0	724.3	1	2
459	3	29	89	14.7	459.5	729.5	1	2
460	3	30	90	14.7	462.0	734.7	1	2
461	3	31	91	13.9	463.7	739.1	1	2
462	4	1	92	14.4	465.9	744	1	2

USDA 모형은 아직 1세대가 발생되고 있음

New 모형은 2세대가 시작되고 있음

부록 2 오리엔탈과실파리 월동사망률(번데기) 추정 엑셀시트 사용방법

월동사망률 추정방법

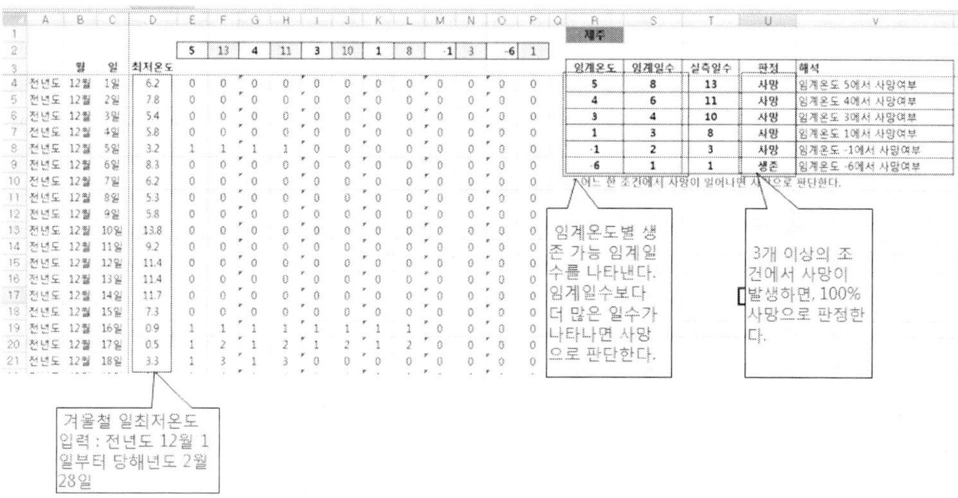

2 지중해과실파리 발생예찰

2.1 발생세대수 추정

곤충은 전형적인 변온동물로 온도에 따라 발육이 좌우된다. 알, 유충 및 성충의 생식발육은 대기온도에 의해 영향을 받으며, 다만 번데기 단계는 토양 내에서 경과함으로 토양온도의 지배를 받는다. 따라서 발육을 진행할 수 있는 최저온도의 개념인 발육영점온도와 발육완료에 필요한 총 온량을 적산하여(적산온도, degree-days, DD) 생활사의 경과를 예측할 수 있다. 지금까지 알려진 발육영점온도는 알 9.7℃, 유충 9.7℃, 용 13.0℃이며 용의 상한 온도는 35℃이다(Robinson과 Hooper, 1989).

발육영점온도와 유효적산온도는 해충의 온도에 따른 발육기간 자료를 이용하여 추정할 수 있다. 현재 이용 가능한 지중해과실파리의 온도발육자료는 다음 표 3.6과 같다.

표 3.6 지중해과실파리의 발육과 온도와의 관계 – 발육기간, 수명, 산란 수

평균온도	발육기간			성충			생명표		자료출처
	알	유충	용	산란전	수명	총산란	r_m	T	
15	7.56	27.89	35.75						Ricalde 등 (2012)
15	7.06	26.69	36.51						Ricalde 등 (2012)
15	5.58	29.62	33.21						Ricalde 등 (2012)
15	7.8	21	35	20					Duyck과 Quilici (2002)
18.5	4.0	10.2	19.1	37.4	115.9	422.7	0.051	88.6	Vargas 등 (2000)
20	3.27	11.51	15.21						Ricalde 등 (2012)
20	3.63	11.5	14.32						Ricalde 등 (2012)
20	3.8	11.78	15.15						Ricalde 등 (2012)
20	3.5	8	17	7					Duyck과 Quilici (2002)
23.5	2.0	6.7	11.4	9.5	64.7	1036.9	0.137	40.7	Vargas 등 (2000)
24.0	2.0	6.5	11.7	14.9	75.0	706.2	0.120	42.9	Vargas 등 (2000)
25	2.39	9.53	9.43						Ricalde 등 (2012)
25	2.53	7.91	9.96						Ricalde 등 (2012)
25	2.27	7.2	9.57						Ricalde 등 (2012)
25	2.04	6	10	5					Duyck과 Quilici (2002)
26						759.3			Carey 등 (1998)

29.5	2.0	6.3	10.6	8.4	39.7	535.2	0.092	33.5	Vargas 등 (2000)
30	2.21	7.42	7.85						Ricalde 등 (2012)
30	2.45	6.99	7.63						Ricalde 등 (2012)
30	2.26	6.86	7.67						Ricalde 등 (2012)
30	1.54	5	8	5					Duyck과 Quilici (2002)
35				불가					Duyck과 Quilici (2002)

* 생명표 통계량 : r_m = 내적자연증가율, T = 세대기간(일)

기존 보고된 모든 자료를 종합하여 각 발육단계의 발육영점온도와 유효적산온도를 추정하면 표 3.7과 같다. 이 자료는 포장에서 예찰 작업시 특정 발육단계의 발육완료를 추정하는데 활용할 수 있다.

표 3.7 지중해과실파리 발육단계별 발육영점온도 및 발육완료에 필요한 적산온도

발육단계	온도발육 선형모형			발육영점온도 (℃)	적산온도 (DD)
	회귀식(y : 발육율, x : 온도)	df	r^2		
알	y = 0.02503x−0.21778	6	0.99	8.7	40.0
유충	y = 0.00769x−0.06103	6	0.95	7.9	130.0
번데기	y = 0.00673x−0.07128	6	0.99	10.6	148.7
알-알기간	y = 0.00257x−0.02605	6	0.93	10.1	389.2
세대기간	y = 0.00169x−0.01903	2	0.97	11.3	592.5

지중해과실파리 박멸과정에서 최종발견 후 발생 세대수에 따라서 대응조치를 달리하게 되는데, 세대수는 세대기간(알-알기간) 완료에 필요한 발육영점온도와 유효적산온도를 이용하여 추정할 수 있다. 미국 USDA 매뉴얼에서는 발육영점온도 9.12℃와 적산온도 622 DD를 적용하고 있는데 원자료에 대한 문헌적 근거가 미약하다. 문헌적 근거가 있는 기존자료를 기반으로 추정한 값은 생명표 통계량의 세대기간을 기준으로 했을 때 각각 11.3℃와 592.5 DD이다. 이 값은 평균세대기간을 나타내는 것으로 알-알기간의 세대기간보다 다소 길어질 수 있다. 알-알 세대기간은 가장 빨리 진행되는 세대의 출현을 예측하는데 적용할 수 있는데 각각 10.1℃와 389.2 DD이다. 이 매개변수를 세대수 추정에 우선적으로 사용할 수 있다.

대기온도자료는 발견 또는 발생된 지점에서 가장 기후학적으로 가까이 있는 기상대의 기상자료를 이용한다. 기타 이동형 데이터 로거를 설치하여 현장의 온도를 직접 수집하고 그 값을 이용할 수도 있다. 일평균대기온도를 이용하여 적산온도를 계산하는데, 일 최고온도와 최저온도를 알고 있는 경우 평균온도[(최고+최저)/2]로 계산하여 사용한다.

일별 평균대기온도에서 발육영점온도 이상의 온도를 일유효온도라고 하며 따라서 단위는 일도(day degrees, DD)가 된다. 적산온도는 이 일유효온도를 누적하는 것이다. 즉 최종 발견일 다음날부터 적산온도를 계산하여 389.2 DD 되는 날이 1 세대가 완료되는 날이다(389.2 DD와 정확하게 일치하지 않는 경우는 이 적산온도 값을 초과하는 첫날을 1세대 완료일로 취급한다). 제공된 엑셀시트(사용법: 부록 1)를 이용하여 간편하게 계산할 수 있다.

겨울동안 조사 중지는 오리엔탈과실파리 의사결정 방법에 따른다. 단, 노지작물에서는 겨울동안 조사중지가 가능하지만 시설재배(특히 가온재배)의 작물은 상황에 따라 위험도를 평가하여 조사를 계속 실시한다.

2.2 월동사망률 추정

지중해과실파리 성충의 저온 치사온도는 Nyamukondiwa와 Terblanche (2009)이 보고하였다(표 3.8). 근육기능이 마비되는 온도를 임계온도로 취급하였으므로 일부 회복이 가능하다. 성충은 연령에 무관하게 5.66℃ 이하에서 활력을 완전히 잃고 사망에 도달할 수 있었다. 따라서 성충의 내한성을 기준으로 볼 때 국내환경에서 성충은 월동하기 어려웠으므로 유충을 대상으로 하는 평가를 적용한다.

표 3.8 성충 연령에 따른 치사 추정온도

구분	성충연령(일)				
	2	5	9	14	28
온도	5.96	6.32	6.28	5.66	6.53

[자료출처] Nyamukondiwa와 Terblanche (2009)

표 3.9 지중해과실파리 유충의 저온 검역처리기준(온도별 ≈ 100% 사망에 필요한 일수)

온도	단위사망률	처리기간	기주식물(국가)	참고문헌
-0.6	0.08333	12	orange (South Africa)	MAFF, 1996
0.5	0.07143	14	orange (Israel)	MAFF, 1996
1	0.06250	16	orange (Australia)	MAFF, 1996
1.1	0.07143	14	all	APHIS-PPQ, 2006
1.5	0.06250	16	orange (Israel)	MAFF, 1996
1.67	0.06250	16	all	APHIS-PPQ, 2006
2	0.05882	17	orange (Spain)	MAFF, 1996
2.2	0.05556	18	all	APHIS-PPQ, 2006

유충의 사망(100%)에 필요한 일수 자료를 이용하여 온도(x)와 유충사망속도(y) 간의 관계를 분석하면 y = −0.0093837 + 0.0769941으로 생존하한온도는 8.2℃, 사망에 필요한 저온총량은 106.6 DD가 된다. 이 자료를 이용하여 지중해과실파리(유충 기준)가 100% 사망하는 데 필요한 최저온도의 연속출현일수를 구할 수 있다. 다음에 제공된 엑셀시트를 이용하여 계산하고 대응 조치 운영시 참고자료로 활용한다.

표 3.10 지중해과실파리(유충기준)의 100% 사망에 필요한 최저온도 범위별 연속일수

온도범위	일사망률	생존일수	비고
3.0 < T	0.0	생존	생존으로 취급
T ≤ 3.0	0.048848	20	
T ≤ 1.0	0.067616	15	
T ≤ −1.0	0.086383	12	
T ≤ −2.0	0.095767	10	
T ≤ −5.0	0.123918	8	
T ≤ −7.0	0.142685	7	
T ≤ −9.0	0.161453	6	

부록 1 지중해과실파리 발생세대수 추정 엑셀시트 사용방법

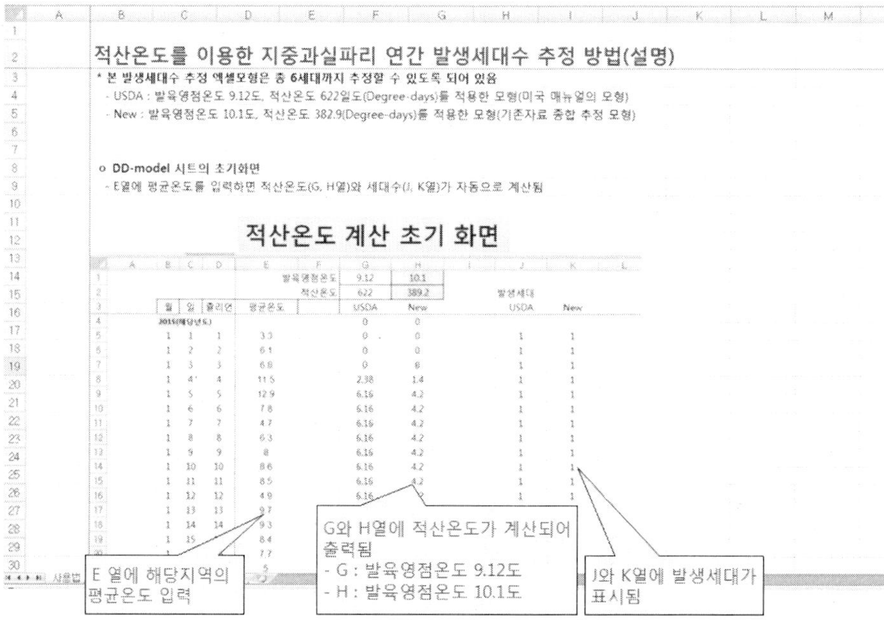

적산온도 계산 예제화면 1

	월	일	쥴리언	영점온도 / 적산온도	G	H	J	K
1				영점온도	9.12	10.1		
2				적산온도	622	389.2	발생세대	
3	월	일	쥴리언		USDA	New	USDA	New
260	9	13	256		2189.0	2000.9	4	6
261	9	14	257		2202.5	2013.4	4	6
262	9	15	258		2215.6	2025.6	4	6
263	9	16	259		2227.6	2036.6	4	6
264	9	17	260		2241.0	2049	4	6
265	9	18	261		2254.6	2061.6	4	6
266	9	19	262		2267.9	2073.9	4	6
267	9	20	263		2281.3	2086.4	4	6
268	9	21	264		0.0	0	1	1
269	9	22	265		14.8	13.8	1	1
270	9				28.0	26	1	1
271	9				41.7	38.8	1	1
272	9				55.8	51.9	1	1
273	9				70.0	65.1	1	1
274	9				83.8	77.9	1	1
275	9				98.3	91.4	1	1
276	9				113.1	105.	1	1
277	9	30	273		124.9	116.	1	1
278	10	1	274		139.4	129.	1	1
279	10	2	275		149.7	138.	1	1
280	10	3	276		161.7	149.	1	1
281	10	4	277		173.8	161.1	1	1

자동계산되는 것이므로 무시

• 2015년 9월 21 마지막 발견일 가정
• "0"를 입력
• 적산온도 계산이 다음날(9월 22일)부터 다시 시작됨

1세대 완료에 필요한 적산온도에 도달되지 않았으므로 "1세대로"로 출력되고 있음

적산온도 계산 예제화면 2

	B	C	D	F	G	H	J	K
1				영점온도	9.12	10.1		
2				적산온도	622	389.2	발생세대	
3	월	일	줄리언		USDA	New	USDA	New
299	10	22	295		362.0	331.6	1	1
300	10	23	296		372.1	340.7	1	1
301	10	24	297		382.4	350.1	1	1
302	10	25	298		392.3	359	1	1
303	10	26	299		402.3	368	1	1
304	10	27	300		411.1	375.8	1	1
305	10	28	301		418.8	382.5	1	1
306	10	29	302		426.8	389.6	1	2
307	10	30	303		432.2	394	1	2
308	10	31	304		436.2	397	1	2
309	11	1	305		440.1	399.9	1	2
310	11	2	306		445.2	404	1	2
311	11	3	307		450.8	408.7	1	2
312	11	4	308		459.1	416	1	2
313	11	5	309		469.0	424.9	1	2
314	11	6	310		479.6	434.5	1	2
315	11	7	311		490.7	444.6	1	2
316	11	8	312		500.3	453.3	1	2
317	11	9	313		507.1	459.1	1	2
318	11	10	314		512.2	463.2	1	2
319	11	11	315		518.2	468.2	1	2
320	11	12	316		526.6	475.6	1	2

USDA 모형은 1세대가 발생되고 있음

New 모형은 1세대가 완료되고 10월 29일부터 2세대가 출현하기 시작함

부록 2 지중해과실파리 월동사망률(유충) 추정 엑셀시트 사용방법

월동사망률 추정방법

	A	B	C	D	E	F	G	H	I	J	K	L	M	N	O	P	Q	R
2					3	10	1	8	-1	3	-2	3	-5	2	-7	0	-9	0
3		월	일	최저온도														
4	전년도	12월	1일	6.2	0	0	0	0	0	0	0	0	0	0	0	0	0	0
5	전년도	12월	2일	7.8	0	0	0	0	0	0	0	0	0	0	0	0	0	0
6	전년도	12월	3일	5.4	0	0	0	0	0	0	0	0	0	0	0	0	0	0
7	전년도	12월	4일	5.8	0	0	0	0	0	0	0	0	0	0	0	0	0	0
8	전년도	12월	5일	3.2	0	0	0	0	0	0	0	0	0	0	0	0	0	0
9	전년도	12월	6일	8.3	0	0	0	0	0	0	0	0	0	0	0	0	0	0
10	전년도	12월	7일	6.2	0	0	0	0	0	0	0	0	0	0	0	0	0	0
11	전년도	12월	8일	5.3	0	0	0	0	0	0	0	0	0	0	0	0	0	0
12	전년도	12월	9일	5.8	0	0	0	0	0	0	0	0	0	0	0	0	0	0
13	전년도	12월	10일	13.8	0	0	0	0	0	0	0	0	0	0	0	0	0	0
14	전년도	12월	11일	9.2	0	0	0	0	0	0	0	0	0	0	0	0	0	0
15	전년도	12월	12일	11.4	0	0	0	0	0	0	0	0	0	0	0	0	0	0
16	전년도	12월	13일	11.4	0	0	0	0	0	0	0	0	0	0	0	0	0	0
17	전년도	12월	14일	11.7	0	0	0	0	0	0	0	0	0	0	0	0	0	0
18	전년도	12월	15일	7.3	0	0	0	0	0	0	0	0	0	0	0	0	0	0
19	전년도	12월	16일	0.9	1	1	1	1	0	0	0	0	0	0	0	0	0	0
20	전년도	12월	17일	0.5		2	1	2	0	0	0	0	0	0	0	0	0	0
21	전년도	12월	18일	3.3	0	0	0	0	0	0	0	0	0	0	0	0	0	0
22	전년도	12월	19일	1.8	1		0	0	0	0	0	0	0	0	0	0	0	0
23	전년도	12월	20일	3.6	0		0	0	0	0	0	0	0	0	0	0	0	0
24	전년도	12월	21일	6.8	0			0	0	0	0	0	0	0	0	0	0	0
25	전년도	12월	22일	6.2								0	0	0	0	0	0	0
26	전년도	12월	23일	10.9								0	0	0	0	0	0	0
27	전년도	12월	24일	7.3								0	0	0	0	0	0	0
28	전년도	12월	25일	1.6								0	0	0	0	0	0	0
29	전년도	12월	26일	1.1								0	0	0	0	0	0	0
30	전년도	12월	27일	3.2								0	0	0	0	0	0	0

제주

임계온도	임계일수	실측일수	판정	해석
3	20	10	생존	임계온도 3에서 사망여부
1	15	8	생존	임계온도 1에서 사망여부
-1	12	3	생존	임계온도 -1에서 사망여부
-2	10	3	생존	임계온도 -2에서 사망여부
-5	8	2	생존	임계온도 -5에서 사망여부
-7	7	0	생존	임계온도 -7에서 사망여부
-9	6	0	생존	임계온도 -9에서 사망여부

* 3개 이상의 조건에서 사망이 발생하면 100% 사망으로 판정한다.

겨울철 일최저온도 입력 : 전년도 12월 1일부터 당해년도 2월 28일

임계온도별 생존 가능 임계일수를 나타낸다. 임계일수보다 더 많은 일수가 나타나면 사망으로 판단한다.

3개 이상의 조건에서 사망이 발생하면, 100% 사망으로 판정한다.

3 퀸즐랜드과실파리 발생예찰

3.1 발생세대수 추정

곤충은 전형적인 변온동물로 온도에 따라 발육이 좌우된다. 알, 유충 및 성충의 생식발육은 대기온도에 의해 영향을 받으며, 다만 번데기 단계는 토양 내에서 경과함으로 토양온도의 지배를 받는다. 따라서 발육을 진행할 수 있는 최저온도의 개념인 발육영점온도와 발육완료에 필요한 총 온량을 적산하여(적산온도, degree-days, DD) 생활사의 경과를 예측할 수 있다.

지금까지 퀸즐랜드과실파리에 대한 온도발육자료는 찾기 힘들다. 기존의 부분적인 자료를 매개변수화하여 추정한 각 발육단계별 발육영점온도와 적산온도는 알 11.1℃ 26.2 DD, 유충 10.0℃ 164 DD, 번데기 11.2℃ 163 DD, 산란전기간 12.3℃ 92.6 DD로 보고되었다(Yonow 등, 2004).

표 3.11 퀸슬랜드과실파리 발육단계별 발육영점온도 및 발육완료에 필요한 적산온도

발육단계		발육영점온도 (℃)	적산온도 (DD)	회귀 추정식	참고문헌
알		11.1	26.2	y = 0.0382x − 0.4229	Yonow 등 (2004)
유충		10.0	163.9	y = 0.0061x − 0.0609	
용		11.1	163.9	y = 0.0061x − 0.0680	
산란전성충		12.3	92.6	y = 0.0108x − 0.1330	
알-알 기간	Kean-모형	11.1	446.6		Kean (2015)
	Meats-모형	10.0	481.1		Meats (1981)
	Fitt-모형	11.0	602.0		Fitt (1990)

퀸즐랜드과실파리의 세대수 추정모형과 관련하여 USDA 긴급대응 매뉴얼에서는 알-성충 발육영점온도 11.5℃, 산란전 성충 발육영점온도 13.0℃를 적용하여 총 753.4 DD를 제시하였다. 이 모형은 두 단계로 적산온도를 계산해야하는 불편이 있다. Kean (2015)은 Yonow 등(2004)의 개체군 모형에 사용된 알, 유충, 용, 산란전기간의 온도발육선형모형을 토대로 알-알 기간(세대기간)을 추정하여 발육영점온도 11.1℃와 적산온도 446.6 DD를 제시하였다. 또한 Meats (1981)는 비선형 발육모형을 기반으로 발육영점온도 10.0℃와 적산온도 481.1 DD를 제시한바 있다. 기타 Fitt (1990)는 25℃에서 수행한 생명표 통계량을 바탕으로 알-알(중앙값) 기간 완료에 필요한 발육영점온도 11.0℃와 적산온도 602.0 DD를 보고하였다.

문헌적 근거와 검증된 자료를 기반으로 추정한 Kean-모형이 퀸즐랜드과실파리 세대수 추정에 우선적으로 사용할 수 있다.

대기온도자료는 발견 또는 발생된 지점에서 가장 기후학적으로 가까이 있는 기상대의 기상자료를 이용한다. 기타 이동형 데이터 로거를 설치하여 현장의 온도를 직접 수집하고 그 값을 이용할 수도 있다. 일평균대기온도를 이용하여 적산온도를 계산하는데, 일최고온도와 최저온도를 알고 있는 경우 평균온도[(최고+최저)/2]로 계산하여 사용한다.

일별 평균대기온도에서 발육영점온도 이상의 온도를 일유효온도라고 하며 따라서 단위는 일도(day degrees, DD)가 된다. 적산온도는 이 일유효온도를 누적하는 것이다. 즉 최종 발견일 다음날부터 적산온도를 계산하여 446.6 DD되는 날이 1 세대가 완료되는 날이다(446.6 DD와 정확하게 일치하지 않는 경우는 이 적산온도 값을 초과하는 첫날을 1세대 완료일로 취급한다). 제공된 엑셀시트(사용법: 부록 1)를 이용하여 간편하게 계산할 수 있다. Kean-모형과 Meats-모형을 제공하였으며 Kean-모형을 우선적으로 사용한다.

발생세대수 추정을 하는 동안 겨울철과 만나는 경우 적산온도가 누적되지 않기 때문에 진행되고 있는 세대가 다음연도로 넘어가서 완료될 수 있다. 이런 경우 현장조사 활동은 발생세대수가 아닌 평균 대기온도를 기준으로 결정한다.

퀸즐랜드과실파리 성충은 평균 14℃ 이하의 온도가 1 주일 정도 지속되면 난소가 발육하지 못하여 생식이 정지되고, 생식을 재개하려면 13℃이상으로 온도가 회복되어야 한다. 온도가 회복되면 다시 산란전기간에 필요한 적산온도 경과후 산란을 시작한다. 평균 온도가 13℃ 이하로 몇 주가 지속되면 미성숙 발육단계(알, 유충, 번데기)는 100% 사망한다. 평균온도가 -4℃ 이하에서 4~5일 지속되어도 모든 미성숙 발육단계는 사망한다(Jeffrey, 1990). 기타 Yonow 등(2004)은 최고온도 18℃ 이하가 연속 5일 경과시 월동처로 이동하고, 18℃ 이상온도가 연속 4일 지속되면 활동을 재개하는 것으로 개체군 모형을 작성하였다.

온도에 따른 퀸즐랜드과실파리의 생식반응에 따라 평균온도 14℃ 이하의 일수가 7일 계속되면 트랩조사를 중단한다. 다음해 13℃ 이상 평균온도가 4일 이상 지속되면 조사를 재개한다. 단, 노지작물에서는 겨울동안 조사중지가 가능하지만 시설재배(특히 가온재배)의 작물은 상황에 따라 위험도를 평가하여 조사를 계속 실시한다.

3.2 월동사망률 추정

퀸즐랜드과실파리 성충의 월동기간 중 사망에 관여하는 요인은 온도(저온), 강우, 토양수분 등 다양한 요인이 관여하는 것으로 알려져 있다. 국내환경에서는 겨울철 강우는 빈번한 현상이 아니고 토양수분도 극단적이지 않기 때문에 온도조건이 사망에 관여하는 주요인으로 취급할 수 있다.

퀸즐랜드과실파리는 겨울철 서식환경이 악화되면 성충이 은신처로 이동하여 월동하는 것으로 보고되어 있으며(Yonow 등, 2004), 따라서 성충 상태로 월동이 가능하다. 이에 따라 온도에 따른 성충의 사망률(단위사망률 즉 일별사망률)은 Yonow 등(2004)이 제시한 온도의존성충사망률을 이용하여 추정할 수 있다. 이 온도별 사망률 관계식은 산란전 성충을 기준으로 작성한 것이나 모든 성충의 발육상태에 적용하였다.

- 온도(Tc)가 −2℃ 이하인 조건: 사망률 = −0.07 × 온도−0.131
- 온도(Tc)가 36℃ 이상인 조건: 사망률 = 0.125 × 온도−4.5
- 온도(Tc)가 −2℃ 이상이면 사망률은 '0'으로 간주

Yonow의 식에 따라 사망이 발생하는 온도를 '생존하한온도'로 정의하였고(추정온도 −1.0℃), 온도가 감소하여 1일 이내 사망하는 저온 치사온도는 −16.2℃로 추정되었다. 최종적으로 Yonow의 온도의존성충사망률 관계식을 이용하여 온도범위별 연속출현일수에 따른 월동생존율을 추정할 수 있다.

제시된 표에서 "온도범위 T≤−3.0"와 "생존일수 13일"은 영하 −3도시(최조기온) 되는 날이 13일 연속되는 경우 사망으로 간주한다는 것을 의미한다. 겨울철인 전년도 12월 1일부터 다음해 2월 28일까지 일별 최저기온을 이용하여 온도범위별 출현일수를 계산할 수 있다.

부록으로 제공된 엑셀시트(부록 2)를 이용하여 계산하고 대응조치 운영시 참고자료로 활용한다.

표 3.12 퀸즐랜드과실파리 성충의 100% 사망에 필요한 온도 범위별 연속일수

온도범위	일사망률	생존일수
−3.0 < T	0.0	생존
T ≤ −3.0	0.079	13
T ≤ −4.0	0.149	7
T ≤ −5.0	0.219	5
T ≤ −6.0	0.289	4
T ≤ −7.0	0.359~0.499	3
T ≤ −10.0	0.569~0.9	2
T ≤ −17.0	1.0	1

부록 1 퀸즐랜드과실파리 발생세대수 추정 엑셀시트 사용방법

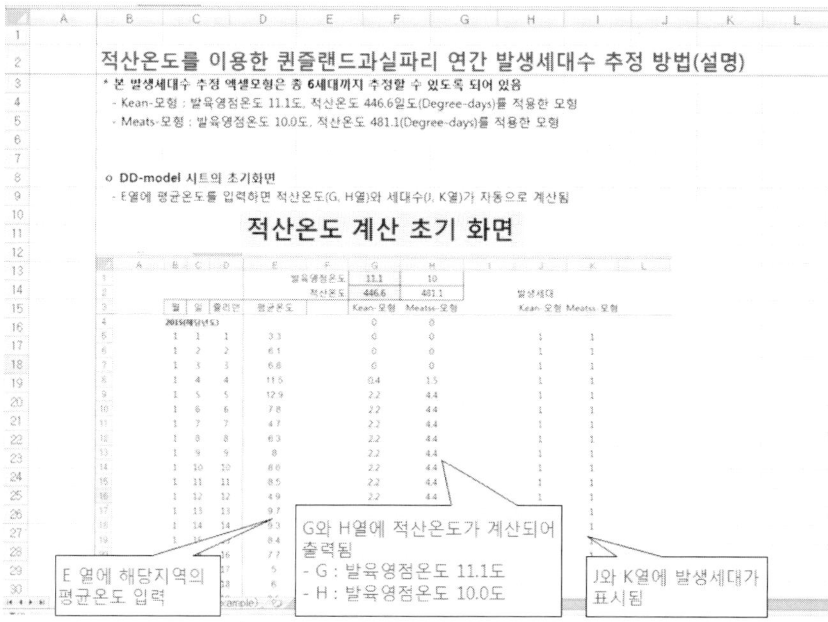

적산온도 계산 예제화면 1

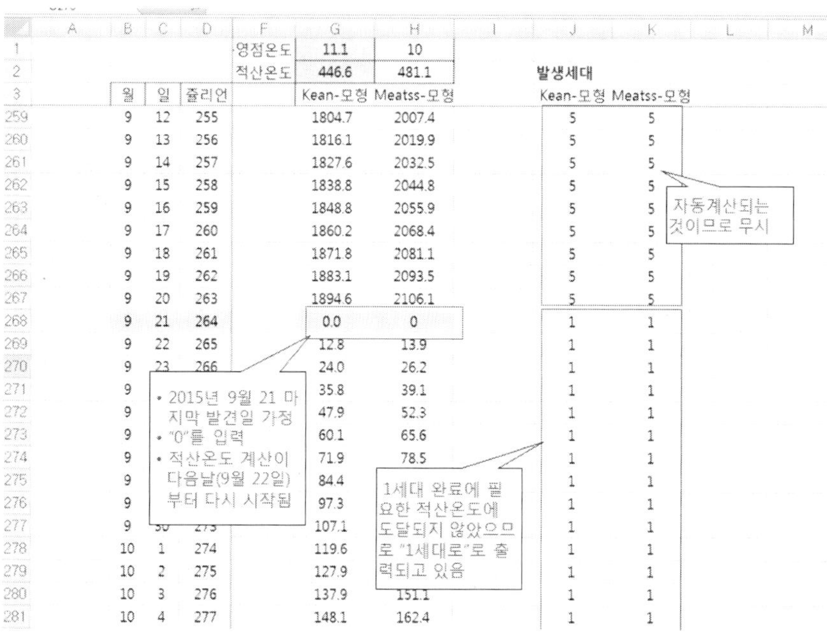

	월	일	줄리언		G	H	J	K
1				영점온도	11.1	10		
2				적산온도	446.6	481.1	발생세대	
3	월	일	줄리언		Kean-모형	Meatss-모형	Kean-모형	Meatss-모형
259	9	12	255		1804.7	2007.4	5	5
260	9	13	256		1816.1	2019.9	5	5
261	9	14	257		1827.6	2032.5	5	5
262	9	15	258		1838.8	2044.8	5	5
263	9	16	259		1848.8	2055.9	5	5
264	9	17	260		1860.2	2068.4	5	5
265	9	18	261		1871.8	2081.1	5	5
266	9	19	262		1883.1	2093.5	5	5
267	9	20	263		1894.6	2106.1	5	5
268	9	21	264		0.0	0	1	1
269	9	22	265		12.8	13.9	1	1
270	9	23	266		24.0	26.2	1	1
271	9				35.8	39.1	1	1
272	9				47.9	52.3	1	1
273	9				60.1	65.6	1	1
274	9				71.9	78.5	1	1
275	9				84.4		1	1
276	9				97.3		1	1
277	9	30	273		107.1		1	1
278	10	1	274		119.6		1	1
279	10	2	275		127.9		1	1
280	10	3	276		137.9	151.1	1	1
281	10	4	277		148.1	162.4	1	1

적산온도 계산 예제화면 2

R327

	A	B	C	D	F	G	H	I	J	K	L
1					영점온도	11.1	10				
2					적산온도	446.6	481.1		발생세대		
3		월	일	줄리언		Kean-모형	Meatss-모형		Kean-모형	Meatss-모형	
316		11	8	312		405.3	458.1		1	1	
317		11	9	313		410.1	464		1	1	
318		11	10	314		413.2	468.2		1	1	
319		11	11	315		417.2	473.3		1	1	
320		11	12	316		423.6	480.8		1	1	
321		11	13	317		430.0	488.3		1	2	
322		11	14	318		436.0	495.4		1	2	
323		11	15	319		440.9	501.4		1	2	
324		11	16	320		447.5	509.1		2	2	
325		11	17	321		453.9	516.6		2	2	
326		11	18	322		459.0	522.8		2	2	
327		11	19	323		463.1	528		2	2	
328		11	20	324		467.5	533.5		2	2	
329		11	21	325		472.1	539.2		2	2	
330		11	22	326		477.9	546.1		2	2	
331		11	23	327		483.3	552.6		2	2	
332		11	24	328		485.8	556.2		2	2	
333		11	25	329		485.8	557.1		2	2	
334		11	26	330		485.8	557.1		2	2	
335		11	27	331		485.8	557.1		2	2	
336		11	28	332		485.8	557.6		2	2	
337		11	29	333		486.8	559.7		2	2	
338		11	30	334		488.6	562.6		2	2	

Kean 모형은 11월 6일부터 2세대가 발생되고 있음

Measts 모형은 11월 13일부터 2세대가 출현하기 시작함

부록 2 퀸즐랜드과실파리 월동사망률(유충) 추정 엑셀시트 사용방법

월동사망률 추정방법

	A	B	C	D	E	F	G	H	I	J	K	L	M	N	O	P	Q	R
1																		
2					-3	2	-4	2	-5	2	-6	1	-7	0	-10	0	-17	0
3		월	일	최저온도														
4	전년도	12월	1일	6.2	0	0	0	0	0	0	0	0	0	0	0	0	0	0
5	전년도	12월	2일	7.8	0	0	0	0	0	0	0	0	0	0	0	0	0	0
6	전년도	12월	3일	5.4	0	0	0	0	0	0	0	0	0	0	0	0	0	0
7	전년도	12월	4일	5.8	0	0	0	0	0	0	0	0	0	0	0	0	0	0
8	전년도	12월	5일	3.2	0	0	0	0	0	0	0	0	0	0	0	0	0	0
9	전년도	12월	6일	8.3	0	0	0	0	0	0	0	0	0	0	0	0	0	0
10	전년도	12월	7일	6.2	0	0	0	0	0	0	0	0	0	0	0	0	0	0
11	전년도	12월	8일	5.3	0	0	0	0	0	0	0	0	0	0	0	0	0	0
12	전년도	12월	9일	5.8	0	0	0	0	0	0	0	0	0	0	0	0	0	0
13	전년도	12월	10일	13.8	0	0	0	0	0	0	0	0	0	0	0	0	0	0
14	전년도	12월	11일	9.2	0	0	0	0	0	0	0	0	0	0	0	0	0	0
15	전년도	12월	12일	11.4	0	0	0	0	0	0	0	0	0	0	0	0	0	0
16	전년도	12월	13일	11.4	0	0	0	0	0	0	0	0	0	0	0	0	0	0
17	전년도	12월	14일	11.7	0	0	0	0	0	0	0	0	0	0	0	0	0	0
18	전년도	12월	15일	7.3	0	0	0	0	0	0	0	0	0	0	0	0	0	0
19	전년도	12월	16일	0.9	0	0	0	0	0	0	0	0	0	0	0	0	0	0
20	전년도	12월	17일	0.5	0	0	0	0	0	0	0	0	0	0	0	0	0	0
21	전년도	12월	18일	3.3	0	0	0	0	0	0	0	0	0	0	0	0	0	0
22	전년도	12월	19일	1.8	0	0	0	0	0	0	0	0	0	0	0	0	0	0
23	전년도	12월	20일	3.6														

사용법 | 계산시트

제주

임계온도	임계일수	실측일수	판정	해석
-3	13	2	생존	임계온도 -3에서 사망(
-4	7	2	생존	임계온도 -4에서 사망(
-5	5	2	생존	임계온도 -5에서 사망(
-6	4	1	생존	임계온도 -6에서 사망(
-7	3	0	생존	임계온도 -7에서 사망(
-10	2	0	생존	임계온도 -10에서 사망
-17	1	0	생존	임계온도 -17에서 사망

* 3개 이상의 조건에서 사망이 발생하면 100% 사망으로 판정한다.

임계온도별 생존 가능 임계일수를 나타낸다. 임계일수보다 더 많은 일수가 나타나면 사망으로 판단한다.

3개 이상의 조건에서 사망이 발생하면, 100% 사망으로 판정한다.

겨울철 일최저온도 입력 : 전년도 12월 1일부터 당해년도 2월 28일

4 복숭아과실파리 발생예찰

4.1 발생세대수 추정

복숭아과실파리는 10℃ 이상온도에서는 연중 발생할 수 있고, 35℃ 이상 온도 또는 야간에는 활동하지 못한다. 성충은 주로 아침에 꽃꿀(nectar), 수액(plant sap), 부패과실을 섭식한다. 번데기로부터 주로 아침에 성충으로 우화하며 성적성숙이 되기 위해서는 10~16 일이 소요된다. 성충은 주로 어린 과실에 산란하는데 과실 껍질에 구멍을 내고 한번에 3~9 개의 알을 낳는다. 최적온도는 25~30℃이며 15℃ 이하에서는 잘 발육하지 못한다(Qureshi 등, 1993). 다 자란 유충은 땅으로 떨어져서 토양 내에서 번데기로 된다. 번데기는 여름철에는 4 주, 겨울철에는 6 주 정도가 소요된다. 복숭아과실파리는 휴면이 필요한 지역에서는 번데기로 월동한다(CABI, 2017b). 발육영점온도와 유효적산온도는 해충의 온도에 따른 발육기간 자료를 이용하여 추정할 수 있다. 현재 이용 가능한 복숭아과실파리의 온도발육자료는 표 3.13과 같다.

표 3.13 복숭아과실파리의 발육과 온도와의 관계

온도	발육기간			성충					인용문헌
	알	유충	용	산란전 기간	산란 기간	산란후 기간	암컷 수명	총산란	
15	9.5	27.25	36						Ali, 2016
15	10.17	30	53	.					Duyck 등, 2004
15	10.33	26.2							Elnagar 등, 2010
16.8			10	32					Shehata 등, 2008
17.6				21					Shehata 등, 2008
20	5.75	13	16						Ali, 2016
20	3.46	10	20	.					Duyck 등, 2004
20	4.2	14.8							Elnagar 등, 2010
20	11.3	33.7	47.67	27.67	67.33	12.33	107.33		Fetoh 등, 2012
20	4.5	14.2	14.01	29.4				24.6	Younes와 Akel, 2010
21.1			10	27					Shehata 등, 2008
22.1			9	25					Shehata 등, 2008
22.7			7	21					Shehata 등, 2008
25	3	8	11						Ali, 2016

25	2.04	5	10	24					Duyck 등, 2004
25	2.32	8.47							Elnagar 등, 2010
25	6.3	24.3	14.33	18	55	8	81		Fetoh 등, 2012
25	3.18	10.3	9.5	22.8				186	Younes와 Akel, 2010
26.6			7	21					Shehata 등, 2008
28.2			8	18					Shehata 등, 2008
29.7			6	18					Shehata 등, 2008
29.8			6	18					Shehata 등, 2008
30	2	4.5	8						Ali, 2016
30	1.42	4	8	13					Duyck 등, 2004
30	1.69	5.35							Elnagar 등, 2010
30	3	16.7	7.8	12.33	34.33	6	52.67		Fetoh 등, 2012
30	2.4	7.75	7.01	20.4				96.1	Younes와 Akel, 2010
35	1.54	4	8	.					Duyck 등, 2004
35	1.52	4.8							Elnagar 등, 2010
35	2.5	10.3	6.67	8	18	4.67	30.67		Fetoh 등, 2012
35	2	7.01	5.81	17.8				87.8	Younes와 Akel, 2010
40	1.02	5.02							Elnagar 등, 2010
40	1.8	6.7	.	.	.	.	.		Fetoh 등, 2012

기존 보고된 모든 자료를 종합하여 각 발육단계의 발육영점온도와 유효적산온도를 추정하면 표 3.14와 같다. 이 자료는 포장에서 예찰 작업시 특정 발육단계의 발육완료를 추정하는데 활용할 수 있다.

‖ 표 3.14 ‖ 복숭아과실파리 발육단계별 발육영점온도 및 발육완료에 필요한 적산온도

발육단계	온도발육 선형모형			발육영점온도 (℃)	적산온도 (DD)
	회귀식(y : 발육율, x : 온도)	df	r^2		
알	y = 0.0266x - 0.2870	19	0.81	10.8	37.6
유충	y = 0.0082x - 0.0817	19	0.77	9.9	121.7
번데기	y = 0.0071x - 0.0716	21	0.85	10.2	141.8
알-알기간	y = 0.0174x - 0.0129	7	0.76	10.6	608.2

복숭아해과실파리 박멸과정에서 최종발견 후 발생 세대수에 따라서 대응조치를 달리하게 되는데, 세대수는 세대기간(알-알기간) 완료에 필요한 발육영점온도와 유효적산온도를 이용하여 추정할 수 있다.

FAO/IAEA (2000)에서는 대기온도를 이용하는 경우 12.2℃, 토양온도를 이용하는 경우 9.4℃로 발육영점온도를 적용하고, 세대기간은 적산온도가 344 DD 누적시 완료되는 것으로 제시하고 있다. 또한 미국 USDA 매뉴얼(Jeffrey, 1988)에는 같은 발육영점온도에서 620 DD를 제시하였다. 이들 모형은 차이가 커서 논리적으로 설명하기 힘들다.

기존자료를 종합하여 추정한 알-알 세대기간 완료에 필요한 적산온도는 발육영점온도 10.6℃에서 608.2 DD로 나타났다. 이 매개변수를 세대수 추정에 우선적으로 사용할 수 있다.

대기온도자료는 발견 또는 발생된 지점에서 가장 기후학적으로 가까이 있는 기상대의 기상자료를 이용한다. 기타 이동형 데이터 로거를 설치하여 현장의 온도를 직접 수집하고 그 값을 이용할 수도 있다. 일평균대기온도를 이용하여 적산온도를 계산하는데, 일최고온도와 최저온도를 알고 있는 경우 평균온도[(최고+최저)/2]로 계산하여 사용한다.

일별 평균대기온도에서 발육영점온도 이상의 온도를 일유효온도라고 하며 따라서 단위는 일도(day degrees, DD)가 된다. 적산온도는 이 일유효온도를 누적하는 것이다. 즉 최종 발견일 다음날부터 적산온도를 계산하여 608.2 DD 되는 날이 1 세대가 완료되는 날이다(608.2 DD와 정확하게 일치하지 않는 경우는 이 적산온도 값을 초과하는 첫날을 1 세대 완료일로 취급한다). 제공된 엑셀시트(사용법 : 부록 1)를 이용하여 간편하게 계산할 수 있다.

겨울동안 조사 중지는 오리엔탈과실파리 의사결정 방법에 따른다. 단, 노지작물에서는 겨울동안 조사중지가 가능하지만 시설재배(특히 가온재배)의 작물은 상황에 따라 위험도를 평가하여 조사를 계속 실시한다.

4.2 월동사망률 추정

복숭아과실파리는 열대지역 해충으로 극단적인 추위에는 생존이 불가능하다. 그러나 온대 내지 중위(mesothermal) 기후대로 취급되는 가장 추운 달의 평균온도가 0℃이상 18℃이하이고, 가장 더운 달의 평균온도가 10℃ 이상 지역에서 내성을 갖고 있고(tolerance 정착가능), 건조온난기후대인 따뜻한(계절) 평균온도 10℃ 이상과 추운(계절) 평균온도 0℃ 이상 지역에서 서식 가능한 것으로 보고되었다(CABI, 2017b). 한편 Ni 등 (2012)은 클라멕스 모형을 적용하면서 평균온도 2.0℃ 이하에서 주 당 -0.008의 저온 스트레스를 적용하였다. 이 조건은 아열대와 온대 기후에서 겨울철 복숭아과실파리가 충분히 생존할 수 있는 상황을 나타낸다.

번데기 상태로 월동 가능한(CABI, 2017b) 복숭아과실파리는 날씨가 더 서늘한 인도 북부에서 오리엔탈과실파리보다 우점하고 있으며(Agarwal과 Kapoor, 1986), 인도 비하르(Bihar) 지역에서는 오리엔탈과실파리보다 발생량이 3.38배 높다(Agarwal 등, 1999). 반면, 인도 남부지역에서는 오리엔탈과실파리가 우점하고 있다. 프랑스령인 레위니옹(프랑스령, Reunion)에서는 1991년 복숭아과실파리 첫 검출 후 지중해과실파리를 대체하고 있는 것으로 나타났다(Duyck 등, 2006). 복숭아과실파리는 이집트 따뜻한 기후에도 잘 적응하여 지중해과실파리 보다 우점하고 있다(Elnagar 등, 2010).

종합적으로 판단하면 복숭아과실파리는 고온에 잘 적응하고 있는 종임에도 불구하고, 적어도 우리나라 제주도와 남해안에서 월동이 가능한 것으로 보이며, 긴급조치 실행이 이러한 점에 대한 고려가 필요하다.

부록 1 복숭아과실파리 발생세대수 추정 엑셀시트 사용방법

적산온도 계산 초기 화면

R15

	B	C	D	E	F	G	H	J	K
1					발육영점온도	12.2	10.6		
2					적산온도	620	608.2	발생세대	발생세대
3	월	일	줄리언	평균온도		USDA	New	USDA	New
4	2015(해당년도)					0	0		
5	1	1	1	3.3		0	0	1	1
6	1	2	2	6.1		0	0	1	1
7	1	3	3	6.8		0	0	1	1
8	1	4	4	11.5		0	0.9	1	1
9	1	5	5	12.9		0.7	3.2	1	1
10	1	6	6	7.8		0.7	3.2	1	1
11	1	7	7	4.7		0.7	3.2	1	1
12	1	8	8	6.3		0.7	3.2	1	1
13	1	9	9	8		0.7	3.2	1	1
14	1	10	10	8.6		0.7	3.2	1	1
15	1	11	11	8.5		0.7	3.2	1	1
16	1	12	12	4.9		0.7	3.2	1	1
17	1	13	13	9.7		0.7	3.2	1	1
18	1	14	14	9.3		0.7	3.2	1	1
19	1	15	15	8.4		0.7	3.2	1	1
20	1	16	16	7.7		0.7	3.2	1	1
21	1	17	17	5		0.7	3.2	1	1
22	1	18	18	6		0.7	3.2	1	1
23				8.5		0.7	3.2	1	1
24				6.9				1	1
25				9.2				1	
26	1	22	22	7.6				1	
27	1	23	23	6.9				1	
28	1	24	24	8				1	1
29	1	25	25	11.6		0.7	4.2	1	1

E 열에 해당지역의 평균온도 입력

G와 H열에 적산온도가 계산되어 출력됨
- G : 발육영점온도 12.2도
- H : 발육영점온도 10.6도

J와 K열에 발생세대가 표시됨

사용법 / DD-model / DD-model (example)

적산온도 계산 예제화면 1

R274

	B	C	D	F	G	H	J	K
1				영점온도	12.2	10.6		
2				적산온도	620	608.2	발생세대	
3	월	일	줄리언		USDA	New	USDA	New
260	9	13	256		1620.0	1907.6	3	4
261	9	14	257		1630.4	1919.6	3	4
262	9	15	258		1640.5	1931.3	3	4
263	9	16	259		1649.4	1941.8	3	4
264	9	17	260		1659.7	1953.7	3	4
265	9	18	261		1670.2	1965.8	3	4
266	9	19	262		1680.4	1977.6	3	4
267	9	20	263		1690.8	1989.6	3	4
268	9	21	264		0.0	0	1	1
269	9	22	265		11.7	13.3	1	1
270	9				21.8	25	1	1
271	9				32.5	37.3	1	1
272	9				43.5	49.9	1	1
273	9				54.6	62.6	1	1
274	9				65.3	74.9	1	1
275	9				76.7		1	1
276	9				88.5		1	1
277	9	30	273		97.2		1	1
278	10	1	274		108.6		1	1
279	10	2	275		115.8		1	1
280	10	3	276		124.7	143.9	1	1
281	10	4	277		133.8	154.6	1	1
282	10	5	278		142.5	164.9	1	1

자동계산되는 것이므로 무시

- 2015년 9월 21 마지막 발견일 가정
- "0"를 입력
- 적산온도 계산이 다음날(9월 22일)부터 다시 시작됨

1세대 완료에 필요한 적산온도에 도달되지 않았으므로 "1세대로"로 출력되고 있음

사용법 / DD-model / DD-model (example)

적산온도 계산 예제화면 2

	B	C	D	F	G	H	J	K
1				영점온도	12.2	10.6		
2				적산온도	620	608.2	발생세대	
3	월	일	줄리언		USDA	New	USDA	New
446	3	16	76		449.8	591.9	1	1
447	3	17	77		452.6	596.3	1	1
448	3	18	78		455.7	601	1	1
449	3	19	79		455.9	602.8	1	1
450	3	20	80		455.9	603.3	1	1
451	3	21	81		456.1	605.1	1	1
452	3	22	82		456.1	605.7	1	1
453	3	23	83		456.1	605.7	1	1
454	3	24	84		456.1	605.7	1	1
455	3	25	85		456.1	605.7	1	1
456	3	26	86		456.1	605.7	1	1
457	3	27	87		456.1	605.7	1	1
458	3	28	88		457.0	608.2	1	2
459	3	29	89		459.5	612.3	1	2
460	3	30	90		462.0	[illegible]	1	2
461	3	31	91		463.7	[illegible]	1	2
462	4	1	92		465.9	[illegible]	1	2
463	4	2	93		470.0	[illegible]	1	2
464	4	3	94		473.4	[illegible]	1	2
465	4	4	95		474.5	[illegible]	1	2
466	4	5	96		476.1	640.1	1	2
467	4	6	97		479.0	644.6	1	2
468	4	7	98		481.7	648.9	1	2

USDA 모형은 1세대가 계속 발생되고 있음

New 모형은 1세대가 완료되고 다음해 3월 28일부터 2세대가 출현하기 시작함

5 오이과실파리 발생예찰

5.1 발생세대수 추정

곤충은 전형적인 변온동물로 온도에 따라 발육이 좌우된다. 알, 유충 및 성충의 생식발육은 대기온도에 의해 영향을 받으며, 다만 번데기 단계는 토양 내에서 경과함으로 토양온도의 지배를 받는다. 따라서 발육을 진행할 수 있는 최저온도의 개념인 발육영점온도와 발육완료에 필요한 총 온량을 적산하여(적산온도, degree-days, DD) 생활사의 경과를 예측할 수 있다. 기존에 알려진 오이과실파리의 발육영점온도는 8.1℃이다(Keck, 1951). 알의 발육영점온도와 발육상한 온도는 각각 11.4와 36.4℃로 보고되어 있다(Messenger과 Flitters, 1958). 기타 발육영점온도는 유충 12℃, 용 14℃이며, 발육 상한 온도는 각각 34~40℃, 34℃, 32~35℃로 (Robinson과 Hooper, 1989) 보고하고 있으나 과거자료를 기반으로 하고 있다.

발육영점온도와 유효적산온도는 해충의 온도에 따른 발육기간 자료를 이용하여 추정할 수 있다. 실험지역 및 기주식물에 따라 다소 발육기간과 산란수에 차이가 있으며, 이 자료를 종합하여 오이과실파리 각 발육단계별 발육영점온도와 적산온도를 추정한 결과는 표 3.16에 제시되어 있다. 이 자료는 포장에서 예찰 작업시 특정 발육단계의 발육완료를 추정하는데 활용할 수 있다.

오이과실파리 박멸과정에서 최종발견 후 발생 세대수에 따라서 대응조치를 달리하게 되는데, 세대수는 세대기간 완료에 필요한 발육영점온도와 유효적산온도를 이용하여 추정할 수 있다. 기존자료를 종합하여 추정한 값은 생명표 통계량의 세대기간을 기준으로 했을 때 각각 8.7℃와 720.9 DD이다. 이 값은 평균세대기간을 나타내는 것으로 알-알기간의 세대기간보다 다소 길어질 수 있다. 알-알 세대기간은 가장 빨리 진행되는 세대의 출현을 예측하는데 적용할 수 있는데 각각 9.8℃와 562.5 DD이다. 이 매개변수를 세대수 추정에 우선적으로 사용할 수 있다.

대기온도자료는 발견 또는 발생된 지점에서 가장 기후학적으로 가까이 있는 기상대의 기상자료를 이용한다. 기타 이동형 데이터 로거를 설치하여 현장의 온도를 직접 수집하고 그 값을 이용할 수도 있다. 일평균대기온도를 이용하여 적산온도를 계산하는데, 일최고온도와 최저온도를 알고 있는 경우 평균온도[(최고+최저)/2]로 계산하여 사용한다.

▌표 3.15▌ 오이과실파리의 발육과 온도와의 관계

온도	발육기간			성충수명 및 산란수				생명표 통계량		참고문헌
	알	유충	용	산란전	암컷 수명	수컷 수명	총산란	r_m	T	
15	4	13.5	26.7							Vayssieres 등.,2008
15	N	N	N							Vayssieres 등, 2008
15	N	N	N							Vayssieres 등, 2008
15	3.76	20.7	34.6	54.05	68.47		124.16	−0.0005	113.1	Jiang, 2005
18.5	2.0	9.1	19.5	53.5	232.7	399.8	199.2	0.034	105.1	Vargas 등, 2000
20.0	2.1	6.7	16.3							Vayssieres 등, 2008
20.0	2.1	7.3	16.3							Vayssieres 등, 2008
20.0	2.1	7.5	16.3							Vayssieres 등, 2008
20	1.66	10.7	19.5	28.42	83.5		529.31	0.0666	60.32	Jiang, 2005
23.5	1.0	6.2	12.0	20.7	107.6	180.6	448.3	0.074	55.8	Vargas 등, 2000
24.0	1.0	6.3	11.9	43.2	159.0	221.0	236.5	0.053	72.7	Vargas 등, 2000
25.0	1.3	4.7	11.3	10.0	182.0	178.0				Vayssieres 등, 2008
25.0	1.3	4.5	12.7	12.0	237.0	219.0				Vayssieres 등, 2008
25.0	1.3	4.7	11.0	10.6	217.0	147.0				Vayssieres 등, 2008
25	1.25	7.1	10.7	14.06	93.5		1002.62	0.0822	33.12	Jiang, 2005
25			7.7	8	57.8	84	341.8	0.1446	34.2	Huang과 Chi, 2012
25			9.9	9.6	77.7	73.5	522.1	0.1412	36.5	Huang과 Chi, 2012
25			9.8	28	55.4	50.1	137.5	0.0688	56.1	Huang과 Chi, 2012
25	1.3	3.8	9					0.1083	39.6	Yang 등, 1994
29.5	1.0	4.9	8.8	15.6	109.0	109.9	360.9	0.075	41.5	Vargas 등, 2000
30	1.0	3.6	8.7							Vayssieres 등, 2008
30	1.0	4.4	9.0							Vayssieres 등, 2008
30	1.0	3.6	9.0							Vayssieres 등, 2008
30	0.91	6.68	7.66	12.79	88.45		878.41	0.0841	28.04	Jiang, 2005
35	1.04	6.92	9.85	13.15	80.96		719.46	0.0415	30.96	Jiang, 2005

▌표 3.16▌발육단계별 발육영점온도 및 발육완료에 필요한 적산온도

발육 단계	온도발육 선형모형			발육영점온도 (℃)	적산온도 (DD)
	회귀식(y : 발육율, x : 온도)	df	r^2		
알	y = 0.05078x − 0.49140	18	0.98	9.7	19.7
유충	y = 0.01122x−0.09469	18	0.68	8.4	89.1
번데기	y = 0.00589x−0.05448	21	0.85	9.2	169.7
알-알기간	y = 0.00178x−0.01748	9	0.98	9.8	562.5
세대기간	y = 0.00139x−0.012002	3	0.66	8.7	720.9

일별 평균대기온도에서 발육영점온도 이상의 온도를 일유효온도라고 하며 따라서 단위는 일도(day degrees, DD)가 된다. 적산온도는 이 일유효온도를 누적하는 것이다. 번데기의 경우 토양에서 존재하기 때문에 토양온도가 필요하지만 생육기에는 대기 온도와 큰 차이가 없으므로 대기온도 만을 이용하여 세대완료를 추정할 수 있다. 최종 발견일 다음날부터 적산온도를 계산하여 562.5 DD (발육영점온도 9.8℃ 적용) 되는 날이 1 세대가 완료되는 날이다(562.5 DD와 정확하게 일치하지 않는 경우는 이 적산온도 값을 초과하는 첫날을 1세대 완료일로 취급한다). 제공된 엑셀시트(사용법 : 부록 1)를 이용하여 간편하게 계산할 수 있다.

오이과실파리는 원산지 열대 및 아열대 지역에서는 연중 발생하는 해충으로 성충은 서식환경이 좋지 않은 겨울철에는 수풀과 나무의 마른 잎 밑에서 여러 마리가 집단으로 숨어서 지낸다. 성충은 온도에 따라 5 개월에서 15 개월 간 생존할 수 있다.

5.2 월동사망률 추정

발생세대수 추정을 하는 동안 겨울철과 만나는 경우 적산온도가 누적되지 않기 때문에 진행되고 있는 세대가 다음연도로 넘어가서 완료될 수 있다. 이런 경우 현장조사 활동은 발생세대수가 아닌 평균 대기온도를 기준으로 결정한다.

오이과실파리 페로몬 트랩에 대기온도가 평균 14℃ 이하가 되는 경우 잘 유인되지 않는다. 성충비행활동 임계온도로 확실치 않으나 연속적으로 4일 이상 일평균대기온도가 14℃ 이하로 내려가면 조사를 중단할 수 있다. 또한 연속적으로 4일 이상 일평균 대기온도가 14℃ 이상 올라가면 조사를 재개한다. 조사를 재개한 경우 전년도(또는 이전)부터 이어서 계산한 적산온도에 근거한 세대수에 따라 현장조사의 의사를 결정한다. 노지작물에서는 겨울동안 조사중지가 가능하지만 시설재배(특히 가온재배)의 작물은 상황에 따라 위험도를 평가하여 조사를 계속 실시한다.

부록 1 오이과실파리 발생세대수 추정 엑셀시트 사용방법

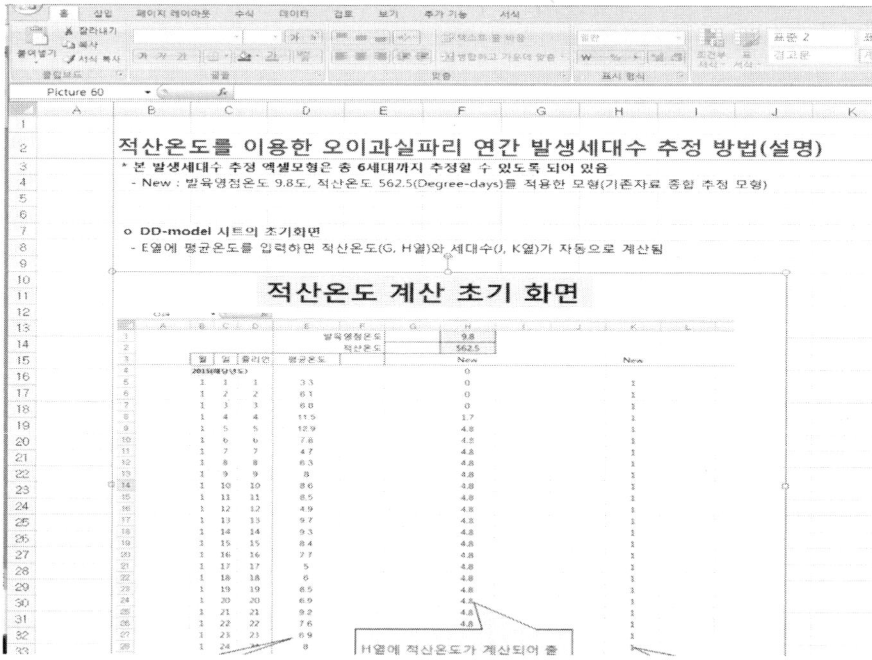

적산온도 계산 초기 화면

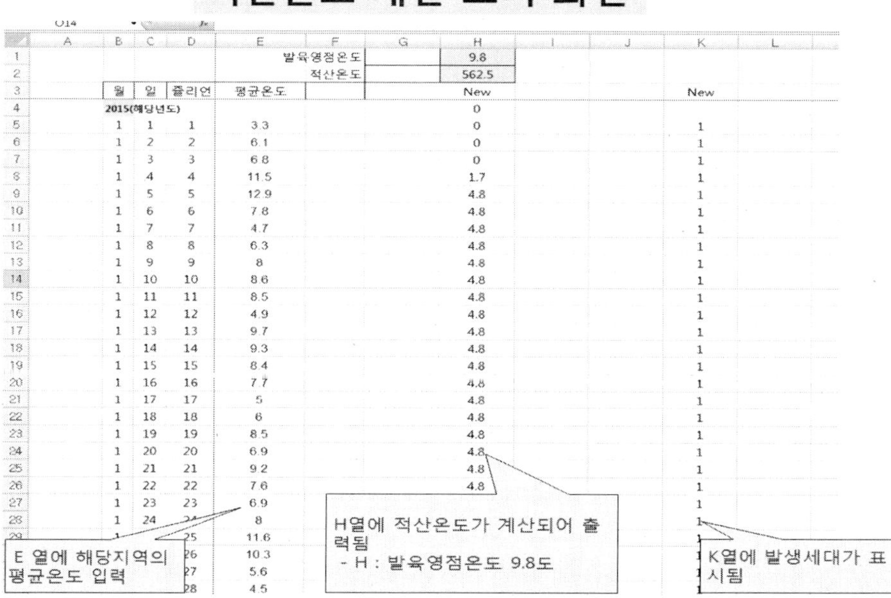

	월	일	줄리언	평균온도	H	K
1				발육영점온도	9.8	
2				적산온도	562.5	
3	월	일	줄리언	평균온도	New	New
4	2015(해당년도)				0	
5	1	1	1	3.3	0	1
6	1	2	2	6.1	0	1
7	1	3	3	6.8	0	1
8	1	4	4	11.5	1.7	1
9	1	5	5	12.9	4.8	1
10	1	6	6	7.8	4.8	1
11	1	7	7	4.7	4.8	1
12	1	8	8	6.3	4.8	1
13	1	9	9	8	4.8	1
14	1	10	10	8.6	4.8	1
15	1	11	11	8.5	4.8	1
16	1	12	12	4.9	4.8	1
17	1	13	13	9.7	4.8	1
18	1	14	14	9.3	4.8	1
19	1	15	15	8.4	4.8	1
20	1	16	16	7.7	4.8	1
21	1	17	17	5	4.8	1
22	1	18	18	6	4.8	1
23	1	19	19	8.5	4.8	1
24	1	20	20	6.9	4.8	1
25	1	21	21	9.2	4.8	1
26	1	22	22	7.6	4.8	1
27	1	23	23	6.9		1
28	1	24	24	8		1
29			25	11.6		1
30			26	10.3		1
31			27	5.6		1
32			28	4.5		1

적산온도 계산 예제화면 1

	B	C	D	F	H	K
1				영점온도	9.8	
2				적산온도	562.5	
3	월	일	줄리언		New	New
260	9	13	256		2057.9	4
261	9	14	257		2070.7	4
262	9	15	258		2083.2	4
263	9	16	259		2094.5	4
264	9	17	260		2107.2	4
265	9	18	261		2120.1	4
266	9	19	262		2132.7	4
267	9	20	263		2145.5	4
268	9	21	264		0	1
269	9	22	265		14.1	1
270	9				26.6	1
271	9				39.7	1
272	9				53.1	1
273	9				66.6	1
274	9				79.7	1
275	9				93.5	1
276	9				107.7	1
277	9				118.8	1
278	10	1	274		132.6	1
279	10	2	275		142.2	1
280	10	3	276		153.5	1
281	10	4	277		165	1
282	10	5	278		176.1	1
283	10	6	279		186.6	1
284	10	7	280		197.7	1
285	10	8	281		208.7	1

자동계산되는 것이므로 무시

- 2015년 9월 21 마지막 발견일 가정
- "0"를 입력
- 적산온도 계산이 다음날(9월 22일)부터 다시 시작됨

1세대 완료에 필요한 적산온도에 도달되지 않았으므로 "1세대로"로 출력되고 있음

적산온도 계산 예제화면 2

	B	C	D	F	H	K
1				영점온도	9.8	
2				적산온도	562.5	
3	월	일	줄리언		New	New
320	11	12	316		491.2	1
321	11	13	317		498.9	1
322	11	14	318		506.2	1
323	11	15	319		512.4	1
324	11	16	320		520.3	1
325	11	17	321		528	1
326	11	18	322		534.4	1
327	11	19	323		539.8	1
328	11	20	324		545.5	1
329	11	21	325		551.4	1
330	11	22	326		558.5	1
331	11	23	327		565.2	2
332	11	24	328		569	2
333	11	25	329		570.1	2
334	11	26	330		570.1	2
335	11	27	331		570.1	2
336	11	28	332		570.8	2
337	11	29	333		573.1	2
338	11	30	334		576.2	2
339	12	1	335		577.7	2
340	12	2	336		581	2

New 모형은 1세대가 완료되고 11월 23일부터 2세대가 출현하기 시작함

CHAPTER 04

금지급 과실파리 모니터링 매뉴얼

1 오리엔탈과실파리 모니터링 매뉴얼

오리엔탈과실파리류에서 사용하는 발견과 발생의 용어는 다음과 같이 정리된다.

• 발견과 발생

발견	• 발생 전 단계 • 무발생으로 간주되나 긴급조치 추진 • 정착되지 않았으나 당분간 생존 가능한 고립된 집단이 검출된 경우
발생	• 국제기구, 수출상대국 등에 의무통보 • 대내·외 공식 발표 • 국가 주도의 방제작업 추진 • 다수가 검출되거나 정착되어 지속적으로 존재하는 경우

• 오리엔탈과실파리 발생 기준

• 알, 유충, 번데기 또는 교미된 암컷 1 마리 이상 또는

• 1 세대 이내에 발견지 중심(14.4 × 14.4 km) 내 성충 5 마리 이상이 트랩에서 검출된 경우 (수컷, 미교미 암컷)

종류	목적	방법	조사범위	조사횟수 및 기간
상시모니터링	조기탐지용	델타트랩	주요 기주 재배지역 및 항구, 항만 인접지역(전국 1,000 개 지점)	연중
		순회모니터링	재배기주 및 이동기주 조사	월 1~2 회
긴급모니터링	분포한계조사	델타트랩	발견지중심 14.4 km 격자	1 회/일(첫 1 주) 2 회/주(첫 세대) 0.5 회/주(2~3 세대)
		기주조사	발견지중심 200 m 반경	1 회 및 폐기 처리

1.1 상시 모니터링

1.1.1 조사지역

① 전국 공항・항만 주변 반경 1.6 km
② 전국 금지급 과실파리 기주 대형 재배단지
③ 전국 과일판매시장 주변 200 m

1.1.2 모니터링 방법

모니터링 방법은 식물검역관이 실시하는 해충에 대한 트랩조사와 포장순회모니터링(대상: 이동 기주)이 있다.

1.1.3 유형별 모니터링 요령

1.1.3.1 트랩조사

① 조사기간 : 연중

② 트랩설치 장소 : 전국 1,000 개 운영(제주도 500 개, 본토 500 개)
공항・항만지역, 전국 기주 재배단지, 수출・입식물재배지, 과일판매시장 주변, 격리재배지, 외국군부대 주변 등 적절한 장소를 선정한다.

③ 트랩설치 방법
- 기주과일 나무를 선택한다. 기주나무가 없는 도심지역은 그늘진 장소를 선택한다.
- 설치장소는 출입이 편리하고 안정성이 있는 장소를 선택하여 지상에서 1.6∼1.8 m 높이에 사방이 잘 트이고 약간 그늘이 있는 곳에 설치한다.
- 트랩의 설치간격은 유인력에 영향을 주지 않도록 다른 트랩과 최소 5 m 이상의 간격을 유지하도록 하고, 설치한 지점의 침입 위험도가 변경되는 등 필요하다고 판단될 경우 트랩설치 지점을 변경한다.

④ 유인제 설치 및 교체
왁스형 ME(메칠유제놀) 유인제를 이용하여 델타트랩에 설치한다. 약 각 트랩에는 7 mL 부피의 왁스형 ME(메칠유제놀) 유인제를 투입하고 8 주 간격으로 교체한다. 왁스형 ME(메칠유제놀) 미끼 제작은 모니터링트랩을 참조한다.

⑤ 조사횟수 : 동계(12∼2월) 월 1 회, 춘계(3∼5월) 2 주 1 회, 하계(6∼9월) 1 주 1 회, 추계(10∼11월) 2 주 1 회

⑥ 트랩설치 장소 등록 : 농림축산검역본부(이하 "검역본부"라 한다) 지역본부・사무소별로 트랩번호를 부여하여 설치한 다음 설치위치의 GPS 좌표를 식물검역통합정보시스템의 금

지급 과실파리모니터링방제시스템에 등록한다.

⑦ **유인제 보관** : 유인제는 증발되지 않도록 밀봉하여 냉장고에 보관한다.

1.1.3.2 포장 순회 모니터링

① **조사기간** : 1~12월

② **조사횟수**

- 11~2월에는 월 1 회
- 3~10월에는 월 2 회 이상

③ **조사지역** : 공항 · 항만지역, 경유물품에 긴급사태가 발생한 지역, 격리재배지, 수출 · 입 식물 재배지역 등

④ **주요 조사 대상 기주** : 사과, 배, 감, 포도, 복숭아, 자두, 살구, 호두 등 과수류, 채소류

⑤ **조사방법** : 기형과, 유충, 알, 식흔, 부패, 배설물 등

1.1.4 모니터링 결과 등록 및 표본제작

- 채집된 모든 과실파리는 분류동정하고 그 결과를 금지급 과실파리 모니터링방제시스템에 등록한다.

FF 관리 DB

	A	B	C	D	E	F	G	H	I
1	날자	채집지점	트랩	곤충종(추정)	마리수	진단기술	종동정	조치	관리
2	16.3.17	제주(CJ-A-i-47)	ME	B. oroientalis	1	DNA/형태	B. orientalis	OFF 매뉴얼 제10조 1항에 따라 제주본부장통보(3/19)	OFF 매뉴얼 제4항에 따라 긴급방제지역선포(3/20)
3				B. sp.	1	DNA/형태	B. scutellata	무조치	무관리
4				Unknown	1	DNA	B. scutellata	무조치	무관리
5									

- 동정은 형태지표 및 분자지표를 이용한다. 분자지표의 경우는 신속동정시스템을 이용하고, 정밀동정은 농림축산검역본부의 전문가에게 보내 판정 받는다.
- 채집된 과실파리는 표본을 제작한 후 라벨을 부착(해충명, 기주, 채집지, 채집일자, 채집자)하여 보관한다.

1.1.5 상황보고

지역본부장 · 사무소장은 모니터링결과 새로운 식물병해충(검역병해충, 국내미분포병해충 등)을 발견한 경우 또는 경유물품에 긴급사태가 발생한 경우와 모니터링요원의 새로운 병해충 신고 및 조치사항을 별지 서식 제3호에 따라 농림축산검역본부(식물방제과)로 계통보고 하고 발견된 병해충 표본을 긴급 송부한다.

[별지 제3호서식]

새로운 식물병해충 발견상황 보고

구 분	내 용
1. 발견일자	
2. 발견장소	• 주소: • 농가명: (TEL)
3. 병해충명	
4. 기주식물 (트랩설치 식물)	
5. 발견상황	• 발견병해충수, 발견정도, 피해증상 등
6. 조치사항	• 긴급조치(약제살포, 폐기 등) 등
7. 기 타	• 병해충 발견자 : 직 성명 • 분류동정자 : 직 성명 • 확인자 : 직 성명 • 기타 참고사항 수입식물의 수입시기, 수입국가, 수입량 농가에서 최초 발견시기 등

1.2 긴급 모니터링

1.2.1 분포한계조사

1.2.1.1 트랩 종류와 배치

어떤 지역에 1 개체 또는 그 이상의 오리엔탈과실파리가 채집될 때, 침입 개체의 분포한계를 결정하기 위한 조사가 즉시 수행된다. 최초 발견지점을 중심으로 그 주변을 1.6 km 간격으로 정사각형(1.6 × 1.6 km) 격자배치구를 설정한 후 중심부에서 주변부로 격자 당 25-5-5-5-5 개의 델타트랩(왁스형 ME 유인제)을 설치하고, 중심지역에 멕페일트랩(단백질먹이 유살제) 25 개를 추가 설치한다.

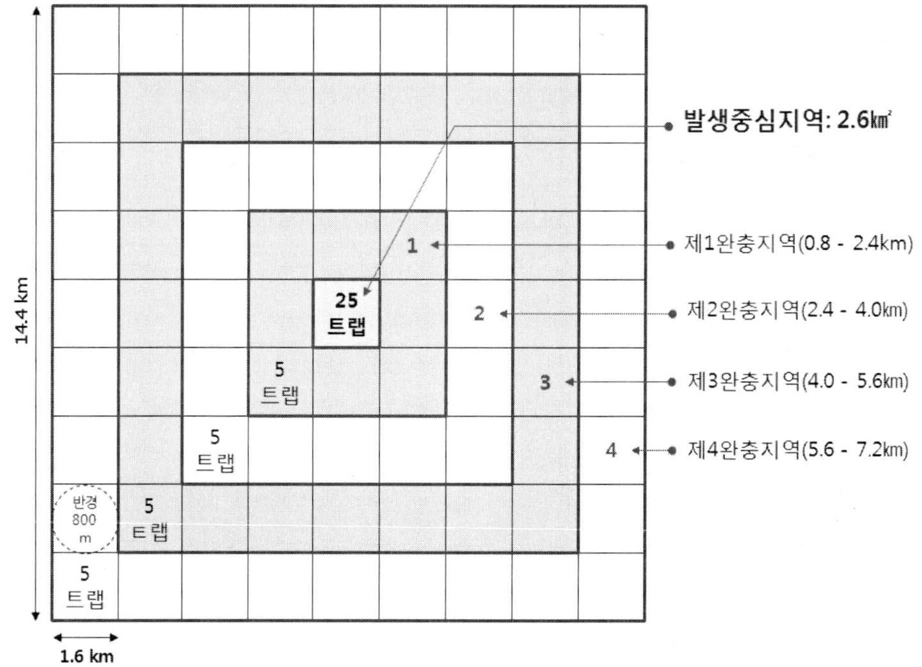

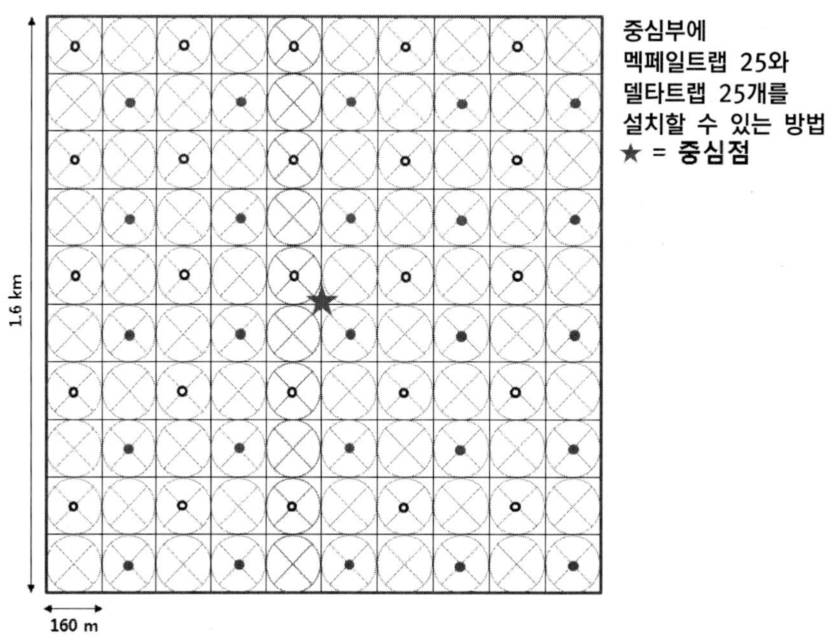

▌ 분포한계조사 모니터링 트랩 설치 ▌

오리엔탈과실파리 검출지로 부터 14.4 km 밖의 지역은 상시모니터링 설치 지역에 의존하며, 기존의 실시간 모니터링을 유지한다.

1.2.1.2 트랩 조사기간 및 조사 빈도

① 조사기간: 마지막 발견 후 3 세대 기간으로 세대기간의 계산은 제3장의 예찰 프로그램을 이용한다.

② 조사빈도: 최초발견 이후 1 주 동안은 매일 조사하고, 그 후 1 세대 기간 동안은 주당 2 회 조사한다. 2~3 세대 동안에는 2 주 1 회 조사한다. 트랩에 채집된 암컷은 해부하여 암컷저정낭(spermatheca)에 존재하는 정자의 유무로 교미여부를 조사한다.

1.2.2 기주 조사

① 과실절개 검사

오리엔탈과실파리 검출지로 부터 200 m 이내의 과실을 수거하여 절개하고 미성숙 과실파리의 존재를 확인한다. 이후 절개된 과실은 금지급 생물안전시설에서 27℃와 70% 상대습도를 유지하며 2~3 주 보존하며 과실파리 존재 유무를 재확인한다. 한편 과실파리 의심 기주가 보존되는 시설은 "수입금지품 수입 및 사후관리요령의 관리장소 요건"을 충족해야한다.

② 발견지 주변 기주 조사

발견지 주변 2.4 km 이내에 위치한 과수원 명부를 작성하고, 기주식물을 조사한다. 이 지역의 과일을 7~10 일 간격으로 조사한다. 이때 과수원 주인을 대상으로 탐문조사도 실시한다.

1.3 모니터링 트랩 종류

1.3.1 델타트랩과 왁스형 ME(메칠유제놀) 방출기

델타트랩은 (주)그린아그로텍에서 시판하는 트랩을 이용한다. 여기에 ME를 방출하는 왁스형 방출기를 제작하고 약 7 mL를 미끼 자리에 넣어준다.

성분	무게(g)	공급처
파라핀왁스	300	EMD Millipore Corporation, MA, USA
유화제 (Almax 3600)	60	Illshinwells, Seoul, Korea
α-Tocopherol	20	Sigma, St Louis, MO, USA
Jojoba 오일	20	Sigma, St Louis, MO, USA
응칠이	2	㈜고려바이오, 한국
메칠유제놀	100	Sigma, St Louis, MO, USA
증류수	498	
전체	1,000	

왁스형방출기의 제작은 우선 파라핀왁스(15 g, EMD Millipore Corporation, MA, USA)를 가열 자석교반기에서 약 70℃에서 용해시킨 후 300 rpm 속도로 용해된 왁스를 고르게 만든다. 이때 유화제(3 g, Emulsifier, Almax 3600, Illshinwells, Seoul, Korea)를 첨가하면서 회전 속도를 500 rpm으로 증가시킨다. 유화제가 고르게 혼합되면 항산화물질인 α-tocopherol (0.5 g, Sigma-Aldrich Korea), Jojoba oil (0.5 g, Sigma-Aldrich Korea)을 첨가한다. 여기서 ME 5 g을 디클로로메탄 10 mL로 용해시켜 첨가한다. 마지막으로 친환경작물보호제(응칠이, 고려바이오) 제품 기준으로 0.1 mL을 첨가한다. 모든 성분이 용해된 후 탈이온증류수를 24.5 mL을 넣고 1,000 rpm에서 10 분간 교반한다. 이를 상온에서 서서히 식힌 후 사용 전 까지 냉장(4℃) 보관한다. 미끼의 교환은 다음의 표에서 보듯 계절에 따라 서로 다른 기간 주기로 교체한다.

시기	유인제 교체 간격
12~3월	16 주
4~11월	8 주
총 연간 교체수	6 회 교체

1.3.2 멕페일트랩과 단백질먹이 유인제

멕페일트랩(Pherobank, Wijk bij Duurstede, Netherland)에 GE120 미끼 용액을 증류수로 1.5 배 희석하여 저장고의 가장자리 바로 아래까지 채워져야 한다.

1.4 모니터링 요원 기술교육

식물방제과는 지역본부 모니터링조사팀, 인력지원팀 및 모니터링조사원을 구성・확인하고, 모니터링조사팀・인력지원팀・모니터링조사원은 정기적인 교육・훈련・평가를 통하여 상시 모니터링조사 및 오리엔탈과실파리 발견(발생) 긴급 상황에 대비한다.

모니터링조사팀・인력지원팀・모니터링조사원은 상시 모니터링조사 시작 전 실무교육을 이수하고 상시 모니터링조사기간 해충식별 능력평가를 받는다. 식물방제과 모니터링담당자는 모니터링조사팀・인력지원팀・모니터링조사원에 대한 이론교육과 실습교육을 포함한 연간 교육계획을 수립하여 시행한다.

1.4.1 교육방법

모니터링조사원 실무교육	모니터링조사원 해충식별 능력평가
(담당) 식물방제과 모니터링담당자	(담당) 식물방제과 모니터링담당자
(대상) 모니터링조사원	(대상) 모니터링조사원
(내용) 금지병해충 육안 진단법, 트랩 설치장소 선정법, 트랩 취급법, 모니터링조사결과 작성법, GPS사용법, 포획된 표본 취급, 동정의뢰 방법, 민원인 응대법, 약품 및 차량 안전관리기본법 등	(내용) 모니터링조사 기간중 무작위로 선발된 4 개 트랩에 금지해충 투입
(방식) 집합교육, 8시간	(방식) 실전교육
(일정) 트랩조사 시작 15일전	(일정) 상시 모니터링조사 시작 1개월 후 및 종료 1개월 전 실시 (2 회)
(평가) 실무교육 후 실기평가 실시	(평가) 현장평가

1.4.2 외국의 모니터링 요원 기술교육 사례

현장감독관은 각각 트랩조사원의 업무를 관리한다. 일정관리, 문제를 도와주는 것, 그리고 전반적인 지시사항과 더불어 다음의 품질관리 항목도 추진한다.

1.4.2.1 평가

현장 감독관은 정기적으로 각 트랩조사원에 의해 운영되는 트랩의 개수를 점검한다. 평가서에 감독관은 트랩개수, 위치, 설치장소 설명 및 날짜를 목록화하고 미끼의 상태, 트랩위치 그리고 트랩조사 일정을 언급한다. 트랩조사원은 작업하는 지역의 결과와 문제를 보고한다.

1.4.2.2 트랩 주소록 - 지도 요구

(1) 트랩위치 주소록

모든 트랩조사원, 트랩, 조사일, 현장감독관 및 각 트랩의 정확한 위치를 제공하는 각 트랩 카드의 복사 목록을 주소록에 유지해야 한다.

(2) 지도

조사 시 사용된 좌표에 격자형의 대규모 마스터 지도는 유지 및 매일 갱신되어야 할 것이다. 지도는 모든 트랩의 위치를 보여주며, 규제지를 알려준다.

1.4.2.3 개시 트랩훈련 및 홍보업무

(1) 트랩위치

새로 온 트랩조사원은 적절한 트랩설치 위치에 대한 개인별 지침을 부여 받을 것이다.

① 트랩설치 장소의 선택

트랩 설치장소를 선택할 때 우선적으로 고려해야 할 사항은 과실파리가 선호하는 기주식물이 있고 산란 가능한 과실이 달려 있는가 하는 점이다. 트랩을 설치할 만한 선호기주가 2종 또는 그 이상인 장소가 있다면, 동일한 품종이든 다른 품종이든 여러 종류의 기주식물이 분포하고 있는 장소를 선택해야한다. 대부분의 경우 한 종류의 기주식물이 활용 가능할 것이며, 이런 상황에서도 트랩장소로 이용될 수 있다. 지도상 보기 좋게 하기 위하여 기주식물과 무관하게 장소를 선택할 필요는 없다.

오리엔탈과실파리의 경우 과수원의 중앙부 또는 근처에 설치된 트랩은 가장자리에 설치하는 것 보다 과실파리를 포획할 가능성이 더 높다(과수원과 은신처인 숲을 주기적으로 왕복 이동하는 종은 가장자리의 트랩에서 포획량이 높음).

성숙한 과실이 열려 있는 1차 기주식물이 존재하는 조건에서 비선호 또는 2차 기주식물에 트랩을 설치하거나, 1차 기주식물이라도 과실이 없는 나무에 트랩을 설치하는 경우 트랩 유인미끼가 천연 유인제(즉 성숙과질)와 경쟁할 수밖에 없다. 어떤 경우에는 매우 선호성이 높은 기주식물에 성숙과실이 부족하거나 트랩설치 위치로 충분한 그늘이 없는 경우도 있다. 이런 경우 감로가 발생되는 나무는 적절한 트랩설치 장소가 될 수 있다. 성숙한 과실이 없는 기주식물에서 충분한 감로의 발생이 없다면 트랩설치 장소로 좋지 않다. 과실파리류 성충은 단백질뿐만 아니라 먹이자원으로 진딧물이나 깍지벌레류가 분비하는 감로를 선호한다. 감로에 그을음병이 발생되어 잎이나 가지가 검게 오염되어 있는 장소를 선택할 수 있다. 성숙 과실이 있거나 연중 대부분 기간 유인력이 있는 이러한 선호 기주에 트랩이 설치되도록 조치해야한다. 일반 구아바와 망고는 감로 제공원으로 선택할 수 있다.

다른 선호 기주를 이용할 수 있는 경우 나뭇잎이 적은 나무는 피해야 한다. 특히 여름기간에 그늘을 조성할 수 있는 풍부한 잎을 갖은 나무의 선택이 중요한다. 선호기주가 충분한 그늘을 형성하지 못할 때는 주변에 선호가 떨어지거나 비선호 기주식물지만 그늘이 풍부한 나무에 트랩을 설치하는 것을 고려할 필요가 있다.

미래 트랩설치 위치로 활용할 수 있도록 최적 트랩설치 위치를 "트랩위치 기록지"에 표시한다. 이러한 작업은 트랩설치 장소 결정시 또는 트랩 조사기간 장소들을 관찰할 때 이루어질 수 있다.

② 기주식물에서 트랩위치

일반적으로 과실이 없는 기주식물의 수관 내부에 트랩을 설치하는 것은 권장되지 않는다. 다만, 선호기주와 충분한 그늘이 없는 경우 트랩설치 대체 장소로 활용될 수 있다.

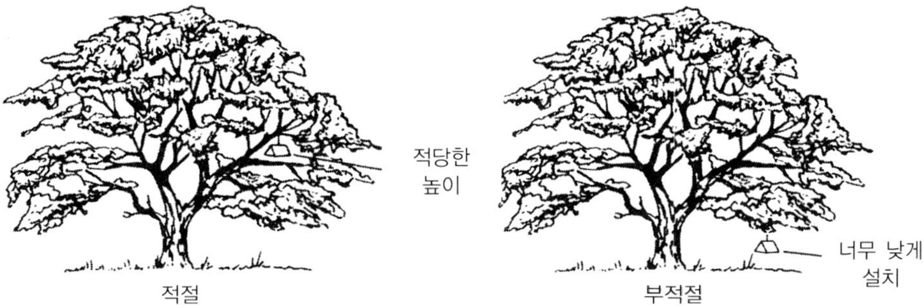

트랩은 어린이, 가축, 또는 애완동물이 접촉할 수 없는 충분한 높이의 기주내부에 설치되어야 한다. 트랩은 바람이 불어 떨어지지 않고 안전하게 보전되도록 설치해야 한다. 여름 또는 무더운 기간 동안에 트랩은 바람이 잘 통하는 그늘 속에 있어야 한다. 반면 겨울 또는 일년 중 서늘한 시기 동안은 남쪽 방향으로 설치하며, 이때 태양 직사광선에 노출되지 않도록 한다. 나무의 주간부(중심줄기)에서 수관의 바깥쪽 가장자리까지 거리의 1/2~2/3 되는 지점에 트랩을 설치하는 것이 좋다. 트랩은 나무의 수관 아래 또는 바깥쪽에 걸어두어서도 안 된다. 수관 내부 가지가 밀집한 부분에 트랩을 설치하는 경우 나무의 가지와 잎이 과실파리의 휴식처 역할을 하므로 트랩 속으로 유인되는 것을 방해할 수 있다. 트랩 아래 부분에 나뭇잎이 있는 것이 좋으나 반드시 트랩 바로 밑은 아니다. 트랩의 한쪽 끝에 부착된 금속 고리를 이용하여 어린이와 호기심이 많은 사람이 쉽게 닿지 않는 충분한 높이에 트랩을 설치한다.

(2) 홍보업무

좋은 홍보업무는 전문가의 임무인 조사의 중요한 부분이다. 일관성 있는 자세가 필요하고 빈번히 일반 국민과 접촉해야 하므로 항상 정중해야 한다. 오래 계속되는 대화는 피하고 업무관련 짧고 따뜻한 대화가 바람직하다. 프로그램 활동관련 논쟁을 벌이지 않는다. 조사담당자는 담당기관을 대표하고 있으며, 일반 국민의 감시 속에서 그 기관의 이미지가 형성된다. 일반 대중에게 좋은 인상을 만들기 위해 복장, 개인적 외관 그리고 행동을 적절히 해야 한다. 짧은 티셔츠를 입어서는 안 된다. 편안하고 몸을 보호할 수 있는 긴 바지 또는 헐렁한 셔츠 또는 소매가 있는 블라우스를 입도록 규정한다. 신발은 신어야 한다. 두꺼운 밑창 가죽신은 못과 유리 조각으로부터 보호할 수 있다. 근무시간 동안 쉽게 신분확인을 위하여 항상 신분확인 명찰을 가슴에 착용한다. 처음으로 개인 소유지에 들어갈 때는 반드시 소유자 또는 관리인에게 연락을 취하여 업무를 간략하게 설명하고 트랩을 설치하기 위한 허락을 요청한다. 일반 대중과 대화하는 경우, 트랩은 "곤충조사 트랩"으로 정확하게 말해야 한다. 트랩설치 장소의 사유지에 사람이 없는 경우 소유자 또는 세입자에게 메모를 남겨야 한다.

1.4.2.4 품질관리 자문관

일반적으로 프로그램 수행과정에 품질관리 자문관이 참여하게 될 것이다. 이 직원들은 트랩조사 프로그램을 모니터링하며 트랩조사 지역에 모든 트랩조사원과 친밀감을 형성한다. 트랩조사원과 일하는 자문관은 적절한 트랩위치, 미끼교체, 기주 선택, 트랩 배치 및 기록 관리를 도와준다. 트랩조사 지역의 결점과 추천된 개선점은 현장전문가에게 보고된다. 또한 그런 보고는 프로그램 관리자에게 준다. 현재 상황에 대한 변화와 개선점을 토론하기 위해 자문관과 직원과의 정기적인 미팅이 요구된다.

1.4.2.5 오리엔탈과실파리 품질관리 트랩조사 시험 프로그램

대규모 박멸프로그램의 과정 동안, 실제 설치된 몇 개의 트랩을 선택하여 표식 된 죽은 오이과실파리를 넣은 다음 조사원의 테스트용으로 사용할 수 있다. 이러한 시험을 통하여 조사원의 조사능력을 확인하고 표준화된 보고서 작성뿐만 아니라 조사원의 높은 트랩조사 능력을 유지할 수 있다. 죽은 오이과실파리 표본은 박멸프로그램 본부에서 수집하고 통제해야한다. 모든 시험과정은 관련자들과 공유되어 잘못된 판단이 되지 않도록 조치해야 한다. 즉 공유되지 않은 경우 시험용 "죽은 오이과실파리"를 새로 발생한 개체로 오인할 수 있다.

(1) 트랩 선택

각 현장감독관은 시험대항 조사원에게 각각 5~15 개 트랩(현장에 설치되어 있는 트랩을 말함)을 무작위로 배당한다. 서로 혼동을 방지하기 위하여 시험일에 앞서 적어도 1 주일 전에 모두 자료를 박멸프로그램 사무실에 제공해야 한다.

(2) 준비

현장감독관에게 죽은 표본이 미리 전달된다. 감독관은 표본이 특정 색깔로 표기되었는지를 확인한다. 예방차원에서 표본의 색깔은 매달 변경되고, 표식을 위하여 날개를 절단할 수 있다. 색깔과 날개절단 일정은 비공개로 박멸프로그램 사무실에서 담당한다.

(3) 우편물 발송

조사원은 표식 된 표본을 수거하는 경우 품질관리 동정번호를 부착하여 바이엘에 보관한다. 또한 수집된 숫자를 품질관리 시험용 기록장에 기입한다. 그 다음 조사원은 등기로 현장 감독관에게 표본을 송부한다.

현장감독관은 프로그램 사무소에 죽은 표본을 설치해야 하는 시험용 트랩 목록을 보낸다. 죽은 표본은 정규 트랩조사를 실시하기 1일 전에는 설치되어 있어야 한다.

(4) 반납

표시된 표본이 발견되면 조사원은 트랩조사 표준(공식)절차와 동일한 방법에 따라서 조치한다. 그러나 표본을 바이엘에 넣어 반납하며, 조사보고서 비고란에 시험용 품질관리 번호를 부여하고, 표본은 등기메일로 프로그램 사무소에 반납한다.

(5) 구두시험

트랩조사원의 해충동정 능력을 유지시키기 위하여 비정기적으로 시험이 시행될 수 있다. 박멸 프로그램과 관련 된 모든 사람이 지식을 공유할 수 있도록 시험 후 일반토론이 진행될 수 있다.

2 지중해과실파리 모니터링 매뉴얼

과실파리류에서 사용하는 발견과 발생의 용어는 다음과 같이 정리된다.

• 발견과 발생

발견	• 발생 전 단계 • 무발생으로 간주되나 긴급조치 추진 • 정착되지 않았으나 당분간 생존 가능한 고립된 집단이 검출된 경우
발생	• 국제기구, 수출상대국 등에 의무통보 • 대내 · 외 공식 발표 • 국가 주도의 방제작업 추진 • 다수가 검출되거나 정착되어 지속적으로 존재하는 경우

• 지중해과실파리 발생 기준

• 알, 유충, 번데기 또는 교미된 암컷 1 마리 이상 또는

• 1 세대 이내에 발견지 중심(14.4 × 14.4 km) 내 성충 5 마리 이상이 트랩에서 검출된 경우 (수컷, 미교미 암컷)

종류	목적	방법	조사범위	조사횟수 및 기간
상시모니터링	조기탐지용	델타트랩	주요 기주 재배지역 및 항구, 항만 인접지역(전국 1,000 개 지점)	연중
		순회모니터링	재배기주 및 이동기주 조사	월 1~2 회
긴급모니터링	분포한계조사	델타트랩	발견지중심 14.4 km 격자	1 회/일(첫 1 주) 2 회/주(첫 세대) 0.5 회/주(2~3 세대)
		기주조사	발견지중심 200 m 반경	1 회 및 폐기 처리

2.1 상시 모니터링

2.1.1 조사지역

① 전국 공항 · 항만 주변 반경 1.6 km

② 전국 지중해과실파리 기주 대형 재배단지

③ 전국 과일판매시장 주변 200 m

2.1.2 모니터링 방법

모니터링 방법은 식물검역관이 실시하는 해충에 대한 트랩조사와 포장순회 모니터링(대상: 이동기주)이 있다.

2.1.3 유형별 모니터링 요령

2.1.3.1 트랩조사

① **조사기간** : 연중

② **트랩설치 장소** : 전국 1,000 개 운영(제주도 500 개, 본토 500 개)공항 · 항만지역, 전국 기주 재배단지, 수출 · 입식물재배지, 과일판매시장 주변, 격리재배지, 외국군부대 주변 등 적절한 장소를 선정한다.

③ **트랩설치 방법**

- 기주과일 나무를 선택한다. 기주나무가 없는 도심지역은 그늘진 장소를 선택한다.
- 설치장소는 출입이 편리하고 안정성이 있는 장소를 선택하여 지상에서 1.6~1.8 m 높이에 사방이 잘 트이고 약간 그늘이 있는 곳에 설치한다.
- 트랩의 설치간격은 유인력에 영향을 주지 않도록 다른 트랩과 최소 5 m 이상의 간격을 유지하도록 하고, 설치한 지점의 침입 위험도가 변경되는 등 필요하다고 판단될 경우 트랩설치 지점을 변경한다.

④ **유인제 설치 및 교체**

왁스형 TML 유인제를 이용하여 델타트랩에 설치한다. 약 각 트랩에는 7 mL 부피의 왁스형 TML 유인제를 투입하고 8 주 간격으로 교체한다. 왁스형 TML 미끼 제작은 모니터링트랩을 참조한다.

⑤ **조사횟수** : 동계(12~2월) 월 1 회, 춘계(3~5월) 2 주 1 회, 하계(6~9월) 1 주 1 회, 추계(10~11월) 2 주 1 회

⑥ **트랩설치장소 등록** : 농림축산검역본부(이하 "검역본부"라 한다) 지역본부 · 사무소별로 트랩번호를 부여하여 설치한 다음 설치위치의 GPS 좌표를 식물검역통합정보시스템의 금지급 과실파리모니터링방제시스템에 등록한다.

⑦ **유인제 보관** : 유인제는 증발되지 않도록 밀봉하여 냉장고에 보관한다.

2.1.3.2 포장순회모니터링

① 조사기간 : 1~12월

② 조사횟수

- 11~2월에는 월 1 회
- 3~10월에는 월 2 회 이상

③ 조사지역 : 공항 · 항만지역, 경유물품에 긴급사태가 발생한 지역, 격리재배지, 수출 · 입 식물 재배지역 등

④ 주요 조사 대상 기주 : 사과, 배, 감, 포도, 복숭아, 자두, 살구, 호두 등 과수류, 채소류

⑤ 조사방법 : 기형과, 유충, 알, 식흔, 부패, 배설물 등

2.1.4 모니터링결과 등록 및 표본제작

- 채집된 모든 과실파리는 분류동정하고 그 결과를 금지급 과실파리 모니터링방제시스템에 등록한다.

FF 관리 DB

날자	채집지점	트랩	곤충종(추정)	마리수	진단기술	종동정	조치	관리
16.3.17	제주(CJ-A-i-47)	ME	B. oroientalis	1	DNA/형태	B. orientalis	OFF 매뉴얼 제10조 1항에 따라 제주본부장통보(3/19)	OFF 매뉴얼 제4항에 따라 긴급방제지역선포(3/20)
			B. sp.	1	DNA/형태	B. scutellata	무조치	무관리
			Unknown	1	DNA	B. scutellata	무조치	무관리

- 동정은 형태지표 및 분자지표를 이용한다. 분자지표의 경우는 신속동정시스템을 이용하고, 정밀동정은 농림축산검역본부의 전문가에게 보내 판정 받는다.
- 채집된 과실파리는 표본을 제작한 후 라벨을 부착(해충명, 기주, 채집지, 채집일자, 채집자)하여 보관한다.

2.1.5 상황보고

지역본부장 · 사무소장은 모니터링결과 새로운 식물병해충(검역병해충, 국내미분포병해충 등)을 발견한 경우 또는 경유물품에 긴급사태가 발생한 경우와 모니터링요원의 새로운 병해충 신고 및 조치사항을 별지 서식 제3호에 따라 농림축산검역본부(식물방제과)로 계통보고 하고 발견된 병해충 표본을 긴급 송부한다.

[별지 제3호서식]

새로운 식물병해충 발견상황 보고

구 분	내 용
1. 발견일자	
2. 발견장소	• 주소: • 농가명: (TEL)
3. 병해충명	
4. 기주식물 (트랩설치 식물)	
5. 발견상황	• 발견병해충수, 발견정도, 피해증상 등
6. 조치사항	• 긴급조치(약제살포, 폐기 등) 등
7. 기 타	• 병해충 발견자 : 직 성명 • 분류동정자 : 직 성명 • 확인자 : 직 성명 • 기타 참고사항 수입식물의 수입시기, 수입국가, 수입량 농가에서 최초 발견시기 등

2.2 긴급 모니터링

2.2.1 분포한계조사

2.2.1.1 트랩 종류와 배치

어떤 지역에 1 개체 또는 그 이상의 지중해과실파리가 채집될 때, 침입 개체의 분포한계를 결정하기 위한 조사가 즉시 수행된다. 최초 발견지점을 중심으로 그 주변을 1.6 km 간격으로 정사각형(1.6 × 1.6 km) 격자배치구를 설정한 후 중심부에서 주변부로 격자 당 25-5-5-5-5 개의 델타트랩(왁스형 TML 유인제)을 설치한다.

4	4	4	4	4	4	4	4	4
4	3	3	3	3	3	3	3	4
4	3	2	2	2	2	2	3	4
4	3	2	1	1	1	2	3	4
4	3	2	1	C	1	2	3	4
4	3	2	1	1	1	2	3	4
4	3	2	2	2	2	2	3	4
4	3	3	3	3	3	3	3	4
4	4	4	4	4	4	4	4	4

지역	완충지	격자(1.6 × 1.6 km) 갯수	트랩수/격자	전체 트랩수
C	중심지	1	100	100
1	제1완충지	8	50	400
2	제2완충지	16	25	400
3	제3완충지	24	20	480
4	제4완충지	32	10	320
		81		1700

중심지역에 멕페일트랩(복합유인제) 530 개를 추가 설치한다.

2	2	2	2	2
2	1	1	1	2
2	1	C	1	2
2	1	1	1	2
2	2	2	2	2

지역	트랩수/격자	전체 트랩수
C	50	50
1	20	160
2	20	320
		530

지중해과실파리 검출지로 부터 14.4 km 밖의 지역은 상시모니터링 설치 지역에 의존하며, 기존의 실시간 모니터링을 유지한다.

2.2.1.2 트랩 조사기간 및 조사 빈도

① **조사기간** : 마지막 발견 후 3 세대 기간으로 세대기간의 계산은 제3장의 예찰 프로그램을 이용한다.

② **조사빈도** : 최초발견 이후 1 주 동안은 매일 조사하고, 그 후 1 세대 기간 동안은 주당 2 회 조사한다. 2~3 세대 동안에는 2 주 1 회 조사한다. 트랩에 채집된 암컷은 해부하여 암컷저정낭(spermatheca)에 존재하는 정자의 유무로 교미여부를 조사한다.

2.2.2 기주 조사

① 과실절개 검사

지중해과실파리 검출지로 부터 200 m 이내의 과실을 수거하여 절개하고 미성숙 과실파리의 존재를 확인한다. 이후 절개된 과실은 금지급 생물안전시설에서 27℃와 70% 상대습도를 유지하며 2~3 주 보존하며 과실파리 존재 유무를 재확인한다. 한편 과실파리 의심 기주가 보존되는 시설은 "수입금지품 수입 및 사후관리요령의 관리장소 요건"을 충족해야한다.

② 발견지 주변 기주 조사

발견지 주변 2.4 km 이내에 위치한 과수원 명부를 작성하고, 기주식물을 조사한다. 이 지역의 과일을 7~10 일 간격으로 조사한다. 이때 과수원 주인을 대상으로 탐문조사도 실시한다.

2.3 모니터링 트랩 종류

2.3.1 델타트랩과 왁스형 TML 방출기

델타트랩은 (주)그린아그로텍에서 시판하는 트랩을 이용한다. 여기에 TML를 방출하는 왁스형 방출기를 제작하고 약 7 mL를 미끼 자리에 넣어준다.

성분	무게(g)	공급처
파라핀왁스	300	EMD Millipore Corporation, MA, USA
유화제 (Almax 3600)	60	Illshinwells, Seoul, Korea
α -Tocopherol	20	Sigma, St Louis, MO, USA
Jojoba 오일	20	Sigma, St Louis, MO, USA
응칠이	2	㈜고려바이오, 한국
TML	100	ISCA, Riverside, CA, USA
증류수	498	
전체	1,000	

왁스형방출기의 제작은 우선 파라핀왁스(EMD Millipore Corporation, MA, USA)를 가열자석교반기에서 약 70℃에서 용해시킨 후 300 rpm 속도로 용해된 왁스를 고르게 만든다. 이때 유화제(Emulsifier, Almax 3600, Illshinwells, Seoul, Korea)를 첨가하면서 회전 속도를 500 rpm으로 증가시킨다. 유화제가 고르게 혼합되면 항산화물질인 α-tocopherol (Sigma-Aldrich Korea), Jojoba oil (Sigma-Aldrich Korea)을 첨가한다. 여기서 TML를 첨가한다. 마지막으로 친환경작물보호제(응칠이, 고려바이오)를 첨가한다. 모든 성분이 용해된 후 탈이온증류수를 넣고 1,000 rpm에서 10 분간 교반한다. 이를 상온에서 서서히 식힌 후 사용 전 까지 냉장(4℃) 보관한다. 미끼의 교환은 다음의 표에서 보듯 계절에 따라 서로 다른 기간 주기로 교체한다.

시기	유인제 교체 간격
12-3월	16 주
4-11월	8 주
총 연간 교체수	6 회 교체

2.3.2 멕페일트랩과 복합유인제

멕페일트랩(Pherobank, Wijk bij Duurstede, Netherland)에 복합유인제로 암수를 유인하고 저장고에 액체를 채워 빠져 죽게 한다.

트랩은 뚜껑(투명), 바닥(노랑), 걸이부(부식방지철사) 그리고 미끼(3봉지조합)의 네 부분으로 구성된 플라스틱 트랩이다. 복합유인제 트랩은 뚜껑이 있는 마개방출기가 장착되고 내용물을 달기 위해 투명한 뚜껑 상단에 클립모양으로 제조되어 있다. 이 트랩은 습식 또는 건식 등 다양한 변형 조건에서 사용이 가능하다. 과실파리가 바닥 부위에 있는 구멍으로 들어와 습식 처리의 경우는 액체 용액에 빠져 잡히거나 건식의 경우는 끈끈이띠로 잡혀 죽게 된다.

이 트랩을 위해 특별히 조립할 필요 없이 투명한 뚜껑을 노란 바닥에 나사 형태로 돌려 붙이면 된다. 지중해과실파리 트랩은 3 개의 다리가 있어 조립과 해체 시에 세울 수 있게 되어 있다. 바닥에 트랩 다리에 맞추어 3 군데 홈을 파면 작업 중에 견고히 트랩을 고정시킬 수 있다.

복합유인제로서 putrescine (FFP), ammonium acetate (FFA) 그리고 trimethylamine (FFT)가 합성 먹이유인제로 상용되며 암수 모두를 유인하게 된다. 부착형 미끼의 보호막을 제거하고 미끼판의 끈끈이 면이 노출되게 하고 이 면이 트랩에 단단하게 부착하게 한다. 마지막 문자가 "P", "A", "T"로 표시된 3 종류의 부착형 미끼가 있다. "FFA"와 "FFT" 미끼는 포장지가 제거되면 동일하기에 포장지가 제거될 경우를 대비하여 미끼를 보관하는 장소를 표준화시킬 필요가 있다. 황색 덮개 바로 아래 투명한 벽에 미끼 포장지를 붙여 트랩에 putrescine ("P") 미끼를 만든다.

트랩 상단을 시계 방향으로 돌리고 “A”를 붙이고 반대쪽으로 투명한 상단부분의 안쪽 윗면에 “T”를 부착시킨다. 즉시 보호막을 제거시킨다.

저장고에 채워질 용액을 붕산인 경우 한 찻숟가락(level 1) 분량의 sodium tetraborate decahydrate (최종 농도: 3%)에 300~400 mL (증발량을 고려하여 양 조절)의 물을 첨가한다. 3~4 방울의 Triton을 첨가하여 표면장력을 줄이고 유인된 파리의 포획 능력을 증가시킨다. 파리가 물에 빠져 죽는 꼴로 살충제(Vapona) 띠가 필요하지 않다.

저장고에 채워질 용액을 프로필렌 글라이콜(PG)인 경우 300~400 mL의 10% PG 용액을 첨가한다. 이 용액은 재사용할 수 있다. PG 용액에서 곤충과 식물 잎 부스러기를 거르면서 용액 부분만 계량컵에 붓는다. 이때 눈금이 가는 부엌용 채를 사용한다. 다시 트랩을 달기 전에 10% PG 저장 용기에서 신선한 용액을 부어 400 mL가 되도록 채운다. 트랩 바닥에 10% PG가 400 mL이 되도록 유지시켜야 한다. 충전될 용액양은 증발량에 따라 결정된다.

2.4 모니터링 요원 기술교육

식물방제과는 지역본부 모니터링조사팀, 인력지원팀 및 모니터링조사원을 구성・확인하고, 모니터링조사팀・인력지원팀・모니터링조사원은 정기적인 교육・훈련・평가를 통하여 상시 모니터링조사 및 지중해과실파리 발견(발생) 긴급 상황에 대비한다.

모니터링조사팀・인력지원팀・모니터링조사원은 상시 모니터링조사 시작 전 실무교육을 이수하고 상시 모니터링조사기간 해충식별 능력평가를 받는다. 식물방제과 모니터링담당자는 모니터링조사팀・인력지원팀・모니터링조사원에 대한 이론교육과 실습교육을 포함한 연간 교육계획을 수립하여 시행한다.

2.4.1 교육방법

모니터링조사원 실무교육	모니터링조사원 해충식별 능력평가
(담당) 식물방제과 모니터링담당자 (대상) 모니터링조사원 (내용) 금지병해충 육안 진단법, 트랩 설치장소 선정법, 트랩 취급법, 모니터링조사결과 작성법, GPS사용법, 포획된 표본 취급, 동정의뢰 방법, 민원인 응대법, 약품 및 차량 안전관리기본법 등 (방식) 집합교육, 8 시간 (일정) 트랩조사 시작 15 일전 (평가) 실무교육 후 실기평가 실시	(담당) 식물방제과 모니터링담당자 (대상) 모니터링조사원 (내용) 모니터링조사 기간중 무작위로 선발된 4 개 트랩에 금지해충 투입 (방식) 실전교육 (일정) 상시 모니터링조사 시작 1 개월 후 및 종료 1개월 전 실시 (2 회) (평가) 현장평가

2.4.2 외국의 모니터링 요원 기술교육 사례

현장감독관은 각각 트랩조사원의 업무를 관리한다. 일정관리, 문제를 도와주는 것, 그리고 전반적인 지시사항과 더불어 다음의 품질관리 항목도 추진한다.

2.4.2.1 평가

현장 감독관은 정기적으로 각 트랩조사원에 의해 운영되는 트랩의 개수를 점검한다. 평가서에 감독관은 트랩개수, 위치, 설치장소 설명 및 날짜를 목록화하고 미끼의 상태, 트랩위치 그리고 트랩조사 일정을 언급한다. 트랩조사원은 작업하는 지역의 결과와 문제를 보고한다.

2.4.2.2 트랩 주소록 - 지도 요구

(1) 트랩위치 주소록

모든 트랩조사원, 트랩, 조사일, 현장감독관 및 각 트랩의 정확한 위치를 제공하는 각 트랩 카드의 복사 목록을 주소록에 유지해야 한다.

(2) 지도

조사 시 사용된 좌표에 격자형의 대규모 마스터 지도는 유지 및 매일 갱신되어야 할 것이다. 지도는 모든 트랩의 위치를 보여주며, 규제지를 알려준다.

2.4.2.3 개시 트랩훈련 및 홍보업무

(1) 트랩위치

새로 온 트랩조사원은 적절한 트랩설치 위치에 대한 개인별 지침을 부여 받을 것이다.

① 트랩설치 장소의 선택

트랩 설치장소를 선택할 때 우선적으로 고려해야 할 사항은 과실파리가 선호하는 기주식물이 있고 산란 가능한 과실이 달려 있는가 하는 점이다. 트랩을 설치할 만한 선호기주가 2종 또는 그 이상인 장소가 있다면, 동일한 품종이든 다른 품종이든 여러 종류의 기주식물이 분포하고 있는 장소를 선택해야한다. 대부분의 경우 한 종류의 기주식물이 활용 가능할 것이며, 이런 상황에서도 트랩장소로 이용될 수 있다. 지도상 보기 좋게 하기 위하여 기주식물과 무관하게 장소를 선택할 필요는 없다.

오리엔탈과실파리의 경우 과수원의 중앙부 또는 근처에 설치된 트랩은 가장자리에 설치하는 것 보다 과실파리를 포획할 가능성이 더 높다(과수원과 은신처인 숲을 주기적으로 왕복 이동하는 종은 가장자리의 트랩에서 포획량이 높음).

성숙한 과실이 열려 있는 1차 기주식물이 존재하는 조건에서 비선호 또는 2차 기주식물에 트랩을 설치하거나, 1차 기주식물이라도 과실이 없는 나무에 트랩을 설치하는 경우 트랩 유인미끼가 천연 유인제(즉 성숙과질)와 경쟁할 수밖에 없다. 어떤 경우에는 매우 선호성이 높은 기주식물에 성숙과실이 부족하거나 트랩설치 위치로 충분한 그늘이 없는 경우도 있다. 이런 경우 감로가 발생되는 나무는 적절한 트랩설치 장소가 될 수 있다. 성숙한 과실이 없는 기주식물에서 충분한 감로의 발생이 없다면 트랩설치 장소로 좋지 않다. 과실파리류 성충은 단백질뿐만 아니라 먹이자원으로 진딧물이나 깍지벌레류가 분비하는 감로를 선호한다. 감로에 그을음병이 발생되어 잎이나 가지가 검게 오염되어 있는 장소를 선택할 수 있다. 성숙 과실이 있거나 연중 대부분 기간 유인력이 있는 이러한 선호 기주에 트랩이 설치되도록 조치해야한다. 일반 구아바와 망고는 감로 제공원으로 선택할 수 있다.

다른 선호 기주를 이용할 수 있는 경우 나뭇잎이 적은 나무는 피해야 한다. 특히 여름기간에 그늘을 조성할 수 있는 풍부한 잎을 갖은 나무의 선택이 중요한다. 선호기주가 충분한 그늘을 형성하지 못할 때는 주변에 선호가 떨어지거나 비선호 기주식물지만 그늘이 풍부한 나무에 트랩을 설치하는 것을 고려할 필요가 있다.

미래 트랩설치 위치로 활용할 수 있도록 최적 트랩설치 위치를 "트랩위치 기록지"에 표시한다. 이러한 작업은 트랩설치 장소 결정시 또는 트랩 조사기간 장소들을 관찰할 때 이루어질 수 있다.

② 기주식물에서 트랩위치

일반적으로 과실이 없는 기주식물의 수관 내부에 트랩을 설치하는 것은 권장되지 않는다. 다만, 선호기주와 충분한 그늘이 없는 경우 트랩설치 대체 장소로 활용될 수 있다. 트랩은 어린이, 가축, 또는 애완동물이 접촉할 수 없는 충분한 높이의 기주내부에 설치되어야 한다. 트랩은 바람이 불어 떨어지지 않고 안전하게 보전되도록 설치해야 한다. 여름 또는 무더운 기간 동안에 트랩은 바람이 잘 통하는 그늘 속에 있어야 한다. 반면 겨울

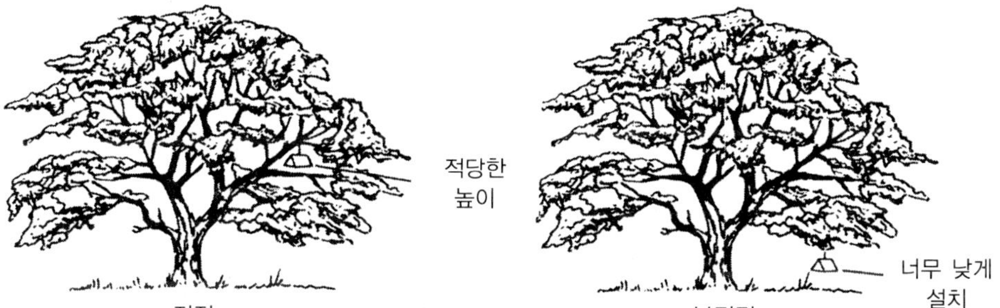

또는 일년 중 서늘한 시기 동안은 남쪽 방향으로 설치하며, 이때 태양 직사광선에 노출되지 않도록 한다. 나무의 주간부(중심줄기)에서 수관의 바깥쪽 가장자리까지 거리의 1/2~2/3 되는 지점에 트랩을 설치하는 것이 좋다. 트랩은 나무의 수관 아래 또는 바깥쪽에 걸어두어서도 안 된다. 수관 내부 가지가 밀집한 부분에 트랩을 설치하는 경우 나무의 가지와 잎이 과실파리의 휴식처 역할을 하므로 트랩 속으로 유인되는 것을 방해할 수 있다. 트랩 아래 부분에 나뭇잎이 있는 것이 좋으나 반드시 트랩 바로 밑은 아니다. 트랩의 한쪽 끝에 부착된 금속 고리를 이용하여 어린이와 호기심이 많은 사람이 쉽게 닿지 않는 충분한 높이에 트랩을 설치한다.

(2) 홍보업무

좋은 홍보업무는 전문가의 임무인 조사의 중요한 부분이다. 일관성 있는 자세가 필요하고 빈번히 일반 국민과 접촉해야 하므로 항상 정중해야 한다. 오래 계속되는 대화는 피하고 업무관련 짧고 따뜻한 대화가 바람직하다. 프로그램 활동관련 논쟁을 벌이지 않는다. 조사담당자는 담당기관을 대표하고 있으며, 일반 국민의 감시 속에서 그 기관의 이미지가 형성된다. 일반 대중에게 좋은 인상을 만들기 위해 복장, 개인적 외관 그리고 행동을 적절히 해야 한다. 짧은 티셔츠를 입어서는 안 된다. 편안하고 몸을 보호할 수 있는 긴 바지 또는 헐렁한 셔츠 또는 소매가 있는 블라우스를 입도록 규정한다. 신발은 신어야 한다. 두꺼운 밑창 가죽신은 못과 유리 조각으로부터 보호할 수 있다. 근무시간 동안 쉽게 신분확인을 위하여 항상 신분확인 명찰을 가슴에 착용한다. 처음으로 개인 소유지에 들어갈 때는 반드시 소유자 또는 관리인에게 연락을 취하여 업무를 간략하게 설명하고 트랩을 설치하기 위한 허락을 요청한다. 일반 대중과 대화하는 경우, 트랩은 "곤충조사 트랩"으로 정확하게 말해야 한다. 트랩설치 장소의 사유지에 사람이 없는 경우 소유자 또는 세입자에게 메모를 남겨야 한다.

2.4.2.4 품질관리 자문관

일반적으로 프로그램 수행과정에 품질관리 자문관이 참여하게 될 것이다. 이 직원들은 트랩조사 프로그램을 모니터링하며 트랩조사 지역에 모든 트랩조사원과 친밀감을 형성한다. 트랩조사원과 일하는 자문관은 적절한 트랩위치, 미끼교체, 기주 선택, 트랩 배치 및 기록 관리를 도와준다. 트랩조사 지역의 결점과 추천된 개선점은 현장전문가에게 보고된다. 또한 그런 보고는 프로그램 관리자에게 준다. 현재 상황에 대한 변화와 개선점을 토론하기 위해 자문관과 직원과의 정기적인 미팅이 요구된다.

2.4.2.5 조사원에 대한 트랩조사 관리요령 시험 프로그램

대규모 박멸프로그램의 과정 동안, 실제 설치된 몇 개의 트랩을 선택하여 표식 된 죽은 오이과실파리를 넣은 다음 조사원의 테스트용으로 사용할 수 있다. 이러한 시험을 통하여 조사원의 조사능력을 확인하고 표준화된 보고서 작성뿐만 아니라 조사원의 높은 트랩조사 능력을 유지할 수 있다. 죽은 오이과실파리 표본은 박멸프로그램 본부에서 수집하고 통제해야한다. 모든 시험과정은 관련자들과 공유되어 잘못된 판단이 되지 않도록 조치해야 한다. 즉 공유되지 않은 경우 시험용 “죽은 오이과실파리”를 새로 발생한 개체로 오인할 수 있다.

(1) 트랩 선택

각 현장감독관은 시험대항 조사원에게 각각 5~15 개 트랩(현장에 설치되어 있는 트랩을 말함)을 무작위로 배당한다. 서로 혼동을 방지하기 위하여 시험일에 앞서 적어도 1 주일 전에 모두 자료를 박멸프로그램 사무실에 제공해야 한다.

(2) 준비

현장감독관에게 죽은 표본이 미리 전달된다. 감독관은 표본이 특정 색깔로 표기되었는지를 확인한다. 예방차원에서 표본의 색깔은 매달 변경되고, 표식을 위하여 날개를 절단할 수 있다. 색깔과 날개절단 일정은 비공개로 박멸프로그램 사무실에서 담당한다.

(3) 우편물 발송

조사원은 표식 된 표본을 수거하는 경우 품질관리 동정번호를 부착하여 바이엘에 보관한다. 또한 수집된 숫자를 품질관리 시험용 기록장에 기입한다. 그 다음 조사원은 등기로 현장 감독관에게 표본을 송부한다.

현장감독관은 프로그램 사무소에 죽은 표본을 설치해야 하는 시험용 트랩 목록을 보낸다. 죽은 표본은 정규 트랩조사를 실시하기 1일 전에는 설치되어 있어야 한다.

(4) 반납

표시된 표본이 발견되면 조사원은 트랩조사 표준(공식)절차와 동일한 방법에 따라서 조치한다. 그러나 표본을 바이엘에 넣어 반납하며, 조사보고서 비고란에 시험용 품질관리 번호를 부여하고, 표본은 등기메일로 프로그램 사무소에 반납한다.

(5) 구두시험

트랩조사원의 해충동정 능력을 유지시키기 위하여 비정기적으로 시험이 시행될 수 있다. 박멸 프로그램과 관련 된 모든 사람이 지식을 공유할 수 있도록 시험 후 일반토론이 진행될 수 있다.

3 퀸즐랜드과실파리 모니터링 매뉴얼

과실파리류에서 사용하는 발견과 발생의 용어는 다음과 같이 정리된다.

• 발견과 발생

발견	• 발생 전 단계 • 무발생으로 간주되나 긴급조치 추진 • 정착되지 않았으나 당분간 생존 가능한 고립된 집단이 검출된 경우
발생	• 국제기구, 수출상대국 등에 의무통보 • 대내·외 공식 발표 • 국가 주도의 방제작업 추진 • 다수가 검출되거나 정착되어 지속적으로 존재하는 경우

• 퀸즐랜드과실파리 발생 기준

• 알, 유충, 번데기 또는 교미된 암컷 1 마리 이상 또는

• 1 세대 이내에 발견지 중심(14.4 × 14.4 km) 내 성충 5 마리 이상이 트랩에서 검출된 경우 (수컷, 미교미 암컷)

종류	목적	방법	조사범위	조사횟수 및 기간
상시모니터링	조기탐지용	델타트랩	주요 기주 재배지역 및 항구, 항만 인접지역(전국 1,000 개 지점)	연중
		순회모니터링	재배기주 및 이동기주 조사	월 1~2 회
긴급모니터링	분포한계조사	델타트랩	발견지중심 14.4 km 격자	1 회/일(첫 1 주) 2 회/주(첫 세대) 0.5 회/주(2~3세대)
		기주조사	발견지중심 200 m 반경	1 회 및 폐기 처리

3.1 상시 모니터링

3.1.1 조사지역

① 전국 공항·항만 주변 반경 1.6 km

② 전국 퀸즐랜드과실파리 기주 대형 재배단지

③ 전국 과일판매시장 주변 200 m

3.1.2 모니터링 방법

모니터링 방법은 식물검역관이 실시하는 해충에 대한 트랩조사와 포장순회모니터링(대상: 이동 기주)이 있다.

3.1.3 유형별 모니터링 요령

3.1.3.1 트랩조사

① **조사기간** : 연중

② **트랩설치 장소** : 전국 1,000 개 운영(제주도 500 개, 본토 500 개)공항·항만지역, 전국 기주 재배단지, 수출·입식물재배지, 과일판매시장 주변, 격리재배지, 외국군부대 주변 등 적절한 장소를 선정한다.

③ **트랩설치 방법**

- 기주과일 나무를 선택한다. 기주나무가 없는 도심지역은 그늘진 장소를 선택한다.
- 설치장소는 출입이 편리하고 안정성이 있는 장소를 선택하여 지상에서 1.6~1.8 m 높이에 사방이 잘 트이고 약간 그늘이 있는 곳에 설치한다.
- 트랩의 설치간격은 유인력에 영향을 주지 않도록 다른 트랩과 최소 5 m 이상의 간격을 유지하도록 하고, 설치한 지점의 침입 위험도가 변경되는 등 필요하다고 판단될 경우 트랩설치 지점을 변경한다.

④ **유인제 설치 및 교체**

폴레에틸렌 봉지에 함유된 큐루어(Cue lure) 유인제를 이용하여 델타트랩에 설치한다. 약각 트랩에는 폴레에틸렌 봉지에 함유된 500 mg의 큐루어(Cue lure) 유인제를 투입하고 12 주 간격으로 교체한다. 폴레에틸렌 봉지에 함유된 500 mg의 큐루어(Cue lure) 유인제 제작은 모니터링트랩을 참조한다.

⑤ **조사횟수** : 동계(12~2월) 월 1 회, 춘계(3~5월) 2 주 1 회, 하계(6~9월) 1 주 1 회, 추계(10~11월) 2 주 1 회

⑥ **트랩설치 장소 등록** : 농림축산검역본부(이하 "검역본부"라 한다) 지역본부·사무소별로 트랩번호를 부여하여 설치한 다음 설치위치의 GPS 좌표를 식물검역통합정보시스템의 금지급 과실파리 모니터링 방제시스템에 등록한다.

⑦ **유인제 보관** : 유인제는 증발되지 않도록 밀봉하여 냉장고에 보관한다.

3.1.3.2 포장순회모니터링

① 조사기간 : 1～12월

② 조사횟수

- 11～2월에는 월 1 회
- 3～10월에는 월 2 회 이상

③ 조사지역 : 공항 · 항만지역, 경유물품에 긴급사태가 발생한 지역, 격리재배지, 수출 · 입 식물 재배지역 등

④ 주요 조사 대상 기주 : 사과, 복숭아, 토마토, 망고 등 과수류, 채소류

⑤ 조사방법 : 기형과, 유충, 알, 식흔, 부패, 배설물 등

3.1.4 모니터링결과 등록 및 표본제작

- 채집된 모든 과실파리는 분류동정하고 그 결과를 금지급 과실파리 모니터링 방제시스템에 등록한다.

FF 관리 DB

	A	B	C	D	E	F	G	H	I
1	날자	채집지점	트랩	곤충종(추정)	마리수	진단기술	종동정	조치	관리
2	16.3.17	제주(CJ-A-i-47)	ME	B. oroientalis	1	DNA/형태	B. orientalis	OFF 매뉴얼 제10조 1항에 따라 제주본부장통보(3/19)	OFF 매뉴얼 제4항에 따라 긴급방제지역선포(3/20)
3				B. sp.	1	DNA/형태	B. scutellata	무조치	무관리
4				Unknown	1	DNA	B. scutellata	무조치	무관리
5									

- 동정은 형태지표 및 분자지표를 이용한다. 분자지표의 경우는 신속동정시스템을 이용하고, 정밀동정은 농림축산검역본부의 전문가에게 보내 판정 받는다.
- 채집된 과실파리는 표본을 제작한 후 라벨을 부착(해충명, 기주, 채집지, 채집일자, 채집자)하여 보관한다.

3.1.5 상황보고

지역본부장 · 사무소장은 모니터링결과 새로운 식물병해충(검역병해충, 국내미분포병해충 등)을 발견한 경우 또는 경유물품에 긴급사태가 발생한 경우와 모니터링요원의 새로운 병해충 신고 및 조치사항을 별지 서식 제3호에 따라 농림축산검역본부(식물방제과)로 계통보고 하고 발견된 병해충 표본을 긴급 송부한다.

[별지 제3호서식]

새로운 식물병해충 발견상황 보고

구 분	내 용
1. 발견일자	
2. 발견장소	• 주소: • 농가명: (TEL)
3. 병해충명	
4. 기주식물 (트랩설치 식물)	
5. 발견상황	• 발견병해충수, 발견정도, 피해증상 등
6. 조치사항	• 긴급조치(약제살포, 폐기 등) 등
7. 기 타	• 병해충 발견자 : 직 성명 • 분류동정자 : 직 성명 • 확인자 : 직 성명 • 기타 참고사항 수입식물의 수입시기, 수입국가, 수입량 농가에서 최초 발견시기 등

3.2 긴급 모니터링

3.2.1 분포한계조사

3.2.1.1 트랩 종류와 배치

어떤 지역에 1 개체 또는 그 이상의 퀸즐랜드과실파리가 채집될 때, 침입 개체의 분포한계를 결정하기 위한 조사가 즉시 수행된다. 최초 발견지점을 중심으로 그 주변을 1.6 km 간격으로 정사각형(1.6 × 1.6 km) 격자배치구를 설정한 후 중심부에서 주변부로 격자 당 50–25–15–10–5–5–5 개의 델타트랩(큐루어(Cue lure) 유인제)을 설치하고, 중심지역에 멕페일트랩(단백질먹이 유살제) 25 개를 추가 설치한다. 트랩 포획은 처음 7 일 동안은 매일 조사하고, 그 후에는 일주일 간격으로 조사한다. 마지막 퀸즐랜드과실파리가 발견된 날로부터 3 세대가 경과할 때까지 트랩을 지속한다.

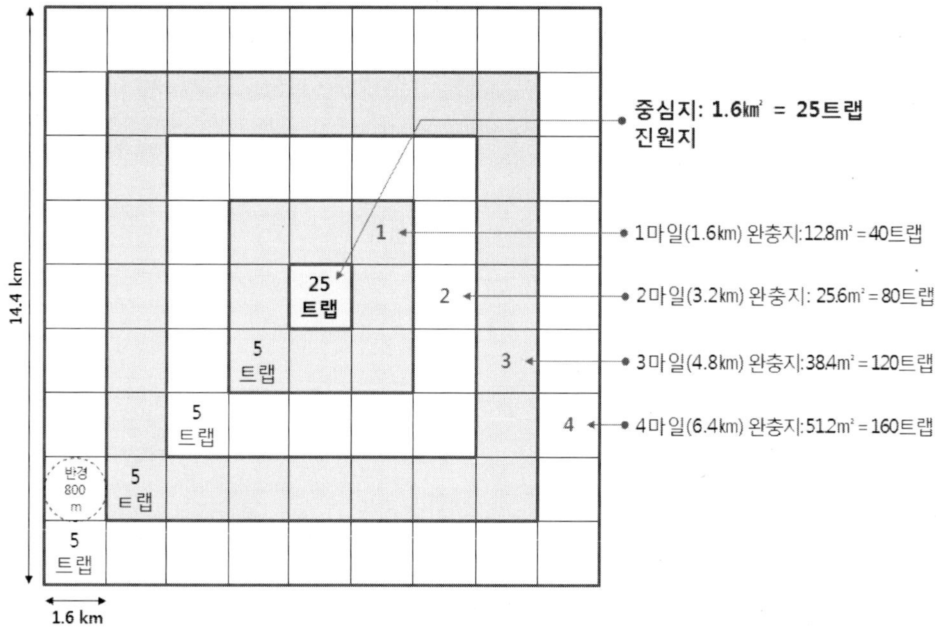

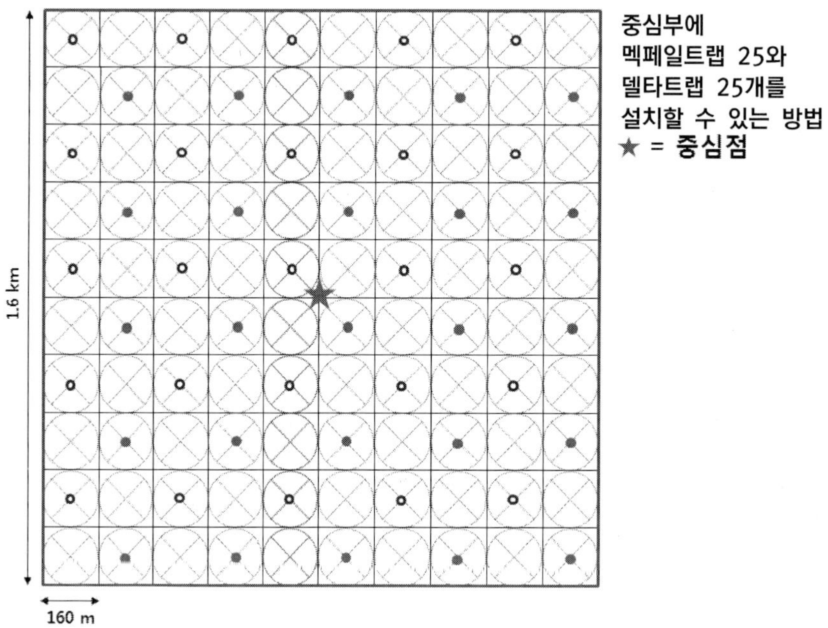

▌분포한계조사 모니터링 트랩 설치▐

퀸즐랜드과실파리 검출지로 부터 14.4 km 밖의 지역은 상시모니터링 설치 지역에 의존하며, 기존의 실시간 모니터링을 유지한다.

3.2.1.2 트랩 조사기간 및 조사 빈도

① **조사기간** : 마지막 발견 후 3 세대 기간으로 세대기간의 계산은 제3장의 예찰 프로그램을 이용한다.

② **조사빈도** : 최초발견 이후 1 주 동안은 매일 조사하고, 그 후 1 세대 기간 동안은 주당 2 회 조사한다. 2~3 세대 동안에는 2 주 1 회 조사한다. 트랩에 채집된 암컷은 해부하여 암컷저정낭(spermatheca)에 존재하는 정자의 유무로 교미여부를 조사한다.

3.2.2 기주 조사

① 과실절개 검사

퀸즐랜드과실파리 검출지로 부터 200 m 이내의 과실을 수거하여 절개하고 미성숙 과실파리의 존재를 확인한다. 이후 절개된 과실은 금지급 생물안전시설에서 27℃와 70% 상대습도를 유지하며 2~3 주 보존하며 과실파리 존재 유무를 재확인한다. 한편 과실파리 의심 기주가 보존되는 시설은 "수입금지품 수입 및 사후관리요령의 관리장소 요건"을 충족해야한다.

② 발견지 주변 기주 조사

발견지 주변 2.4 km 이내에 위치한 과수원 명부를 작성하고, 기주식물을 조사한다. 이 지역의 과일을 7~10 일 간격으로 조사한다. 이때 과수원 주인을 대상으로 탐문조사도 실시한다.

3.3 모니터링 트랩 종류

3.3.1 델타트랩과 폴리에틸렌 봉지형 큐루어(Cue lure) 방출기

폴레에틸렌 봉지에 함유된 분말 큐루어(Cue lure) 유인제는 아래와 같이 제조한다.

1) 5 cm × 5 cm 크기의 폴리에틸렌 봉지를 준비한다.
2) 여기에 500 mg의 큐루어(Cue lure)를 넣는다.
3) 폴리에틸렌 봉지의 열린 부분을 밀봉한다.

이 루어는 냉동 보관하며, 야외에서 트랩에 설치한 후 한여름에는 12 주 간격, 봄, 가을에는 16 주 간격, 그리고 겨울에는 20 주 간격으로 새 것으로 교체한다.

3.3.2 멕페일트랩과 단백질먹이 유인제

멕페일트랩(Pherobank, Wijk bij Duurstede, Netherland)에 GE120 미끼 용액을 증류수로 1.5배 희석하여 저장고의 가장자리 바로 아래까지 채워져야 한다.

3.4 모니터링 요원 기술교육

식물방제과는 지역본부 모니터링조사팀, 인력지원팀 및 모니터링조사원을 구성・확인하고, 모니터링조사팀・인력지원팀・모니터링조사원은 정기적인 교육・훈련・평가를 통하여 상시 모니터링조사 및 퀸즐랜드과실파리 발견(발생) 긴급 상황에 대비한다.

모니터링조사팀・인력지원팀・모니터링조사원은 상시 모니터링조사 시작 전 실무교육을 이수하고 상시 모니터링조사기간 해충식별 능력평가를 받는다. 식물방제과 모니터링담당자는 모니터링조사팀・인력지원팀・모니터링조사원에 대한 이론교육과 실습교육을 포함한 연간 교육계획을 수립하여 시행한다.

3.4.1 교육방법

모니터링조사원 실무교육	모니터링조사원 해충식별 능력평가
(담당) 식물방제과 모니터링담당자	(담당) 식물방제과 모니터링담당자
(대상) 모니터링조사원	(대상) 모니터링조사원
(내용) 금지병해충 육안 진단법, 트랩 설치장소 선정법, 트랩 취급법, 모니터링조사결과 작성법, GPS사용법, 포획된 표본 취급, 동정의뢰 방법, 민원인 응대법, 약품 및 차량 안전관리기본법 등	(내용) 모니터링조사 기간중 무작위로 선발된 4개 트랩에 금지해충 투입
(방식) 집합교육, 8시간	(방식) 실전교육
(일정) 트랩조사 시작 15일전	(일정) 상시 모니터링조사 시작 1개월 후 및 종료 1개월 전 실시 (2 회)
(평가) 실무교육 후 실기평가 실시	(평가) 현장평가

3.4.2 외국의 모니터링 요원 기술교육 사례

현장감독관은 각각 트랩조사원의 업무를 관리한다. 일정관리, 문제를 도와주는 것, 그리고 전반적인 지시사항과 더불어 다음의 품질관리 항목도 추진한다.

3.4.2.1 평가

현장 감독관은 정기적으로 각 트랩조사원에 의해 운영되는 트랩의 개수를 점검한다. 평가서에 감독관은 트랩개수, 위치, 설치장소 설명 및 날짜를 목록화하고 미끼의 상태, 트랩위치 그리고 트랩조사 일정을 언급한다. 트랩조사원은 작업하는 지역의 결과와 문제를 보고한다.

3.4.2.2 트랩 주소록 - 지도 요구

(1) 트랩위치 주소록

모든 트랩조사원, 트랩, 조사일, 현장감독관 및 각 트랩의 정확한 위치를 제공하는 각 트랩 카드의 복사 목록을 주소록에 유지해야 한다.

(2) 지도

조사 시 사용된 좌표에 격자형의 대규모 마스터 지도는 유지 및 매일 갱신되어야 할 것이다. 지도는 모든 트랩의 위치를 보여주며, 규제지를 알려준다.

3.4.2.3 개시 트랩훈련 및 홍보업무

(1) 트랩위치

새로 온 트랩조사원은 적절한 트랩설치 위치에 대한 개인별 지침을 부여 받을 것이다.

① 트랩설치 장소의 선택

트랩 설치장소를 선택할 때 우선적으로 고려해야 할 사항은 과실파리가 선호하는 기주식물이 있고 산란 가능한 과실이 달려 있는가 하는 점이다. 트랩을 설치할 만한 선호기주가 2종 또는 그 이상인 장소가 있다면, 동일한 품종이든 다른 품종이든 여러 종류의 기주식물이 분포하고 있는 장소를 선택해야한다. 대부분의 경우 한 종류의 기주식물이 활용 가능할 것이며, 이런 상황에서도 트랩장소로 이용될 수 있다. 지도상 보기 좋게 하기 위하여 기주식물과 무관하게 장소를 선택할 필요는 없다.

오리엔탈과실파리의 경우 과수원의 중앙부 또는 근처에 설치된 트랩은 가장자리에 설치하는 것 보다 과실파리를 포획할 가능성이 더 높다(과수원과 은신처인 숲을 주기적으로 왕복 이동하는 종은 가장자리의 트랩에서 포획량이 높음).

성숙한 과실이 열려 있는 1차 기주식물이 존재하는 조건에서 비선호 또는 2차 기주식물에 트랩을 설치하거나, 1차 기주식물이라도 과실이 없는 나무에 트랩을 설치하는 경우 트랩 유인미끼가 천연 유인제(즉 성숙과실)와 경쟁할 수밖에 없다. 어떤 경우에는 매우 선호성이 높은 기주식물에 성숙과실이 부족하거나 트랩설치 위치로 충분한 그늘이 없는 경우도 있다. 이런 경우 감로가 발생되는 나무는 적절한 트랩설치 장소가 될 수 있다. 성숙한 과실이 없는 기주식물에서 충분한 감로의 발생이 없다면 트랩설치 장소로 좋지 않다. 과실파리류 성충은 단백질뿐만 아니라 먹이자원으로 진딧물이나 깍지벌레류가 분비하는 감로를 선호한다. 감로에 그을음병이 발생되어 잎이나 가지가 검게 오염되어 있는 장소를 선택할 수 있다. 성숙 과실이 있거나 연중 대부분 기간 유인력이 있는 이러한 선호 기주에 트랩이 설치되도록 조치해야한다. 일반 구아바와 망고는 감로 제공원으로 선택할 수 있다.

다른 선호 기주를 이용할 수 있는 경우 나뭇잎이 적은 나무는 피해야 한다. 특히 여름기간에 그늘을 조성할 수 있는 풍부한 잎을 갖은 나무의 선택이 중요한다. 선호기주가 충분한 그늘을 형성하지 못할 때는 주변에 선호가 떨어지거나 비선호 기주식물지만 그늘이 풍부한 나무에 트랩을 설치하는 것을 고려할 필요가 있다.

미래 트랩설치 위치로 활용할 수 있도록 최적 트랩설치 위치를 "트랩위치 기록지"에 표시한다. 이러한 작업은 트랩설치 장소 결정시 또는 트랩 조사기간 장소들을 관찰할 때 이루어질 수 있다.

② 기주식물에서 트랩위치

일반적으로 과실이 없는 기주식물의 수관 내부에 트랩을 설치하는 것은 권장되지 않는다. 다만, 선호기주와 충분한 그늘이 없는 경우 트랩설치 대체 장소로 활용될 수 있다.

적절

부적절

트랩은 어린이, 가축, 또는 애완동물이 접촉할 수 없는 충분한 높이의 기주내부에 설치되어야 한다. 트랩은 바람이 불어 떨어지지 않고 안전하게 보전되도록 설치해야 한다. 여름 또는 무더운 기간 동안에 트랩은 바람이 잘 통하는 그늘 속에 있어야 한다. 반년 겨울 또는 일년 중 서늘한 시기 동안은 남쪽 방향으로 설치하며, 이때 태양 직사광선에 노출되지 않도록 한다. 나무의 주간부(중심줄기)에서 수관의 바깥쪽 가장자리까지 거리의 1/2~2/3 되는 지점에 트랩을 설치하는 것이 좋다. 트랩은 나무의 수관 아래 또는 바깥쪽에 걸어두어서도 안 된다. 수관 내부 가지가 밀집한 부분에 트랩을 설치하는 경우 나무의 가지와 잎이 과실파리의 휴식처 역할을 하므로 트랩 속으로 유인되는 것을 방해할 수 있다. 트랩 아래 부분에 나뭇잎이 있는 것이 좋으나 반드시 트랩 바로 밑은 아니다. 트랩의 한쪽 끝에 부착된 금속 고리를 이용하여 어린이와 호기심이 많은 사람이 쉽게 닿지 않는 충분한 높이에 트랩을 설치한다.

(2) 홍보업무

좋은 홍보업무는 전문가의 임무인 조사의 중요한 부분이다. 일관성 있는 자세가 필요하고 빈번히 일반 국민과 접촉해야 하므로 항상 정중해야 한다. 오래 계속되는 대화는 피하고 업무관련 짧고 따뜻한 대화가 바람직하다. 프로그램 활동관련 논쟁을 벌이지 않는다. 조사담당자는 담당기관을 대표하고 있으며, 일반 국민의 감시 속에서 그 기관의 이미지가 형성된다. 일반 대중에게 좋은 인상을 만들기 위해 복장, 개인적 외관 그리고 행동을 적절히 해야 한다. 짧은 티셔츠를 입어서는 안 된다. 편안하고 몸을 보호할 수 있는 긴 바지 또는 헐렁한 셔츠 또는 소매가 있는 블라우스를 입도록 규정한다. 신발은 신어야 한다. 두꺼운 밑창 가죽신은 못과 유리 조각으로부터 보호할 수 있다. 근무시간 동안 쉽게 신분확인을 위하여 항상 신분확인 명찰을 가슴에 착용한다. 처음으로 개인 소유지에 들어갈 때는 반드시 소유자 또는 관리인에게 연락을 취하여 업무를 간략하게 설명하고 트랩을 설치하기 위한 허락을 요청한다. 일반 대중과 대화하는 경우, 트랩은 "곤충조사 트랩"으로 정확하게 말해야 한다. 트랩설치 장소의 사유지에 사람이 없는 경우 소유자 또는 세입자에게 메모를 남겨야 한다.

3.4.2.4 품질관리 자문관

일반적으로 프로그램 수행과정에 품질관리 자문관이 참여하게 될 것이다. 이 직원들은 트랩조사 프로그램을 모니터링하며 트랩조사 지역에 모든 트랩조사원과 친밀감을 형성한다. 트랩조사원과 일하는 자문관은 적절한 트랩위치, 미끼교체, 기주 선택, 트랩 배치 및 기록 관리를 도와준다. 트랩조사 지역의 결점과 추천된 개선점은 현장전문가에게 보고된다. 또한 그런 보고는 프로그램 관리자에게 준다. 현재 상황에 대한 변화와 개선점을 토론하기 위해 자문관과 직원과의 정기적인 미팅이 요구된다.

3.4.2.5 조사원에 대한 트랩조사 관리요령 시험 프로그램

대규모 박멸프로그램의 과정 동안, 실제 설치된 몇 개의 트랩을 선택하여 표식 된 죽은 오이과실파리를 넣은 다음 조사원의 테스트용으로 사용할 수 있다. 이러한 시험을 통하여 조사원의 조사능력을 확인하고 표준화된 보고서 작성뿐만 아니라 조사원의 높은 트랩조사 능력을 유지할 수 있다. 죽은 오이과실파리 표본은 박멸프로그램 본부에서 수집하고 통제해야한다. 모든 시험과정은 관련자들과 공유되어 잘못된 판단이 되지 않도록 조치해야 한다. 즉 공유되지 않은 경우 시험용 "죽은 오이과실파리"를 새로 발생한 개체로 오인할 수 있다.

(1) 트랩 선택

각 현장감독관은 시험대항 조사원에게 각각 5~15 개 트랩(현장에 설치되어 있는 트랩을 말함)을 무작위로 배당한다. 서로 혼동을 방지하기 위하여 시험일에 앞서 적어도 1 주일 전에 모두 자료를 박멸프로그램 사무실에 제공해야 한다.

(2) 준비

현장감독관에게 죽은 표본이 미리 전달된다. 감독관은 표본이 특정 색깔로 표기되었는지를 확인한다. 예방차원에서 표본의 색깔은 매달 변경되고, 표식을 위하여 날개를 절단할 수 있다. 색깔과 날개절단 일정은 비공개로 박멸프로그램 사무실에서 담당한다.

(3) 우편물 발송

조사원은 표식 된 표본을 수거하는 경우 품질관리 동정번호를 부착하여 바이엘에 보관한다. 또한 수집된 숫자를 품질관리 시험용 기록장에 기입한다. 그 다음 조사원은 등기로 현장 감독관에게 표본을 송부한다.

현장감독관은 프로그램 사무소에 죽은 표본을 설치해야 하는 시험용 트랩 목록을 보낸다. 죽은 표본은 정규 트랩조사를 실시하기 1일 전에는 설치되어 있어야 한다.

(4) 반납

표시된 표본이 발견되면 조사원은 트랩조사 표준(공식)절차와 동일한 방법에 따라서 조치한다. 그러나 표본을 바이엘에 넣어 반납하며, 조사보고서 비고란에 시험용 품질관리 번호를 부여하고, 표본은 등기메일로 프로그램 사무소에 반납한다.

(5) 구두시험

트랩조사원의 해충동정 능력을 유지시키기 위하여 비정기적으로 시험이 시행될 수 있다. 박멸 프로그램과 관련 된 모든 사람이 지식을 공유할 수 있도록 시험 후 일반토론이 진행될 수 있다.

4 복숭아과실파리 모니터링 매뉴얼

과실파리류에서 사용하는 발견과 발생의 용어는 다음과 같이 정리된다.

• 발견과 발생

발견	• 발생 전 단계 • 무발생으로 간주되나 긴급조치 추진 • 정착되지 않았으나 당분간 생존 가능한 고립된 집단이 검출된 경우
발생	• 국제기구, 수출상대국 등에 의무통보 • 대내 · 외 공식 발표 • 국가 주도의 방제작업 추진 • 다수가 검출되거나 정착되어 지속적으로 존재하는 경우

• 복숭아과실파리 발생 기준

• 알, 유충, 번데기 또는 교미된 암컷 1 마리 이상 또는

• 1 세대 이내에 발견지 중심(14.4 × 14.4 km) 내 성충 5 마리 이상이 트랩에서 검출된 경우 (수컷, 미교미 암컷)

종류	목적	방법	조사범위	조사횟수 및 기간
상시모니터링	조기탐지용	델타트랩	주요 기주 재배지역 및 항구, 항만 인접지역(전국 1,000 개 지점)	연중
		순회모니터링	재배기주 및 이동기주 조사	월 1~2 회
긴급모니터링	분포한계조사	델타트랩	발견지중심 14.4 km 격자	1 회/일(첫 1 주) 2 회/주(첫 세대) 0.5 회/주(2~3세대)
		기주조사	발견지중심 200 m 반경	1 회 및 폐기 처리

4.1 상시 모니터링

4.1.1 조사지역

① 전국 공항 · 항만 주변 반경 1.6 km

② 전국 복숭아과실파리 기주 대형 재배단지

③ 전국 과일판매시장 주변 200 m

4.1.2 모니터링 방법

모니터링 방법은 식물검역관이 실시하는 해충에 대한 트랩조사와 포장순회모니터링(대상: 이동 기주)이 있다.

4.1.3 유형별 모니터링 요령

4.1.3.1 트랩조사

① **조사기간** : 연중

② **트랩설치 장소** : 전국 1,000 개 운영(제주도 500 개, 본토 500 개)공항 · 항만지역, 전국 기주 재배단지, 수출 · 입식물재배지, 과일판매시장 주변, 격리재배지, 외국군부대 주변 등 적절한 장소를 선정한다.

③ **트랩설치 방법**

- 기주과일 나무를 선택한다. 기주나무가 없는 도심지역은 그늘진 장소를 선택한다.
- 설치장소는 출입이 편리하고 안정성이 있는 장소를 선택하여 지상에서 1.6~1.8 m 높이에 사방이 잘 트이고 약간 그늘이 있는 곳에 설치한다.
- 트랩의 설치간격은 유인력에 영향을 주지 않도록 다른 트랩과 최소 5 m 이상의 간격을 유지하도록 하고, 설치한 지점의 침입 위험도가 변경되는 등 필요하다고 판단될 경우 트랩설치 지점을 변경한다.

④ **유인제 설치 및 교체**

왁스형 ME(메칠유제놀) 유인제를 이용하여 델타트랩에 설치한다. 약 각 트랩에는 7 mL 부피의 왁스형 ME(메칠유제놀) 유인제를 투입하고 8 주 간격으로 교체한다. 왁스형 ME (메칠유제놀) 미끼 제작은 모니터링트랩을 참조한다.

⑤ **조사횟수** : 동계(12~2월) 월 1 회, 춘계(3~5월) 2 주 1 회, 하계(6~9월) 1 주 1 회, 추계(10~11월) 2 주 1 회

⑥ **트랩설치장소 등록** : 농림축산검역본부(이하 "검역본부"라 한다) 지역본부 · 사무소별로 트랩번호를 부여하여 설치한 다음 설치위치의 GPS 좌표를 식물검역통합정보시스템의 금지급 과실파리모니터링방제시스템에 등록한다.

⑦ **유인제 보관** : 유인제는 증발되지 않도록 밀봉하여 냉장고에 보관한다.

4.1.3.2 포장순회모니터링

① 조사기간 : 1~12월

② 조사횟수

• 11~2월에는 월 1 회

• 3~10월에는 월 2 회 이상

③ 조사지역 : 공항 · 항만지역, 경유물품에 긴급사태가 발생한 지역, 격리재배지, 수출 · 입 식물 재배지역 등

④ 주요 조사 대상 기주 : 사과, 배, 감, 포도, 복숭아, 자두, 살구, 호두 등 과수류, 채소류

⑤ 조사방법 : 기형과, 유충, 알, 식흔, 부패, 배설물 등

4.1.4 모니터링결과 등록 및 표본제작

• 채집된 모든 과실파리는 분류동정하고 그 결과를 금지급 과실파리 모니터링 방제시스템에 등록한다.

FF 관리 DB

	A	B	C	D	E	F	G	H	I
1	날자	채집지점	트랩	곤충종(추정)	마리수	진단기술	종동정	조치	관리
2	16.3.17	제주(CJ-A-i-47)	ME	B. oroientalis	1	DNA/형태	B. orientalis	OFF 매뉴얼 제10조 1항에 따라 제주본부장통보(3/19)	OFF 매뉴얼 제4항에 따라 긴급방제지역선포(3/20)
3				B. sp.	1	DNA/형태	B. scutellata	무조치	무관리
4				Unknown	1	DNA	B. scutellata	무조치	무관리
5									

• 동정은 형태지표 및 분자지표를 이용한다. 분자지표의 경우는 신속동정시스템을 이용하고, 정밀동정은 농림축산검역본부의 전문가에게 보내 판정 받는다.

• 채집된 과실파리는 표본을 제작한 후 라벨을 부착(해충명, 기주, 채집지, 채집일자, 채집자)하여 보관한다.

4.1.5 상황보고

지역본부장 · 사무소장은 모니터링결과 새로운 식물병해충(검역병해충, 국내미분포병해충 등)을 발견한 경우 또는 경유물품에 긴급사태가 발생한 경우와 모니터링요원의 새로운 병해충 신고 및 조치사항을 별지 서식 제3호에 따라 농림축산검역본부(식물방제과)로 계통보고 하고 발견된 병해충 표본을 긴급 송부한다.

[별지 제3호서식]

새로운 식물병해충 발견상황 보고

구 분	내 용
1. 발견일자	
2. 발견장소	• 주소: • 농가명: (TEL)
3. 병해충명	
4. 기주식물 (트랩설치 식물)	
5. 발견상황	• 발견병해충수, 발견정도, 피해증상 등
6. 조치사항	• 긴급조치(약제살포, 폐기 등) 등
7. 기 타	• 병해충 발견자 : 직 성명 • 분류동정자 : 직 성명 • 확인자 : 직 성명 • 기타 참고사항 수입식물의 수입시기, 수입국가, 수입량 농가에서 최초 발견시기 등

4.2 긴급 모니터링

4.2.1 분포한계조사

4.2.1.1 트랩 종류와 배치

어떤 지역에 1 개체 또는 그 이상의 복숭아과실파리가 채집될 때, 침입 개체의 분포한계를 결정하기 위한 조사가 즉시 수행된다. 최초 발견지점을 중심으로 그 주변을 1.6 km 간격으로 정사각형(1.6 × 1.6 km) 격자배치구를 설정한 후 중심부에서 주변부로 격자 당 25-5-5-5-5 개의 델타트랩(왁스형 ME 유인제)을 설치하고, 중심지역에 멕페일트랩(단백질먹이 유살제) 25 개를 추가 설치한다.

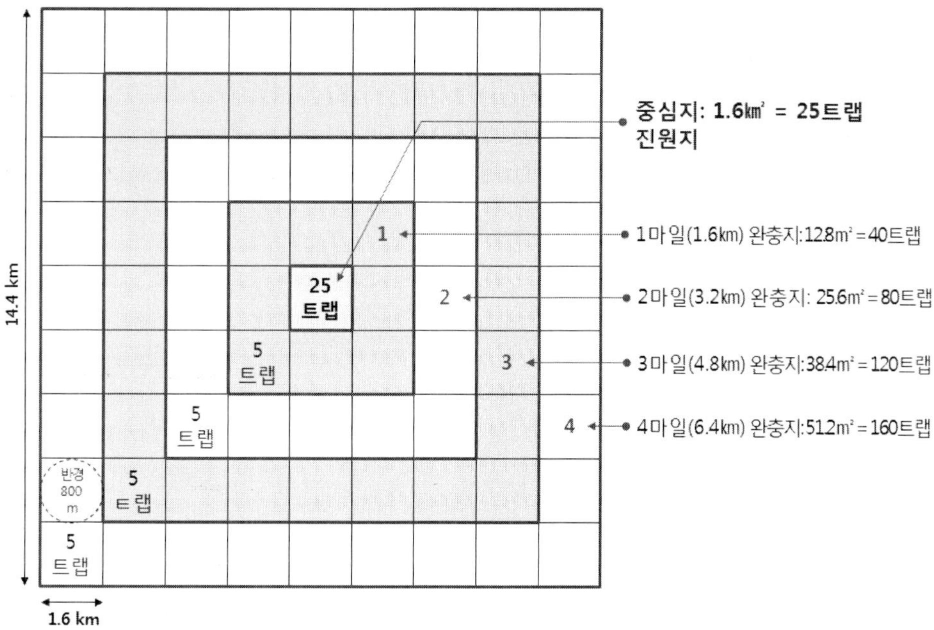

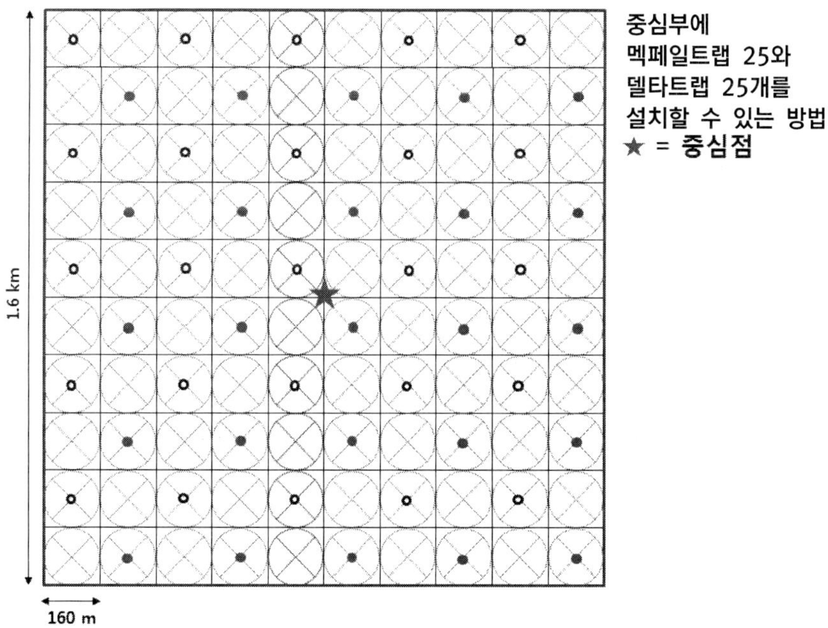

‖ 분포한계조사 모니터링 트랩 설치 ‖

복숭아과실파리 검출지로 부터 14.4 km 밖의 지역은 상시모니터링 설치 지역에 의존하며, 기존의 실시간 모니터링을 유지한다.

4.2.1.2 트랩 조사기간 및 조사 빈도

① 조사기간 : 마지막 발견 후 3 세대 기간으로 세대기간의 계산은 제3장의 예찰 프로그램을 이용한다.

② 조사빈도 : 최초발견 이후 1 주 동안은 매일 조사하고, 그 후 1 세대 기간 동안은 주당 2 회 조사한다. 2~3 세대 동안에는 2 주 1 회 조사한다. 트랩에 채집된 암컷은 해부하여 암컷저정낭(spermatheca)에 존재하는 정자의 유무로 교미여부를 조사한다.

4.2.2 기주 조사

① 과실절개 검사

복숭아과실파리 검출지로 부터 200 m 이내의 과실을 수거하여 절개하고 미성숙 과실파리의 존재를 확인한다. 이후 절개된 과실은 금지급 생물안전시설에서 27℃와 70% 상대습도를 유지하며 2~3 주 보존하며 과실파리 존재 유무를 재확인한다. 한편 과실파리 의심 기주가 보존되는 시설은 "수입금지품 수입 및 사후관리요령의 관리장소 요건"을 충족해야한다.

② 발견지 주변 기주 조사

발견지 주변 2.4 km 이내에 위치한 과수원 명부를 작성하고, 기주식물을 조사한다. 이 지역의 과일을 7~10 일 간격으로 조사한다. 이때 과수원 주인을 대상으로 탐문조사도 실시한다.

4.3 모니터링 트랩 종류

4.3.1 델타트랩과 왁스형 ME(메칠유제놀) 방출기

델타트랩은 (주)그린아그로텍에서 시판하는 트랩을 이용한다. 여기에 ME를 방출하는 왁스형 방출기를 제작하고 약 7 mL를 미끼 자리에 넣어준다.

성분	무게(g)	공급처
파라핀왁스	300	EMD Millipore Corporation, MA, USA
유화제 (Almax 3600)	60	Illshinwells, Seoul, Korea
α -Tocopherol	20	Sigma, St Louis, MO, USA
Jojoba 오일	20	Sigma, St Louis, MO, USA
응칠이	2	㈜고려바이오, 한국
메칠유제놀	100	Sigma, St Louis, MO, USA
증류수	498	
전체	1,000	

왁스형방출기의 제작은 우선 파라핀왁스(15 g, EMD Millipore Corporation, MA, USA)를 가열자석교반기에서 약 70℃에서 용해시킨 후 300 rpm 속도로 용해된 왁스를 고르게 만든다. 이때 유화제(3 g, Emulsifier, Almax 3600, Illshinwells, Seoul, Korea)를 첨가하면서 회전 속도를 500 rpm으로 증가시킨다. 유화제가 고르게 혼합되면 항산화물질인 α-tocopherol (0.5 g, Sigma-Aldrich Korea), Jojoba oil (0.5 g, Sigma-Aldrich Korea)을 첨가한다. 여기서 ME 5 g을 디클로메탄 10 mL로 용해시켜 첨가한다. 마지막으로 친환경작물보호제(응칠이, 고려바이오) 제품 기준으로 0.1 mL을 첨가한다. 모든 성분이 용해된 후 탈이온증류수를 24.5 mL을 넣고 1,000 rpm에서 10 분간 교반한다. 이를 상온에서 서서히 식힌 후 사용 전 까지 냉장(4℃) 보관한다. 미끼의 교환은 다음의 표에서 보듯 계절에 따라 서로 다른 기간 주기로 교체한다.

시기	유인제 교체 간격
12-3월	16 주
4-11월	8 주
총 연간 교체수	6 회 교체

4.3.2 멕페일트랩과 단백질먹이 유인제

멕페일트랩(Pherobank, Wijk bij Duurstede, Netherland)에 GE120 미끼 용액을 증류수로 1.5 배 희석하여 저장고의 가장자리 바로 아래까지 채워져야 한다.

4.4 모니터링 요원 기술교육

식물방제과는 지역본부 모니터링조사팀, 인력지원팀 및 모니터링조사원을 구성·확인하고, 모니터링조사팀·인력지원팀·모니터링조사원은 정기적인 교육·훈련·평가를 통하여 상시 모니터링조사 및 복숭아과실파리 발견(발생) 긴급 상황에 대비한다.

모니터링조사팀·인력지원팀·모니터링조사원은 상시 모니터링조사 시작 전 실무교육을 이수하고 상시 모니터링조사기간 해충식별 능력평가를 받는다. 식물방제과 모니터링담당자는 모니터링조사팀·인력지원팀·모니터링조사원에 대한 이론교육과 실습교육을 포함한 연간 교육 계획을 수립하여 시행한다.

4.4.1 교육방법

모니터링조사원 실무교육	모니터링조사원 해충식별 능력평가
(담당) 식물방제과 모니터링담당자 (대상) 모니터링조사원 (내용) 금지병해충 육안 진단법, 트랩 설치장소 선정법, 트랩 취급법, 모니터링조사결과 작성법, GPS사용법, 포획된 표본 취급, 동정의뢰 방법, 민원인 응대법, 약품 및 차량 안전관리기본법 등 (방식) 집합교육, 8시간 (일정) 트랩조사 시작 15일전 (평가) 실무교육 후 실기평가 실시	(담당) 식물방제과 모니터링담당자 (대상) 모니터링조사원 (내용) 모니터링조사 기간중 무작위로 선발된 4개 트랩에 금지해충 투입 (방식) 실전교육 (일정) 상시 모니터링조사 시작 1개월 후 및 종료 1개월 전 실시 (2 회) (평가) 현장평가

4.4.2 외국의 모니터링 요원 기술교육 사례

현장감독관은 각각 트랩조사원의 업무를 관리한다. 일정관리, 문제를 도와주는 것, 그리고 전반적인 지시사항과 더불어 다음의 품질관리 항목도 추진한다.

4.4.2.1 평가

현장 감독관은 정기적으로 각 트랩조사원에 의해 운영되는 트랩의 개수를 점검한다. 평가서에 감독관은 트랩개수, 위치, 설치장소 설명 및 날짜를 목록화하고 미끼의 상태, 트랩위치 그리고 트랩조사 일정을 언급한다. 트랩조사원은 작업하는 지역의 결과와 문제를 보고한다.

4.4.2.2 트랩 주소록 - 지도 요구

(1) 트랩위치 주소록

모든 트랩조사원, 트랩, 조사일, 현장감독관 및 각 트랩의 정확한 위치를 제공하는 각 트랩 카드의 복사 목록을 주소록에 유지해야 한다.

(2) 지도

조사 시 사용된 좌표에 격자형의 대규모 마스터 지도는 유지 및 매일 갱신되어야 할 것이다. 지도는 모든 트랩의 위치를 보여주며, 규제지를 알려준다.

4.4.2.3 개시 트랩훈련 및 홍보업무

(1) 트랩위치

새로 온 트랩조사원은 적절한 트랩설치 위치에 대한 개인별 지침을 부여 받을 것이다.

① 트랩설치 장소의 선택

가능한 트랩 장소 선택 시, 우선 고려는 트랩을 설치하는 선호하는 기주에 과실이 있어야 한다. 동일한 상태 기주를 가진 2개 또는 그 이상 가능한 트랩 장소가 있다면, 선호성은 동일한 품종 또는 다른 품종이든 여러 가지 기주를 가진 그 장소에 주어져야 한다. 많은 경우, 한 종류의 나무들은 유일하게 활용 가능한 기주이며 이용되어야 할 것이다. 결코 단지 하나의 장소를 선택하지 마세요, 왜냐하면 지도상 보기 좋게 할 뿐이다. 복숭아과실파리의 경우 과수원의 중앙부 또는 근처에 설치된 트랩은 가장자리에 설치하는 것 보다 표본을 포획할 가능성이 더 높다. 비선호 또는 2차 기주에 트랩을 설치하거나 심지어 성숙된 과실을 가지는 기주가 있을 때, 과실이 없는 주요 기주에 설치하는 것은 천적 유인제와 유인경쟁의 효과가 있다. 다른 경우, 매우 선호하는 기주가 성숙과실이 부족하거나 트랩설치 위치로 충분한 그늘이 없는 경우도 있다. 그런 경우, 주변 감로 공급처는 적절한 트랩설치 장소가 될 수 있다. 일반적으로 충분한 감로의 증거가 나타나지 않는다면 과실이 없는 기주에 트랩을 설치하는 것은 권고되지 않는다. 감로는 달거나 투명한 분비물로 진딧물, 깍지벌레, 가루깍지벌레 및 가루이와 같은 확실한 곤충에 의해 생성된다. 성충 과실파리에게 좋은 먹이원이다. 그을음병이라고 불리는 곰팡이는 감로위에 서식한다. 이 곰팡이는 잎을 검게 만든다. 그을음병의 존재는 기주가 감로를 형성하는 곤충에 의해 감염되었음을 나타내는 지표이다. 성숙 과실이 있거나 연중 대부분 먹이 기주로 유인하는 이러한 선호 기주에 대부분 트랩이 설치되는 기주가 되어야 한다. 흔히 구아바와 망고가 감로 제공원으로 선택된다. 다른 선호 기주가 있을 때 드물게 나뭇잎을 가지는 나무는 피해야 한다. 특별히 이것은 여름기간 동안 진실이다. 왜냐하면 이러한 나무들은 충분한 그늘을 형성하지 못한다. 선호 기주가 충분한 그늘을 가지지 못할 때 주변에 선호가 떨어지거나 비선호 기주에 트랩 설치를 고려해야 할 것이다. 바람직한 트랩설치 장소는 “트랩위치기록”에 표시되어야 한다. 이는 미래 트랩설치 위치로 활용하기 위함이다. 이는 초기 트랩설치 장소 결정 시 또는 트랩 조사기간 장소들이 표시되어 질 때 이루어질 수 있다.

② 기주식물에서 트랩위치

일반적으로 과실이 없는 기주식물의 수관 내부에 트랩을 설치하는 것은 권장되지 않는다. 다만, 선호기주와 충분한 그늘이 없는 경우 트랩설치 대체 장소로 활용될 수 있다.

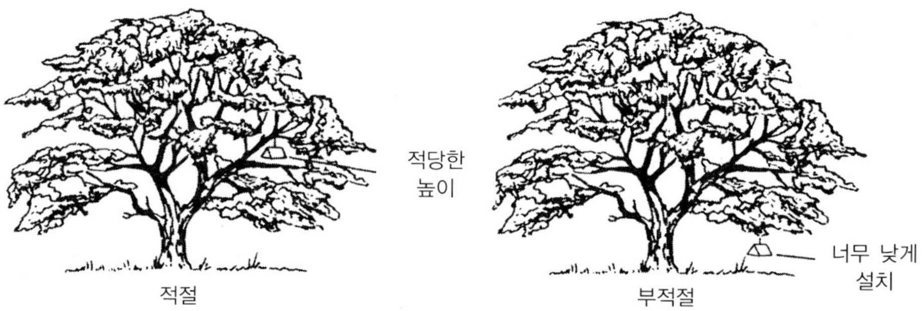

트랩은 어린이, 가축, 또는 애완동물이 접촉할 수 없는 충분한 높이의 기주내부에 설치되어야 한다. 트랩은 바람이 불어 떨어지지 않고 안전하게 보전되도록 설치해야 한다. 여름 또는 무더운 기간 동안에 트랩은 바람이 잘 통하는 그늘 속에 있어야 한다. 반면 겨울 또는 일년 중 서늘한 시기 동안은 남쪽 방향으로 설치하며, 이때 태양 직사광선에 노출되지 않도록 한다. 나무의 주간부(중심줄기)에서 수관의 바깥쪽 가장자리까지 거리의 1/2~2/3 되는 지점에 트랩을 설치하는 것이 좋다. 트랩은 나무의 수관 아래 또는 바깥쪽에 걸어두어서도 안 된다. 수관 내부 가지가 밀집한 부분에 트랩을 설치하는 경우 나무의 가지와 잎이 과실파리의 휴식처 역할을 하므로 트랩 속으로 유인되는 것을 방해할 수 있다. 트랩 아래 부분에 나뭇잎이 있는 것이 좋으나 반드시 트랩 바로 밑은 아니다. 트랩의 한쪽 끝에 부착된 금속 고리를 이용하여 어린이와 호기심이 많은 사람이 쉽게 닿지 않는 충분한 높이에 트랩을 설치한다.

(2) 홍보업무

좋은 홍보업무는 전문가의 임무인 조사의 중요한 부분이다. 일관성 있는 자세가 필요하고 빈번히 일반 국민과 접촉해야 하므로 항상 정중해야 한다. 오래 계속되는 대화는 피하고 업무관련 짧고 따뜻한 대화가 바람직하다. 프로그램 활동관련 논쟁을 벌이지 않는다. 조사담당자는 담당기관을 대표하고 있으며, 일반 국민의 감시 속에서 그 기관의 이미지가 형성된다. 일반 대중에게 좋은 인상을 만들기 위해 복장, 개인적 외관 그리고 행동을 적절히 해야 한다. 짧은 티셔츠를 입어서는 안 된다. 편안하고 몸을 보호할 수 있는 긴 바지 또는 헐렁한 셔츠 또는 소매가 있는 블라우스를 입도록 규정한다. 신발은 신어야 한다. 두꺼운 밑창 가죽신은 못과 유리 조각으로부터 보호할 수 있다. 근무시간 동안 쉽게 신분확인을 위하여 항상 신분확인 명찰을 가슴에 착용한다. 처음으로 개인 소유지에 들어갈 때는 반드시 소유자 또는 관리인에게 연락을 취하여 업무를 간략하게 설명하고 트랩을 설치하기 위한 허락을 요청한다. 일반 대중과 대화하는 경우, 트랩은 "곤충조사 트랩"으로 정확하게 말해야 한다. 트랩설치 장소의 사유지에 사람이 없는 경우 소유자 또는 세입자에게 메모를 남겨야 한다.

4.4.2.4 품질관리 자문관

일반적으로 프로그램 수행과정에 품질관리 자문관이 참여하게 될 것이다. 이 직원들은 트랩조사 프로그램을 모니터링하며 트랩조사 지역에 모든 트랩조사원과 친밀감을 형성한다. 트랩조사원과 일하는 자문관은 적절한 트랩위치, 미끼교체, 기주 선택, 트랩 배치 및 기록 관리를 도와준다. 트랩조사 지역의 결점과 추천된 개선점은 현장전문가에게 보고된다. 또한 그런 보고는 프로그램 관리자에게 준다. 현재 상황에 대한 변화와 개선점을 토론하기 위해 자문관과 직원과의 정기적인 미팅이 요구된다.

4.4.2.5 조사원에 대한 트랩조사 관리요령 시험 프로그램

대규모 박멸프로그램의 과정 동안, 실제 설치된 몇 개의 트랩을 선택하여 표식 된 죽은 오이과실파리를 넣은 다음 조사원의 테스트용으로 사용할 수 있다. 이러한 시험을 통하여 조사원의 조사능력을 확인하고 표준화된 보고서 작성뿐만 아니라 조사원의 높은 트랩조사 능력을 유지할 수 있다. 죽은 오이과실파리 표본은 박멸프로그램 본부에서 수집하고 통제해야한다. 모든 시험과정은 관련자들과 공유되어 잘못된 판단이 되지 않도록 조치해야 한다. 즉 공유되지 않은 경우 시험용 "죽은 오이과실파리"를 새로 발생한 개체로 오인할 수 있다.

(1) 트랩 선택

각 현장감독관은 시험대항 조사원에게 각각 5~15 개 트랩(현장에 설치되어 있는 트랩을 말함)을 무작위로 배당한다. 서로 혼동을 방지하기 위하여 시험일에 앞서 적어도 1 주일 전에 모두 자료를 박멸프로그램 사무실에 제공해야 한다.

(2) 준비

현장감독관에게 죽은 표본이 미리 전달된다. 감독관은 표본이 특정 색깔로 표기되었는지를 확인한다. 예방차원에서 표본의 색깔은 매달 변경되고, 표식을 위하여 날개를 절단할 수 있다. 색깔과 날개절단 일정은 비공개로 박멸프로그램 사무실에서 담당한다.

(3) 우편물 발송

조사원은 표식 된 표본을 수거하는 경우 품질관리 동정번호를 부착하여 바이엘에 보관한다. 또한 수집된 숫자를 품질관리 시험용 기록장에 기입한다. 그 다음 조사원은 등기로 현장 감독관에게 표본을 송부한다.

현장감독관은 프로그램 사무소에 죽은 표본을 설치해야 하는 시험용 트랩 목록을 보낸다. 죽은 표본은 정규 트랩조사를 실시하기 1일 전에는 설치되어 있어야 한다.

(4) 반납

표시된 표본이 발견되면 조사원은 트랩조사 표준(공식)절차와 동일한 방법에 따라서 조치한다. 그러나 표본을 바이엘에 넣어 반납하며, 조사보고서 비고란에 시험용 품질관리 번호를 부여하고, 표본은 등기메일로 프로그램 사무소에 반납한다.

(5) 구두시험

트랩조사원의 해충동정 능력을 유지시키기 위하여 비정기적으로 시험이 시행될 수 있다. 박멸 프로그램과 관련 된 모든 사람이 지식을 공유할 수 있도록 시험 후 일반토론이 진행될 수 있다.

5 오이과실파리 모니터링 매뉴얼

과실파리류에서 사용하는 발견과 발생의 용어는 다음과 같이 정리된다.

• 발견과 발생

발견	• 발생 전 단계 • 무발생으로 간주되나 긴급조치 추진 • 정착되지 않았으나 당분간 생존 가능한 고립된 집단이 검출된 경우
발생	• 국제기구, 수출상대국 등에 의무통보 • 대내 · 외 공식 발표 • 국가 주도의 방제작업 추진 • 다수가 검출되거나 정착되어 지속적으로 존재하는 경우

• 오이과실파리 발생 기준

다음 제시된 사항 중 한 가지에 해당되는 경우 발생으로 판단한다.

• 알, 유충, 번데기 또는 교미된 암컷 1 마리 이상 발견되는 경우

• 발견 후 1 세대 이내에 발견지 분포한계조사 트랩(14.4 × 14.4 km)에서 성충 5 마리 이상이 트랩에 검출된 경우(수컷, 미교미 암컷)

종류	목적	방법	조사범위	조사횟수 및 기간
상시모니터링	조기탐지용	델타트랩	주요 기주 재배지역 및 항구, 항만 인접지역(전국 1,000 개 지점)	연중
		순회모니터링	재배기주 및 이동기주 조사	월 1~2 회
긴급모니터링	분포한계조사	델타트랩	발견지중심 14.4 km 격자	1 회/일(첫 1 주) 2 회/주(첫 세대) 0.5 회/주(2~3 세대)
		기주조사	발견지중심 200 m 반경	1 회 및 폐기 처리

5.1 상시 모니터링

5.1.1 조사지역

① 전국 공항 · 항만 주변 반경 1.6 km

② 전국 오이과실파리 기주 대형 재배단지

③ 전국 과일판매시장 주변 200 m

5.1.2 모니터링 방법

모니터링 방법은 식물검역관이 실시하는 해충에 대한 트랩조사와 포장순회모니터링(대상: 이동 기주)이 있다.

5.1.3 유형별 모니터링 요령

5.1.3.1 트랩조사

① **조사기간** : 연중

② **트랩설치 장소** : 전국 1,000 개 운영(제주도 500 개, 본토 500 개)공항 · 항만지역, 전국 기주 재배단지, 수출 · 입식물재배지, 과일판매시장 주변, 격리재배지, 외국군부대 주변 등 적절한 장소를 선정한다.

③ **트랩설치 방법**

- 기주과일 나무를 선택한다. 기주나무가 없는 도심지역은 그늘진 장소를 선택한다.
- 설치장소는 출입이 편리하고 안정성이 있는 장소를 선택하여 지상에서 1.6~1.8 m 높이에 사방이 잘 트이고 약간 그늘이 있는 곳에 설치한다.
- 트랩의 설치간격은 유인력에 영향을 주지 않도록 다른 트랩과 최소 5 m 이상의 간격을 유지하도록 하고, 설치한 지점의 침입 위험도가 변경되는 등 필요하다고 판단될 경우 트랩설치 지점을 변경한다.

④ **유인제 설치 및 교체**

큐루어(CueLure) 유인제를 이용하여 델타형 트랩에 설치한다. 유인제를 투입하고 8 주 간격으로 교체한다.

⑤ **조사횟수** : 동계(12~2월) 월 1 회, 춘계(3~5월) 2 주 1 회, 하계(6~9월) 1 주 1 회, 추계(10~11월) 2 주 1 회

⑥ **트랩설치장소 등록** : 농림축산검역본부(이하 "검역본부"라 한다) 지역본부 · 사무소별로 트랩번호를 부여하여 설치한 다음 설치위치의 GPS 좌표를 식물검역통합정보시스템의 금지급 과실파리모니터링방제시스템에 등록한다.

⑦ **유인제 보관** : 유인제는 증발되지 않도록 밀봉하여 냉장고에 보관한다.

5.1.3.2 포장순회모니터링

① 조사기간 : 1~12월

② 조사횟수

- 11~2월에는 월 1 회
- 3~10월에는 월 2 회 이상

③ 조사지역 : 공항 · 항만지역, 경유물품에 긴급사태가 발생한 지역, 격리재배지, 수출 · 입 식물 재배지역 등

④ 주요 조사 대상 기주 : 사과, 배, 감, 포도, 복숭아, 자두, 살구, 호두 등 과수류, 채소류

⑤ 조사방법 : 기형과, 유충, 알, 식흔, 부패, 배설물 등

5.1.4 모니터링결과 등록 및 표본제작

- 채집된 모든 과실파리는 분류동정하고 그 결과를 금지급 과실파리모니터링방제시스템에 등록한다.

날짜	채집지점	트랩	곤충종(추정)	마리수	진단 기술	종동정	조치	관리
17.8.22	제주 (JJ-A-i-40)	CL	*B. cucurbitae*	1	형태	*B. cucurbitae*	긴급방제 실시	

- 동정은 형태지표 및 분자지표를 이용한다. 분자지표의 경우는 신속동정 시스템을 이용하고, 정밀동정은 농림축산검역본부의 전문가에게 보내 판정 받는다.
- 채집된 과실파리는 표본을 제작한 후 라벨을 부착(해충명, 기주, 채집지, 채집일자, 채집자)하여 보관한다.

5.1.5 상황보고

지역본부장 · 사무소장은 모니터링결과 새로운 식물병해충(검역병해충, 국내미분포병해충 등)을 발견한 경우 또는 경유물품에 긴급사태가 발생한 경우와 모니터링요원의 새로운 병해충 신고 및 조치사항을 별지 서식 제3호에 따라 농림축산검역본부(식물방제과)로 계통보고 하고 발견된 병해충 표본을 긴급 송부한다.

[별지 제3호서식]

새로운 식물병해충 발견상황 보고

구 분	내 용
1. 발견일자	
2. 발견장소	• 주소: • 농가명: (TEL)
3. 병해충명	
4. 기주식물 (트랩설치 식물)	
5. 발견상황	• 발견병해충수, 발견정도, 피해증상 등
6. 조치사항	• 긴급조치(약제살포, 폐기 등) 등
7. 기 타	• 병해충 발견자 : 직 성명 • 분류동정자 : 직 성명 • 확인자 : 직 성명 • 기타 참고사항 수입식물의 수입시기, 수입국가, 수입량 농가에서 최초 발견시기 등

5.2 긴급 모니터링

5.2.1 분포한계조사

5.2.1.1 트랩 종류와 배치

어떤 지역에 1 개체 또는 그 이상의 오이과실파리가 채집될 때, 침입 개체의 분포한계를 결정하기 위한 조사가 즉시 수행된다. 최초 발견지점을 중심으로 그 주변을 1.6 km 간격으로 정사각형(1.6 × 1.6 km) 격자배치구를 설정한 후 중심부에서 주변부로 격자 당 50-25-15-10-5 개의 델타트랩(유인제=Cuelure)을 설치하고, 중심지역에 멕페일트랩(단백질먹이 유살제) 25 개를 추가 설치한다.

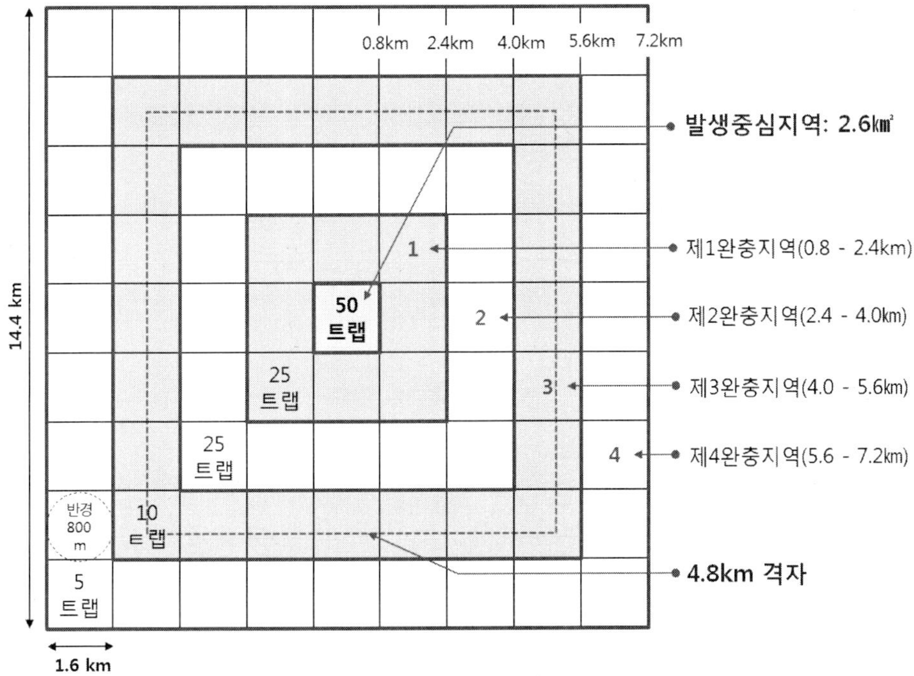

‖ 분포한계조사 모니터링 트랩 설치 ‖

오이과실파리 검출지로 부터 14.4 km 밖의 지역은 상시모니터링 설치 지역에 의존하며, 기존의 실시간 모니터링을 유지한다.

5.2.1.2 트랩 조사기간 및 조사 빈도

① 조사기간 : 마지막 발견 후 3 세대 기간으로 세대기간의 계산은 제3장의 모니터링 프로그램을 이용한다.

② 조사빈도 : 최초발견 이후 1 주 동안은 매일 조사하고, 그 후 1 세대 기간 동안은 주당 2 회 조사한다. 2~3 세대 동안에는 2 주 1 회 조사한다. 트랩에 채집된 암컷은 해부하여 암컷저정낭(spermatheca)에 존재하는 정자의 유무로 교미여부를 조사한다.

* 최초발견 후 재발견되는 경우에는 재발견일을 마지막 발견으로 간주하여 조사빈도를 다시 적용한다.

* 수컷 또는 미교미 암컷 1마리만 발견되는 경우는 2세대기간 종료와 함께 트랩조사를 종료할 수 있다.

5.2.2 기주 조사

① 과실절개 검사

오이과실파리 검출지로 부터 200 m 이내의 과실을 수거하여 절개하고 미성숙 과실파리의 존재를 확인한다. 이후 절개된 과실은 금지급 생물안전시설에서 27℃와 70% 상대습도를 유지하며 2~3 주 보존하며 과실파리 존재 유무를 재확인한다. 한편 과실파리 의심 기주가 보존되는 시설은 "수입금지품 수입 및 사후관리요령의 관리장소 요건"을 충족해야한다.

② 발견지 주변 기주 조사

발견지 주변 2.4 km 이내에 위치한 과수원 명부를 작성하고, 기주식물을 조사한다. 이 지역의 과일을 7~10 일 간격으로 조사한다. 이때 과수원 주인을 대상으로 탐문조사도 실시한다.

5.3 모니터링 트랩 종류

5.3.1 델타트랩과 왁스형 큐루어(Cuelure) 방출기

델타트랩은 끈끈이 밑판을 교체할 수 있는 시판되는 트랩을 사용할 수 있다(예, (주)그린아그로텍). 여기에 큐루어를 방출하는 왁스형방출기 또는 심지형 방출기를 사용한다.

성분	무게(g)	공급처
파라핀왁스	300	EMD Millipore Corporation, MA, USA
유화제 (Almax 3600)	60	Illshinwells, Seoul, Korea
α -Tocopherol	20	Sigma, St Louis, MO, USA
Jojoba 오일	20	Sigma, St Louis, MO, USA
큐루어	100	Sigma, St Louis, MO, USA
증류수	498	
살충물질[2]	2	주석참조
전체	1,000	

왁스형방출기의 제작은 우선 파라핀왁스(15 g, EMD Millipore Corporation, MA, USA)를 가열자석교반기에서 약 70℃에서 용해시킨 후 300 rpm 속도로 용해된 왁스를 고르게 만든다. 이때 유화제(3 g, Emulsifier, Almax 3600, Illshinwells, Seoul, Korea)를 첨가하면서 회전 속도를 500 rpm으로 증가시킨다. 유화제가 고르게 혼합되면 항산화물질인 α-tocopherol (0.5 g, Sigma-Aldrich Korea), Jojoba oil (0.5 g, Sigma-Aldrich Korea)을 첨가한다. 여기서 큐루어 5 g을 디클로로메탄

2) 미끼에 유인된 과실파리가 끈끈이 밑판에 부착되지 않고 탈출할 수 있다. 친환경재배지의 경우 친환경자재(응칠이/고려바이오)의 사용이 가능하고, 관행재배지의 경우 합성피레스로이드계 성분 또는 스피노사드 성분 가능(작물지대인 경우 해당작물에 등록된 성분 선택)

10 mL로 용해시켜 첨가한다. 필요한 경우 살충물질을 혼합할 수 있다(예, 응칠이/고려바이오 원액 0.1 mL; 기타 합성피레스로이드계나 스피노사드). 모든 성분이 용해된 후 탈이온증류수를 24.5 mL을 넣고 1,000 rpm에서 10 분간 교반한다. 이를 상온에서 서서히 식힌 후 사용 전 까지 냉장(4℃) 보관한다. 미끼의 교환은 다음의 표에서 보듯 계절에 따라 서로 다른 기간 주기로 교체한다. 1 회 투입시 왁스형 방출기 약 7 mL를 사용한다.

시기	유인제 교체 간격
12–3월	16 주
4–11월	8 주
총 연간 교체수	6 회 교체

[심지형 방출기 제조법]

직경 19 mm, 길이 38.2 mm 치과용 심지(규격은 제품에 따라 다를 수 있음)를 트랩에 설치한다. 심지에 큐-루어와 살충물질(예, 친환경재배지의 경우 응칠이 1%/고려바이오; 관행재배지의 경우 합성피레스로이드계나 스피노사드 중 해당작물에 등록된 성분 선택) 혼합액을 흡수시켜 사용한다. 처음에는 6ml 혼합 유살미끼를 흡수시킨다. 다음부터는 물방울이 떨어지지 않을 정도로 심지가 포화되도록 혼합액을 충분히 추가한다. 혼합액 보충은 16 주 간격이 최적이나, 현장 기상조건에서의 증발량에 따라 차이가 난다.

5.3.2 멕페일트랩과 단백질먹이 유인제

멕페일트랩(Pherobank, Wijk bij Duurstede, Netherland)에 GF120 미끼 용액을 증류수로 1.5 배 희석하여 트랩 밑받침 가장자리 바로 아래까지 채워져야 한다.

GF120 대체 멕페일트랩 단백질 유인제

9% 단백질(양조용 효모 등)	324g
5% 붕사(Borax)	226g
86% 물	3.8리터

＊ 붕사 대신 살충물질을 사용할 수 있음(1% 내외)

5.4 모니터링 요원 기술교육

식물방제과는 지역본부 모니터링조사팀, 인력지원팀 및 모니터링조사원을 구성 · 확인하고, 모니터링조사팀 · 인력지원팀 · 모니터링조사원은 정기적인 교육 · 훈련 · 평가를 통하여 상시 모니터링조사 및 오이과실파리 발견(발생) 긴급 상황에 대비한다.

모니터링조사팀 · 인력지원팀 · 모니터링조사원은 상시 모니터링조사 시작 전 실무교육을 이수하고 상시 모니터링조사기간 해충식별 능력평가를 받는다. 식물방제과 모니터링담당자는 모니터링조사팀 · 인력지원팀 · 모니터링조사원에 대한 이론교육과 실습교육을 포함한 연간 교육 계획을 수립하여 시행한다.

5.4.1 교육방법

모니터링조사원 실무교육	모니터링조사원 해충식별 능력평가
(담당) 식물방제과 모니터링담당자 (대상) 모니터링조사원 (내용) 금지병해충 육안 진단법, 트랩 설치장소 선정법, 트랩 취급법, 모니터링조사결과 작성법, GPS사용법, 포획된 표본 취급, 동정의뢰 방법, 민원인 응대법, 약품 및 차량 안전관리기본법 등 (방식) 집합교육, 8시간 (일정) 트랩조사 시작 15일전 (평가) 실무교육 후 실기평가 실시	(담당) 식물방제과 모니터링담당자 (대상) 모니터링조사원 (내용) 모니터링조사 기간중 무작위로 선발된 4개 트랩에 금지해충 투입 (방식) 실전교육 (일정) 상시 모니터링조사 시작 1개월 후 및 종료 1개월 전 실시 (2 회) (평가) 현장평가

5.4.2 외국의 모니터링 요원 기술교육 사례

현장감독관은 각각 트랩조사원의 업무를 관리한다. 일정관리, 문제를 도와주는 것, 그리고 전반적인 지시사항과 더불어 다음의 품질관리 항목도 추진한다.

5.4.2.1 평가

현장 감독관은 정기적으로 각 트랩조사원에 의해 운영되는 트랩의 개수를 점검한다. 평가서에 감독관은 트랩개수, 위치, 설치장소 설명 및 날짜를 목록화하고 미끼의 상태, 트랩위치 그리고 트랩조사 일정을 언급한다. 트랩조사원은 작업하는 지역의 결과와 문제를 보고한다.

5.4.2.2 트랩 주소록 - 지도 요구

(1) 트랩위치 주소록

모든 트랩조사원, 트랩, 조사일, 현장감독관 및 각 트랩의 정확한 위치를 제공하는 각 트랩 카드의 복사 목록을 주소록에 유지해야 한다.

(2) 지도

조사 시 사용된 좌표에 격자형의 대규모 마스터 지도는 유지 및 매일 갱신되어야 할 것이다. 지도는 모든 트랩의 위치를 보여주며, 규제지를 알려준다.

5.4.2.3 개시 트랩훈련 및 홍보업무

(1) 트랩위치

새로 온 트랩조사원은 적절한 트랩설치 위치에 대한 개인별 지침을 부여 받을 것이다.

① 트랩설치 장소의 선택

조사효과를 높이기 위하여 주요 기주식물(고추, 동부콩, 호리병박, 멜론, 여주 bitter melon, 호박, 스쿼시 호박, 토마토, 수박) 근처 그늘진 장소에 트랩을 설치한다. 한 종의 기주식물보다는 여러 기주식물이 공존하는 지역이 더 좋다. 또한 휴식기주(roosting host) 활용되는 피마자, 옥수수, 수수, 호랑이발톱(*Erythrina variegata*), 구아바, 카사바(*Manihot esculenta*), 두릅나무류 등의 주변도 좋은 트랩설치 장소이다. 과실파리류 성충은 단백질뿐만 아니라 먹이자원으로 진딧물이나 깍지벌레류가 분비하는 감로를 선호한다. 감로에 그을음병이 발생되어 잎이나 가지가 검게 오염되어 있는 장소를 선택할 수 있다. 기타 휴식기주로 사용될 수 있는 참나무, 대추나무, 녹나무 등과 가까운 지역도 트랩설치 장소로 적당하다.

② 기주식물에서 트랩위치

일반적으로 과실이 없는 기주식물의 수관 내부에 트랩을 설치하는 것은 권장되지 않는다. 다만, 선호기주와 충분한 그늘이 없는 경우 트랩설치 대체 장소로 활용될 수 있다. 트랩은 어린이, 가축, 또는 애완동물이 접촉할 수 없는 충분한 높이의 기주내부에 설치되어야 한다. 트랩은 바람이 불어 떨어지지 않고 안전하게 보전되도록 설치해야 한다. 여름 또는 무더운 기간 동안에 트랩은 바람이 잘 통하는 그늘 속에 있어야 한다. 반면 겨울 또는 일년 중 서늘한 시기 동안은 남쪽 방향으로 설치하며, 이때 태양 직사광선에 노출되지 않도록 한다. 나무의 주간부(중심줄기)에서 수관의 바깥쪽 가장자리까지 거리의 1/2~2/3 되는 지점에 트랩을 설치하는 것이 좋다. 트랩은 나무의 수관 아래 또는 바깥쪽에

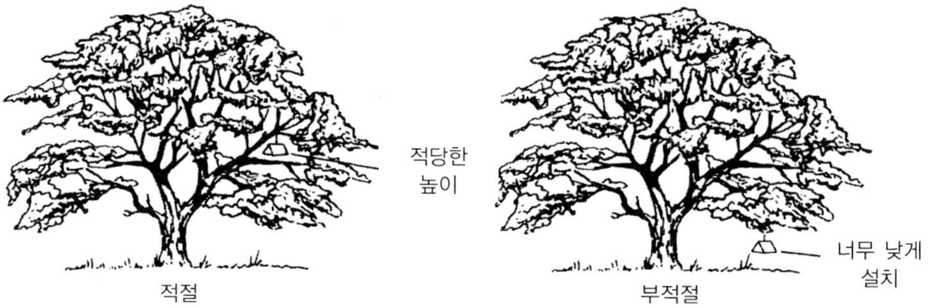

걸어두어서도 안 된다. 수관 내부 가지가 밀집한 부분에 트랩을 설치하는 경우 나무의 가지와 잎이 과실파리의 휴식처 역할을 하므로 트랩 속으로 유인되는 것을 방해할 수 있다. 트랩 아래 부분에 나뭇잎이 있는 것이 좋으나 반드시 트랩 바로 밑은 아니다. 트랩의 한쪽 끝에 부착된 금속 고리를 이용하여 어린이와 호기심이 많은 사람이 쉽게 닿지 않는 충분한 높이에 트랩을 설치한다.

(2) 홍보업무

좋은 홍보업무는 전문가의 임무인 조사의 중요한 부분이다. 일관성 있는 자세가 필요하고 빈번히 일반 국민과 접촉해야 하므로 항상 정중해야 한다. 오래 계속되는 대화는 피하고 업무관련 짧고 따뜻한 대화가 바람직하다. 프로그램 활동관련 논쟁을 벌이지 않는다. 조사담당자는 담당기관을 대표하고 있으며, 일반 국민의 감시 속에서 그 기관의 이미지가 형성된다. 일반 대중에게 좋은 인상을 만들기 위해 복장, 개인적 외관 그리고 행동을 적절히 해야 한다. 짧은 티셔츠를 입어서는 안 된다. 편안하고 몸을 보호할 수 있는 긴 바지 또는 헐렁한 셔츠 또는 소매가 있는 블라우스를 입도록 규정한다. 신발은 신어야 한다. 두꺼운 밑창 가죽신은 못과 유리 조각으로부터 보호할 수 있다. 근무시간 동안 쉽게 신분확인을 위하여 항상 신분확인 명찰을 가슴에 착용한다. 처음으로 개인 소유지에 들어갈 때는 반드시 소유자 또는 관리인에게 연락을 취하여 업무를 간략하게 설명하고 트랩을 설치하기 위한 허락을 요청한다. 일반 대중과 대화하는 경우, 트랩은 "곤충조사 트랩"으로 정확하게 말해야 한다. 트랩설치 장소의 사유지에 사람이 없는 경우 소유자 또는 세입자에게 메모를 남겨야 한다.

5.4.2.4 품질관리 자문관

일반적으로 프로그램 수행과정에 품질관리 자문관이 참여하게 될 것이다. 이 직원들은 트랩조사 프로그램을 모니터링하며 트랩조사 지역에 모든 트랩조사원과 친밀감을 형성한다. 트랩조사원과 일하는 자문관은 적절한 트랩위치, 미끼교체, 기주 선택, 트랩 배치 및 기록 관리를 도와준다. 트랩조사 지역의 결점과 추천된 개선점은 현장전문가에게 보고된다. 또한 그런 보고는 프로그램 관리자에게 준다. 현재 상황에 대한 변화와 개선점을 토론하기 위해 자문관과 직원과의 정기적인 미팅이 요구된다.

5.4.2.5 조사원에 대한 트랩조사 관리요령 시험 프로그램

대규모 박멸프로그램의 과정 동안, 실제 설치된 몇 개의 트랩을 선택하여 표식 된 죽은 오이과실파리를 넣은 다음 조사원의 테스트용으로 사용할 수 있다. 이러한 시험을 통하여 조사원의 조사능력을 확인하고 표준화된 보고서 작성뿐만 아니라 조사원의 높은 트랩조사 능력을 유지할 수 있다. 죽은 오이과실파리 표본은 박멸프로그램 본부에서 수집하고 통제해야한다. 모든 시험과정은 관련자들과 공유되어 잘못된 판단이 되지 않도록 조치해야 한다. 즉 공유되지 않은 경우 시험용 "죽은 오이과실파리"를 새로 발생한 개체로 오인할 수 있다.

(1) 트랩 선택

각 현장감독관은 시험대항 조사원에게 각각 5~15 개 트랩(현장에 설치되어 있는 트랩을 말함)을 무작위로 배당한다. 서로 혼동을 방지하기 위하여 시험일에 앞서 적어도 1 주일 전에 모두 자료를 박멸프로그램 사무실에 제공해야 한다.

(2) 준비

현장감독관에게 죽은 표본이 미리 전달된다. 감독관은 표본이 특정 색깔로 표기되었는지를 확인한다. 예방차원에서 표본의 색깔은 매달 변경되고, 표식을 위하여 날개를 절단할 수 있다. 색깔과 날개절단 일정은 비공개로 박멸프로그램 사무실에서 담당한다.

(3) 우편물 발송

조사원은 표식 된 표본을 수거하는 경우 품질관리 동정번호를 부착하여 바이엘에 보관한다. 또한 수집된 숫자를 품질관리 시험용 기록장에 기입한다. 그 다음 조사원은 등기로 현장 감독관에게 표본을 송부한다.

현장감독관은 프로그램 사무소에 죽은 표본을 설치해야 하는 시험용 트랩 목록을 보낸다. 죽은 표본은 정규 트랩조사를 실시하기 1일 전에는 설치되어 있어야 한다.

(4) 반납

표시된 표본이 발견되면 조사원은 트랩조사 표준(공식)절차와 동일한 방법에 따라서 조치한다. 그러나 표본을 바이엘에 넣어 반납하며, 조사보고서 비고란에 시험용 품질관리 번호를 부여하고, 표본은 등기메일로 프로그램 사무소에 반납한다.

(5) 구두시험

트랩조사원의 해충동정 능력을 유지시키기 위하여 비정기적으로 시험이 시행될 수 있다. 박멸 프로그램과 관련 된 모든 사람이 지식을 공유할 수 있도록 시험 후 일반토론이 진행될 수 있다.

CHAPTER 05

금지급 과실파리 방제 매뉴얼

1 오리엔탈과실파리 방제 매뉴얼

오리엔탈과실파리 방제를 위한 발견과 발생 기준은 대외적 발생 발표 기준과 차이가 있다. 다음의 기준에 따라 발견의 경우는 초기방제를 실시하고, 발생의 경우는 박멸방제를 취하게 된다.

발견	모니터링 트랩에 1 마리 이상 포획된 경우
발생	• 알, 유충, 번데기 또는 교미된 암컷 1 마리 이상 또는 • 발견 후 1 주일 이내에 발견지중심(14.4 × 14.4 km)에서 성충 3 마리 이상이 트랩에 검출된 경우(수컷, 미교미 암컷)

단계	목적	방제 항목	방제적용기술	방제 영역	처리 횟수 및 기간
발견시 방제	조기발견 후 긴급방제	모니터링	델타트랩	14.4 km 격자	1 회/일(첫 1 주) 2 회/주(첫 세대) 0.5 회/주(2~3 세대)
		수컷유살제	ME 왁스 도포제	1.6 km 격자 600 개 처리	1 회 처리
발생시 방제	초기방제 이후 박멸방제	모니터링	델타트랩	발견지별 14.4 km 격자	1 회/일(첫 1 주) 2 회/주(첫 세대) 0.5 회/주(2~3 세대)
		방제지역선포	행정조치	14.4 km 격자	박멸기간
		기주 이동 제한	행정조치	14.4 km 격자	박멸기간
		토양소독	팔라딘 유제	발견지별 200 m 반경	1 회/2 주
		과실제거	수작업	발견지별 200 m 반경	1 회 처리

		과실제거	수작업	발견지별 200 m 반경	1 회 처리
		수컷유살제	ME 왁스 도포제	중심부 600 개 1완충격자 500개 2완충격자 400개 3완충격자 300개 4완충격자 200개	1 회/2 주
		암컷유살제 (GF120)	지상방제	중심부 + 제1완충지 + 제2완충지	농경지, 하천 기주
			시설지방제		시설하우스 내부
			항공방제		산림지역
		불임충방사	불임충수컷	백만마리/1.6 km 중심격자	대발생시 적용함 매주 방사
				5만마리/외곽	

1.1 오리엔탈과실파리 발견 시 방제 매뉴얼

발견 초기 1 주일 이내에 이뤄지는 긴급 방제 매뉴얼이다.

1.1.1 분포한계 설정

발견지 중심으로 14.4 × 14.4 km 지역에서 긴급 모니터링 트랩을 발견 후 24 시간 이내에 이뤄진다.

1.1.2 수컷유살제 처리

수컷유살제(메칠유제놀(ME)＋친환경작물보호제(응칠이, 고려바이오) 0.2%)를 왁스형 방출기로 제작하여 오리엔탈과실파리 발견 주변 1.6 × 1.6 km에 600 개를 도포한다.

1.2 오리엔탈과실파리 발생 시 방제 매뉴얼

1.2.1 박멸 매뉴얼 가동 기준

오리엔탈과실파리 “발견”에 따라 긴급 실시하는 “분포한계설정” 조사과정을 통하여 “발생”으로 전환되는 경우 박멸프로그램을 가동한다.

1.2.2 박멸 프로그램 기간

박멸 프로그램은 해당시기에 오리엔탈과실파리가 적어도 2 세대 발생되는 기간 동안 가동된다. 이후 재발견되면 다시 최소한 2 세대 박멸 프로그램이 재가동된다.

1.2.3 박멸 처리방법 선정기준

① 기본적으로 수컷유살제, 토양소독, 단백질먹이유살제 및 기주제거처리가 가동되어야 한다.
② 방제 지역이 넓은 경우 항공방제가 추가된다.
③ 불임충방사는 선택적 처리이다.

1.2.4 이동 및 재배 제한

① 과실파리가 발견된 지점을 중심으로 14.4 × 14.4 km 격자에 있는 규제대상 품목의 재배 · 취급 · 가공업자들에게 비상조치 내용을 통보한다.
② 선포된 방역지역에서는 다음의 규제조치가 포함된다.
- 과일 채소류의 상업구역에서 소독처리 상황 감시 · 감독 · 증명서 발급
- 농산물 가공시설의 주기적 방문
- 규제품목 폐기물에 대한 감시
- 공항 · 터미널에서 규제대상품목의 이동감시
- 검역규제지역 경계의 국도, 지방도로 등에서의 이동감시

1.2.5 과일수거

오리엔탈과실파리 발견지점을 중심으로 200 m 이내에 있는 모든 과일을 신속히 수거하여 50 cm 이상의 깊이에 묻는다. 유충 발견 장소에서는 기주 과일 껍질도 제거되어야 한다. 이를 수거 기간 동안 플라스틱 상자 속에 보관 후 승인된 매립지에 제거 처리된다. 매몰시 생석회(0.4%)를 첨가한다.

1.2.6 토양소독

발생 지점을 중심으로 200 m 내에 있는 모든 기주는 과일나무 밑에 팔라딘 유제(경농)를 살포한다.

1.2.7 수컷유살제 처리

도포형 수컷유살제를 처리한다.

① 도포방법

발견 장소 주변으로 아이들의 접근이 어려운 높이의 전봇대, 나무, 울타리 등에 약 5 mL 부피로 도포한다. 처리 표면에 견고하게 붙어있도록 비교적 표면이 매끄러운 곳은 피하여 도포한다. 유효물질의 분해를 막기 위해 가급적 직사광선을 피하는 곳에 도포한다.

② 처리 규모

중심부(1.6 × 1.6 km)에 600 곳을 균일하게 설정하여 처리한다. 1 완충격자(8 개 격자)에 각 500 개, 2 완충격자(16 개 격자)에 각 400 개, 3 완충격자(24 개 격자)에 각 300 개, 4 완충격자(32 개 격자)에 각 200 개을 처리하여 전체 24,600 개 지점에 도포 처리된다.

③ 처리 횟수

2 주마다 도포한다.

④ 처리 기간

최초 발견 시점으로부터 2 세대 기간 동안 진행한다.

1.2.8 암컷유살제 처리

살충제가 첨가된 단백질먹이 유살제를 살포한다.

(1) 지상 독먹이살포

① 조제

GF120 (동방아그로)을 물로 1.5 배 희석하여 처리한다. 예를 들어 GF120 4 L에 물을 6 L 혼합하여 살포액을 조제하게 된다.

② 처리 지역 규모

발견 지점 기준으로 중심부, 제1완충지역 및 제2완충지역까지 살포 처리한다.

③ 처리 간격

초기 발견 이후 2 세대 기간 동안 주당 1 회 살포한다.

④ 처리 방법

미끼는 개인휴대용 스프레이기 또는 동등한 장치의 수단에 의해 주거지와 휴식공간이 제공되는 기주와 식물에 제한된 범위적용으로 사용될 수도 있다. 사용은 어린이 또는 애완동물에게 피해가 발생하지 않는 장소에 적용된다. 모든 범위적용이 요구된다면 송풍식 분무기 또는 유사한 장치가 사용될 수 있다.

⑤ 처리 약량

각 처리지점은 표면이 모두 적셔지도록 살포한다.

(2) 시설지 살포

지상 살포와 동일방법으로 약제를 조제하고, 해당지역에서 기주를 재배하는 모든 시설재배지 내부에 살포한다.

(3) 항공 살포

지상 살포와 동일방법으로 약제를 조제하고, 해당지역 포함된 산림 지역에 살포한다.

1.2.9 불임충방사 처리

① 불임충방사는 박멸처리 후 잉여 오리엔탈과실파리 개체를 완전히 제거하기 적용된다. 이 방법은 과실 껍질 제거, 독먹이살포 및 토양관주(토양이나 나무에 구멍을 파서 약액을 주입하는 약제살포의 한 방법)와 혼합하여 사용될 수 있다.

② 우선 정확한 종 동정이 필요하다. 즉 방사될 종과 침입 종과 동질성이 확보되어야 한다.

③ ME 방출 델타트랩을 이용하여 1.6 × 1.6 km 면적 단위로 5 개 트랩배치가 필요하다. 이 트랩들은 메칠유제놀 또는 단백질먹이유인제를 유인제로 일주일 간격으로 조사된다.

④ 불임충방사 밀도

감염중심지를 1.6 × 1.6 km 면적으로 정하고 여기에 매주 백만마리 이상 의 불임충을 방사하게 된다. 감염외곽지(완충지)는 중심지에서 4.8 km 반경 지역으로 1.6 × 1.6 km 면적을 기준으로 50,000 마리 이상이 방사된다.

⑤ 불임충방사 수단

- 지상 방사 : 이동 차량을 통해 불임충을 방사한다. 특히 감염중심지 처리에 유효하다. 감염중심지 주변처리도 가능할 수 있다.
- 항공 방사 : 육상 차량 방사보다 균일하게 불임충을 방사할 수 있다.

1.3 오리엔탈과실파리 박멸선언 매뉴얼

1.3.1 트랩 모니터링을 통한 박멸효과 확인

① 마지막 발견 후 3 세대 기간 동안 모니터링을 실시한다.

② 정밀조사 이외의 지역에도 상시모니터링 지역에서 3 세대동안 모니터링을 실시한다.

1.3.2 과일수거검사를 통한 박멸효과 확인

① 중앙지점 및 제1완충지역(발견지점으로부터 2.4 km 반경이내) 등에 있는 과일을 7~10일 간격으로 조사한다. 특히 중앙지점의 기주과일은 명부를 작성하고 즉석에서 칼로 절개하여 검사한다.

② 시설이 갖추어진 경우에는 수거된 과일은 과실파리 최적온도인 26℃/70% 습도조건에서 1 주~1 세대기간 동안 사육 후 검사한다. 과일이 저장되는 시설은 우화하는 과실파리가 날아가지 않도록 안전관리에 만전을 기해야 한다.

1.3.3 박멸선언

과실파리 최종발견 후 3 세대 기간 동안 더 이상 발견이 되지 아니하였을 경우 박멸된 것으로 판정한다.

2 지중해과실파리 방제 매뉴얼

지중해과실파리 방제를 위한 발견과 발생 기준은 대외적 발생 발표와 차이가 있다. 다음의 기준에 따라 발견의 경우는 초기방제를 실시하고, 발생의 경우는 박멸방제를 취하게 된다.

발견	모니터링 트랩에 1 마리 이상 포획된 경우
발생	• 알, 유충, 번데기 또는 교미된 암컷 1 마리 이상 또는 • 발견 후 1 주일 이내에 발견지중심(14.4 × 14.4 km)에서 성충 3 마리 이상이 트랩에 검출된 경우(수컷, 미교미 암컷)

단계	목적	방제 항목	방제적용기술	방제 영역	처리 횟수 및 기간
발견시 방제	조기발견 후 긴급방제	모니터링	델타트랩	14.4 km 격자	1 회/일(첫 1 주) 2 회/주(첫 세대) 0.5 회/주(2~3 세대)
		수컷유살제	TML 왁스 도포제	1.6 km 격자 600 개 처리	1 회 처리
발생시 방제	초기방제 이후 박멸방제	모니터링	델타트랩	발견지별 14.4 km 격자	1 회/일(첫 1 주) 2 회/주(첫 세대) 0.5 회/주(2~3 세대)
		방제지역선포	행정조치	14.4 km 격자	박멸기간
		기주 이동 제한	행정조치	14.4 km 격자	박멸기간
		토양소독	팔라딘 유제	발견지별 200 m 반경	1 회/2 주
		과실제거	수작업	발견지별 200 m 반경	1 회 처리
		수컷유살제	TML 왁스 도포제	중심부 600 개 1완충격자 500 개 2완충격자 400 개 3완충격자 300 개 4완충격자 200 개	1 회/2 주
		암컷유살제 (GF120)	지상방제	중심부+ 제1완충지+ 제2완충지	농경지, 하천 기주
			시설지방제		시설하우스 내부
			항공방제		산림지역
		불임충방사	불임충수컷	백만마리/1.6 km 중심격자	대발생시 적용함 매주 방사
				5만마리/외곽	

2.1 지중해과실파리 발견 시 방제 매뉴얼

발견 초기 1 주일 이내에 이뤄지는 긴급 방제 매뉴얼이다.

2.1.1 분포한계 설정

발견지 중심으로 14.4 × 14.4 km 지역에서 긴급 모니터링 트랩을 발견 후 24 시간 이내에 이뤄진다.

2.1.2 수컷유살제 처리

수컷유살제(TML+친환경작물보호제(응칠이, 고려바이오) 0.2%)를 왁스형 방출기로 제작하여 지중해과실파리 발견 주변 1.6 × 1.6 km에 600 개를 도포한다.

2.2 지중해과실파리 발생 시 방제 매뉴얼

2.2.1 박멸 매뉴얼 가동 기준

지중해과실파리 "발견"에 따라 긴급 실시하는 "분포한계설정" 조사과정을 통하여 "발생"으로 전환되는 경우 박멸프로그램을 가동한다.

2.2.2 박멸 프로그램 기간

박멸 프로그램은 해당시기에 지중해과실파리가 적어도 2 세대 발생되는 기간 동안 가동된다. 이후 재발견되면 다시 최소한 2 세대 박멸 프로그램이 재가동된다.

2.2.3 박멸 처리방법 선정기준

① 기본적으로 수컷유살제, 토양소독, 단백질먹이유살제 및 기주제거처리가 가동되어야 한다.
② 방제 지역이 넓은 경우 항공방제가 추가된다.
③ 불임충방사는 선택적 처리이다.

2.2.4 이동 및 재배 제한

① 과실파리가 발견된 지점을 중심으로 14.4 × 14.4 km 격자에 있는 규제대상 품목의 재배・취급・가공업자들에게 비상조치 내용을 통보한다.
② 선포된 방역지역에서는 다음의 규제조치가 포함된다.

가) 과일 채소류의 상업구역에서 소독처리 상황 감시·감독·증명서 발급

나) 농산물 가공시설의 주기적 방문

다) 규제품목 폐기물에 대한 감시

라) 공항·터미널에서 규제대상품목의 이동감시

마) 검역규제지역 경계의 국도, 지방도로 등에서의 이동감시

2.2.5 과일수거

지중해과실파리 발견지점을 중심으로 200 m 이내에 있는 모든 과일을 신속히 수거하여 50 cm 이상의 깊이에 묻는다. 유충 발견 장소에서는 기주 과일 껍질도 제거되어야 한다. 이를 수거 기간 동안 플라스틱 상자 속에 보관 후 승인된 매립지에 제거 처리된다. 매몰시 생석회(0.4%)를 첨가한다.

2.2.6 토양소독

발생 지점을 중심으로 200 m 내에 있는 모든 기주는 과일나무 밑에 팔라딘 유제(경농)를 살포한다.

2.2.7 수컷유살제 처리

도포형 수컷유살제를 처리한다.

① 도포방법

발견 장소 주변으로 아이들의 접근이 어려운 높이의 전봇대, 나무, 울타리 등에 약 5 mL 부피로 도포한다. 처리 표면에 견고하게 붙어있도록 비교적 표면이 매끄러운 곳은 피하여 도포한다. 유효물질의 분해를 막기 위해 가급적 직사광선을 피하는 곳에 도포한다.

② 처리 규모

중심부(1.6 × 1.6 km)에 600 곳을 균일하게 설정하여 처리한다. 1 완충격자(8 개 격자)에 각 500 개, 2 완충격자(16 개 격자)에 각 400 개, 3 완충격자(24 개 격자)에 각 300 개, 4 완충격자(32 개 격자)에 각 200 개을 처리하여 전체 24,600 개 지점에 도포 처리된다.

③ 처리 횟수

2 주마다 도포한다.

④ 처리 기간

최초 발견 시점으로부터 2 세대 기간 동안 진행한다.

2.2.8 암컷유살제 처리

살충제가 첨가된 단백질먹이 유살제를 살포한다.

(1) 지상 독먹이살포

① 조제

GF120 (동방아그로)을 물로 1.5 배 희석하여 처리한다. 예를 들어 GF120 4 L에 물을 6 L 혼합하여 살포액을 조제하게 된다.

② 처리 지역 규모

발견 지점 기준으로 중심부, 제1완충지역 및 제2완충지역까지 살포 처리한다.

③ 처리 간격

초기 발견 이후 2 세대 기간 동안 주당 1 회 살포한다.

④ 처리 방법

미끼는 개인휴대용 스프레이기 또는 동등한 장치의 수단에 의해 주거지와 휴식공간이 제공되는 기주와 식물에 제한된 범위적용으로 사용될 수도 있다. 사용은 어린이 또는 애완동물에게 피해가 발생하지 않는 장소에 적용된다. 모든 범위적용이 요구된다면 송풍식 분무기 또는 유사한 장치가 사용될 수 있다.

⑤ 처리 약량

각 처리지점은 표면이 모두 적셔지도록 살포한다.

(2) 시설지 살포

지상 살포와 동일방법으로 약제를 조제하고, 해당지역에서 기주를 재배하는 모든 시설재배지 내부에 살포한다.

(3) 항공 살포

지상 살포와 동일방법으로 약제를 조제하고, 해당지역 포함된 산림 지역에 살포한다.

2.2.9 불임충방사 처리

① 불임충방사는 박멸처리 후 잉여 지중해과실파리 개체를 완전히 제거하기 적용된다. 이 방법은 과실 껍질 제거, 독먹이살포 및 토양관주(토양이나 나무에 구멍을 파서 약액을 주입하는 약제살포의 한 방법)와 혼합하여 사용될 수 있다.

② 우선 정확한 종 동정이 필요하다. 즉 방사될 종과 침입 종과 동질성이 확보 되어야 한다.

③ TML 방출 델타트랩을 이용하여 1.6 × 1.6 km 면적 단위로 5 개 트랩배치 가 필요하다. 이 트랩들은 메칠유제놀 또는 단백질먹이유인제를 유인제로 일주일 간격으로 조사된다.

④ 불임충방사 밀도

감염중심지를 1.6 × 1.6 km 면적으로 정하고 여기에 매주 백만마리 이상 의 불임충을 방사하게 된다. 감염외곽지(완충지)는 중심지에서 4.8 km 반경 지역으로 1.6 × 1.6 km 면적을 기준으로 50,000 마리 이상이 방사된다.

⑤ 불임충방사 수단

- 지상 방사: 이동 차량을 통해 불임충을 방사한다. 특히 감염중심지 처리에 유효하다. 감염중심지 주변처리도 가능할 수 있다.
- 항공 방사: 육상 차량 방사보다 균일하게 불임충을 방사할 수 있다.

2.3 지중해과실파리 박멸선언 매뉴얼

2.3.1 트랩 모니터링을 통한 박멸효과 확인

① 마지막 발견 후 3 세대 기간 동안 모니터링을 실시한다.

② 정밀조사 이외의 지역에도 상시모니터링 지역에서 3 세대동안 모니터링을 실시한다.

2.3.2 과일수거검사를 통한 박멸효과 확인

① 중앙지점 및 제1완충지역(발견지점으로부터 2.4 km 반경이내) 등에 있는 과일을 7~10 일 간격으로 조사한다. 특히 중앙지점의 기주과일은 명부를 작성하고 즉석에서 칼로 절개하여 검사한다.

② 시설이 갖추어진 경우에는 수거된 과일은 과실파리 최적온도인 26℃/70% 습도조건에서 1 주~1 세대기간 동안 사육 후 검사한다. 과일이 저장되는 시설은 우화하는 과실파리가 날아가지 않도록 안전관리에 만전을 기해야 한다.

2.3.3 박멸선언

과실파리 최종발견 후 3 세대 기간 동안 더 이상 발견이 되지 아니하였을 경우 박멸된 것으로 판정한다.

3 퀸즐랜드과실파리 방제 매뉴얼

퀸즐랜드과실파리 방제를 위한 발견과 발생 기준은 대외적 발생 발표와 차이가 있다. 다음의 기준에 따라 발견의 경우는 초기방제를 실시하고, 발생의 경우는 박멸방제를 취하게 된다.

구분	기준
발견	모니터링 트랩에 1 마리 이상 포획된 경우
발생	• 알, 유충, 번데기 또는 교미된 암컷 1 마리 이상 또는 • 발견 후 1 주일 이내에 발견지중심(14.4 × 14.4 km)에서 성충 3 마리 이상이 트랩에 검출된 경우(수컷, 미교미 암컷)

단계	목적	방제 항목	방제적용기술	방제 영역	처리 횟수 및 기간
발견시 방제	조기발견 후 긴급방제	모니터링	델타트랩	14.4 km 격자	1 회/일(첫 1 주) 2 회/주(첫 세대) 0.5 회/주(2~3 세대)
		수컷유살제	큐루어 왁스 도포제	1.6 km 격자 600 개 처리	1 회 처리
발생시 방제	초기방제 이후 박멸방제	모니터링	델타트랩	발견지별 14.4 km 격자	1 회/일(첫 1 주) 2 회/주(첫 세대) 0.5 회/주(2~3 세대)
		방제지역선포	행정조치	14.4 km 격자	박멸기간
		기주 이동 제한	행정조치	14.4 km 격자	박멸기간
		토양소독	팔라딘 유제	발견지별 200 m 반경	1 회/2 주
		과실제거	수작업	발견지별 200 m 반경	1 회 처리
		수컷유살제	큐루어 왁스 도포제	중심부 600 개 1완충격자 500 개 2완충격자 400 개 3완충격자 300 개 4완충격자 200 개	1 회/2 주
		암컷유살제 (GF120)	지상방제	중심부 + 제1완충지 + 제2완충지	농경지, 하천 기주
			시설지방제		시설하우스 내부
			항공방제		산림지역
		불임충방사	불임충수컷	백만마리/1.6 km 중심격자 5만마리/외곽	대발생시 적용함 매주 방사

3.1 퀸즐랜드과실파리 발견 시 방제 매뉴얼

발견 초기 1 주일 이내에 이뤄지는 긴급 방제 매뉴얼이다.

3.1.1 분포한계 설정

발견지 중심으로 14.4 × 14.4 km 지역에서 긴급 모니터링 트랩을 발견 후 24 시간 이내에 이뤄진다.

3.1.2 수컷유살제 처리

수컷유살제를 아래와 같이 젤(gel)형 방출기로 제작하여 수압식 기름분무 깡통 (hydraulic oil squirt can) 또는 압축방사기 (pressurized spot applicator)를 사용해서 퀸즐랜드과실파리 발견 주변부의 기둥, 나무, 담장 등에 처리한다. 중심부(1.6 × 1.6 km) 당 600 개를 균일한 지점에 처리한다.

퀸즐랜드과실파리 수컷유살제 조성

말라치온	30% 테크니컬 말라치온 (91%)
Min-U-Gel®	23% Min-U-Gel400®
수컷유인제	47% 4-(*p*-acetoxyphenyl)-2-butane

튀겨 나오거나 흘러내리는 것을 방지하고 다공질이 아닌 표면에도 처리를 할 수 있도록 하기 위해서는 수컷유살제 조성의 점도를 적당히 유지해야 하는데, 이것은 Min-U-Gel의 양을 높혀서 가능하게 한다. 나무가지, 담장, 기둥 등에의 어린이들의 손길이 닿지 않는 곳에 지점당 3~5 mL의 부피로 처리한다.

3.2 퀸즐랜드과실파리 발생 시 방제 매뉴얼

3.2.1 박멸 매뉴얼 가동 기준

퀸즐랜드과실파리 "발견"에 따라 긴급 실시하는 "분포한계설정" 조사과정을 통하여 "발생"으로 전환되는 경우 박멸프로그램을 가동한다.

3.2.2 박멸 프로그램 기간

박멸 프로그램은 해당시기에 퀸즐랜드과실파리가 적어도 2 세대 발생되는 기간 동안 가동된다. 이후 재발견되면 다시 최소한 2 세대 박멸 프로그램이 재가동된다.

3.2.3 박멸 처리방법 선정기준

① 기본적으로 수컷유살제, 토양소독, 단백질먹이유살제 및 기주제거처리가 가동되어야 한다.
② 방제 지역이 넓은 경우 항공방제가 추가된다.
③ 불임충방사는 선택적 처리이다.

3.2.4 이동 및 재배 제한

① 과실파리가 발견된 지점을 중심으로 14.4 × 14.4 km 격자에 있는 규제대상 품목의 재배・취급・가공업자들에게 비상조치 내용을 통보한다.
② 선포된 방역지역에서는 다음의 규제조치가 포함된다.
　가) 과일 채소류의 상업구역에서 소독처리 상황 감시・감독・증명서 발급
　나) 농산물 가공시설의 주기적 방문
　다) 규제품목 폐기물에 대한 감시
　라) 공항・터미널에서 규제대상품목의 이동감시
　마) 검역규제지역 경계의 국도, 지방도로 등에서의 이동감시

3.2.5 과일수거

퀸즐랜드과실파리 발견지점을 중심으로 200 m 이내에 있는 모든 과일을 신속히 수거하여 50 cm 이상의 깊이에 묻는다. 유충 발견 장소에서는 기주 과일 껍질도 제거되어야 한다. 이를 수거 기간 동안 플라스틱 상자 속에 보관 후 승인된 매립지에 제거 처리된다. 매몰시 생석회(0.4%)를 첨가한다.

3.2.6 토양소독

발생 지점을 중심으로 200 m 내에 있는 모든 기주는 과일나무 밑에 팔라딘 유제(경농)를 살포한다.

3.2.7 수컷유실제 처리

도포형 수컷유살제를 처리한다.

① 도포방법

발견 장소 주변으로 아이들의 접근이 어려운 높이의 전봇대, 나무, 울타리 등에 약 5 mL 부피로 도포한다. 처리 표면에 견고하게 붙어있도록 비교적 표면이 매끄러운 곳은 피하여 도포한다. 유효물질의 분해를 막기 위해 가급적 직사광선을 피하는 곳에 도포한다.

② 처리 규모

중심부(1.6 × 1.6 km)에 600 곳을 균일하게 설정하여 처리한다. 1 완충격자(8 개 격자)에 각 500 개, 2 완충격자(16 개 격자)에 각 400 개, 3 완충격자(24 개 격자)에 각 300 개, 4 완충격자(32 개 격자)에 각 200 개을 처리하여 전체 24,600 개 지점에 도포 처리된다.

③ 처리 횟수

2 주마다 도포한다.

④ 처리 기간

최초 발견 시점으로부터 2 세대 기간 동안 진행한다.

3.2.8 암컷유살제 처리

살충제가 첨가된 단백질먹이 유살제를 살포한다.

(1) 지상 독먹이살포

① 조제

GF120 (동방아그로)을 물로 1.5 배 희석하여 처리한다. 예를 들어 GF120 4 L에 물을 6 L 혼합하여 살포액을 조제하게 된다.

② 처리 지역 규모

발견 지점 기준으로 중심부, 제1완충지역 및 제2완충지역까지 살포 처리한다.

③ 처리 간격

초기 발견 이후 2 세대 기간 동안 주당 1 회 살포한다.

④ 처리 방법

미끼는 개인휴대용 스프레이기 또는 동등한 장치의 수단에 의해 주거지와 휴식공간이 제공되는 기주와 식물에 제한된 범위적용으로 사용될 수도 있다. 사용은 어린이 또는 애완동물에게 피해가 발생하지 않는 장소에 적용된다. 모든 범위적용이 요구된다면 송풍식 분무기 또는 유사한 장치가 사용될 수 있다.

⑤ 처리 약량

각 처리지점은 표면이 모두 적셔지도록 살포한다.

(2) 시설지 살포

지상 살포와 동일방법으로 약제를 조제하고, 해당지역에서 기주를 재배하는 모든 시설재배지 내부에 살포한다.

(3) 항공 살포

지상 살포와 동일방법으로 약제를 조제하고, 해당지역 포함된 산림 지역에 살포한다.

3.2.9 불임충방사 처리

① 불임충 방사는 박멸처리 후 잔여 퀸즐랜드과실파리 개체를 완전히 제거하기 적용된다. 이 방법은 과실 껍질 제거, 독먹이살포 및 토양관주(토양이나 나무에 구멍을 파서 약액을 주입하는 약제살포의 한 방법)와 혼합하여 사용될 수 있다.

② 우선 정확한 종 동정이 필요하다. 즉 방사될 종과 침입 종과 동질성이 확보되어야 한다.

③ 불임충이 방사된 모든 지역에서는 평방마일 당 다섯 개의 델타트랩을 설치하여 모니터링 조사를 한다. 이들 트랩에는 큐루어를 유인제로 설치하고 매 주마다 조사한다.

④ 불임충방사 밀도

매주 최소한 50 만 마리의 불임 성충 과실파리를 중심지역에 방사하고 중심부 주변의 6 마일 완충지역에 최소 25 만 마리의 과실파리가 방사되도록 한다. 모니터링 결과가 불임충의 비율이 자연에 존재하는 과실파리의 100 배 이하일 경우 불임충을 추가로 방사한다.

⑤ 불임충방사 수단

- 지상 방사: 이동 차량을 통해 불임충을 방사한다. 특히 감염중심지 처리에 유효하다. 감염중심지 주변처리도 가능할 수 있다. 이 방법은 환경조건이 양호한 상황에서 대량의 불임충을 신속하게 방사하고자 할 때 사용한다. 이동식 불임충 방사는 1.6 × 1.6 km 격자 당 25 만 마리의 불임충을 중심지역으로부터 최소 9.6 km 이내에서 매 주 방사하고자 할 때 사용될 수 있다.
- 항공 방사: 육상 차량 방사보다 균일하게 불임충을 방사할 수 있다. 공중살포가 유일한 살포 방법일 경우 중심지역에 추가 공중살포를 해서 개체군 밀도가 2:1 이 되도록 (중심지역 대 완충지역) 유지해야 한다.

3.3 퀸즐랜드과실파리 박멸선언 매뉴얼

3.3.1 트랩 모니터링을 통한 박멸효과 확인

① 마지막 발견 후 3 세대 기간 동안 모니터링을 실시한다.

② 정밀조사 이외의 지역에도 상시모니터링 지역에서 3 세대 동안 모니터링을 실시한다.

3.3.2 과일수거검사를 통한 박멸효과 확인

① 중앙지점 및 제1완충지역(발견지점으로부터 2.4 km 반경이내) 등에 있는 과일을 7~10일 간격으로 조사한다. 특히 중앙지점의 기주과일은 명부를 작성하고 즉석에서 칼로 절개하여 검사한다.

② 시설이 갖추어진 경우에는 수거된 과일은 과실파리 최적온도인 26℃/70% 습도조건에서 1 주~1 세대기간 동안 사육 후 검사한다. 과일이 저장되는 시설은 우화하는 과실파리가 날아가지 않도록 안전관리에 만전을 기해야 한다.

3.3.3 박멸선언

과실파리 최종발견 후 3 세대 기간 동안 더 이상 발견이 되지 아니하였을 경우 박멸된 것으로 판정한다.

4 복숭아과실파리 방제 매뉴얼

복숭아과실파리 방제를 위한 발견과 발생 기준은 대외적 발생 발표와 차이가 있다. 다음의 기준에 따라 발견의 경우는 초기방제를 실시하고, 발생의 경우는 박멸방제를 취하게 된다.

발견	모니터링 트랩에 1 마리 이상 포획된 경우
발생	• 알, 유충, 번데기 또는 교미된 암컷 1 마리 이상 또는 • 발견 후 1 주일 이내에 발견지중심(14.4 × 14.4 km)에서 성충 3 마리 이상이 트랩에 검출된 경우(수컷, 미교미 암컷)

단계	목적	방제 항목	방제적용기술	방제 영역	처리 횟수 및 기간
발견시 방제	조기발견 후 긴급방제	모니터링	델타트랩	14.4 km 격자	1 회/일(첫 1 주) 2 회/주(첫 세대) 0.5 회/주(2~3 세대)
		수컷유살제	ME 왁스 도포제	1.6 km 격자 600 개 처리	1 회 처리
발생시 방제	초기방제 이후 박멸방제	모니터링	델타트랩	발견지별 14.4 km 격자	1 회/일(첫 1 주) 2 회/주(첫 세대) 0.5 회/주(2~3 세대)
		방제지역선포	행정조치	14.4 km 격자	박멸기간
		기주 이동 제한	행정조치	14.4 km 격자	박멸기간
		토양소독	팔라딘 유제	발견지별 200 m 반경	1 회/2 주
		과실제거	수작업	발견지별 200 m 반경	1 회 처리
		수컷유살제	ME 왁스 도포제	중심부 600 개 1완충격자 500 개 2완충격자 400 개 3완충격자 300 개 4완충격자 200 개	1 회/2 주
		암컷유살제 (GF120)	지상방제	중심부+ 제1완충지+ 제2완충지	농경지, 하천 기주
			시설지방제		시설하우스 내부
			항공방제		산림지역
		불임충방사	불임충수컷	백만마리/1.6 km 중심격자	대발생시 적용함 매주 방사
				5만마리/외곽	

4.1 복숭아과실파리 발견 시 방제 매뉴얼

발견 초기 1 주일 이내에 이뤄지는 긴급 방제 매뉴얼이다.

4.1.1 분포한계 설정

발견지 중심으로 14.4 × 14.4 km 지역에서 긴급 모니터링 트랩을 발견 후 24 시간 이내에 이뤄진다.

4.1.2 수컷유살제 처리

수컷유살제(메칠유제놀(ME)+친환경작물보호제(응칠이, 고려바이오) 0.2%)를 왁스형 방출기로 제작하여 복숭아과실파리 발견 주변 1.6 × 1.6 km에 600 개를 도포한다.

4.2 복숭아과실파리 발생 시 방제 매뉴얼

4.2.1 박멸 매뉴얼 가동 기준

복숭아과실파리 "발견"에 따라 긴급 실시하는 "분포한계설정" 조사과정을 통하여 "발생"으로 전환되는 경우 박멸프로그램을 가동한다.

4.2.2 박멸 프로그램 기간

박멸 프로그램은 해당시기에 복숭아과실파리가 적어도 2 세대 발생되는 기간 동안 가동된다. 이후 재발견되면 다시 최소한 2 세대 박멸 프로그램이 재가동된다.

4.2.3 박멸 처리방법 선정기준

① 기본적으로 수컷유살제, 토양소독, 단백질먹이유살제 및 기주제거처리가 가동되어야 한다.
② 방제 지역이 넓은 경우 항공방제가 추가된다.
③ 불임충방사는 선택적 처리이다.

4.2.4 이동 및 재배 제한

① 과실파리가 발견된 지점을 중심으로 14.4 × 14.4 km 격자에 있는 규제대상 품목의 재배·취급·가공업자들에게 비상조치 내용을 통보한다.
② 선포된 방역지역에서는 다음의 규제조치가 포함된다.
- 과일 채소류의 상업구역에서 소독처리 상황 감시·감독·증명서 발급

• 농산물 가공시설의 주기적 방문
• 규제품목 폐기물에 대한 감시
• 공항 · 터미널에서 규제대상품목의 이동감시
• 검역규제지역 경계의 국도, 지방도로 등에서의 이동감시

4.2.5 과일수거

복숭아과실파리 발견지점을 중심으로 200 m 이내에 있는 모든 과일을 신속히 수거하여 50 cm 이상의 깊이에 묻는다. 유충 발견 장소에서는 기주 과일 껍질도 제거되어야 한다. 이를 수거 기간 동안 플라스틱 상자 속에 보관 후 승인된 매립지에 제거 처리된다. 매몰시 생석회(0.4%)를 첨가한다.

4.2.6 토양소독

발생 지점을 중심으로 200 m 내에 있는 모든 기주는 과일나무 밑에 팔라딘 유제(경농)를 살포한다.

4.2.7 수컷유살제 처리

도포형 수컷유살제를 처리한다.

① 도포방법

발견 장소 주변으로 아이들의 접근이 어려운 높이의 전봇대, 나무, 울타리 등에 약 5 mL 부피로 도포한다. 처리 표면에 견고하게 붙어있도록 비교적 표면이 매끄러운 곳은 피하여 도포한다. 유효물질의 분해를 막기 위해 가급적 직사광선을 피하는 곳에 도포한다.

② 처리 규모

중심부(1.6 × 1.6 km)에 600 곳을 균일하게 설정하여 처리한다. 1 완충격자(8 개 격자)에 각 500 개, 2 완충격자(16 개 격자)에 각 400 개, 3 완충격자(24 개 격자)에 각 300 개, 4 완충격자(32 개 격자)에 각 200 개을 처리하여 전체 24,600 개 지점에 도포 처리된다.

③ 처리 횟수

2 주마다 도포한다.

④ 처리 기간

최초 발견 시점으로부터 2 세대 기간 동안 진행한다.

4.2.8 암컷유살제 처리

살충제가 첨가된 단백질먹이 유살제를 살포한다.

(1) 지상 독먹이살포

① 조제

GF120 (동방아그로)을 물로 1.5 배 희석하여 처리한다. 예를 들어 GF120 4 L에 물을 6 L 혼합하여 살포액을 조제하게 된다.

② 처리 지역 규모

발견 지점 기준으로 중심부, 제1완충지역 및 제2완충지역까지 살포 처리한다.

③ 처리 간격

초기 발견 이후 2 세대 기간 동안 주당 1 회 살포한다.

④ 처리 방법

미끼는 개인휴대용 스프레이기 또는 동등한 장치의 수단에 의해 주거지와 휴식공간이 제공되는 기주와 식물에 제한된 범위적용으로 사용될 수도 있다. 사용은 어린이 또는 애완동물에게 피해가 발생하지 않는 장소에 적용된다. 모든 범위적용이 요구된다면 송풍식 분무기 또는 유사한 장치가 사용될 수 있다.

⑤ 처리 약량

각 처리지점은 표면이 모두 적셔지도록 살포한다.

(2) 시설지 살포

지상 살포와 동일방법으로 약제를 조제하고, 해당지역에서 기주를 재배하는 모든 시설재배지 내부에 살포한다.

(3) 항공 살포

지상 살포와 동일방법으로 약제를 조제하고, 해당지역 포함된 산림 지역에 살포한다.

4.2.9 불임충방사 처리

① 불임충방사는 박멸처리 후 잉여 복숭아과실파리 개체를 완전히 제거하기 적용된다. 이 방법은 과실 껍질 제거, 독먹이살포 및 토양관주(토양이나 나무에 구멍을 파서 약액을 주입하는 약제살포의 한 방법)와 혼합하여 사용될 수 있다.

② 우선 정확한 종 동정이 필요하다. 즉 방사될 종과 침입 종과 동질성이 확보되어야 한다.

③ ME 방출 델타트랩을 이용하여 1.6 × 1.6 km 면적 단위로 5 개 트랩배치가 필요하다. 이 트랩들은 메칠유제놀 또는 단백질먹이유인제를 유인제로 일주일 간격으로 조사된다.

④ 불임충방사 밀도

감염중심지를 1.6 × 1.6 km 면적으로 정하고 여기에 매주 백만마리 이상 의 불임충을 방사하게 된다. 감염외곽지(완충지)는 중심지에서 4.8 km 반경 지역으로 1.6 × 1.6 km 면적을 기준으로 50,000 마리 이상이 방사된다.

⑤ 불임충방사 수단

- 지상 방사: 이동 차량을 통해 불임충을 방사한다. 특히 감염중심지 처리에 유효하다. 감염중심지 주변처리도 가능할 수 있다.
- 항공 방사: 육상 차량 방사보다 균일하게 불임충을 방사할 수 있다.

4.3 복숭아과실파리 박멸선언 매뉴얼

4.3.1 트랩 모니터링을 통한 박멸효과 확인

① 마지막 발견 후 3 세대 기간 동안 모니터링을 실시한다.

② 정밀조사 이외의 지역에도 상시모니터링 지역에서 3 세대 동안 모니터링을 실시한다.

4.3.2 과일수거검사를 통한 박멸효과 확인

① 중앙지점 및 제1완충지역(발견지점으로부터 2.4 km 반경이내) 등에 있는 과일을 7~10 일 간격으로 조사한다. 특히 중앙지점의 기주과일은 명부를 작성하고 즉석에서 칼로 절개하여 검사한다.

② 시설이 갖추어진 경우에는 수거된 과일은 과실파리 최적온도인 26℃/70% 습도조건에서 1 주~1 세대기간 동안 사육 후 검사한다. 과일이 저장되는 시설은 우화하는 과실파리가 날아가지 않도록 안전관리에 만전을 기해야 한다.

4.3.3 박멸선언

과실파리 최종발견 후 3 세대 기간 동안 더 이상 발견이 되지 아니하였을 경우 박멸된 것으로 판정한다.

5 오이과실파리 방제 매뉴얼

오이과실파리 방제를 위한 발견과 발생 기준은 대외적 발생 발표와 차이가 있다. 다음의 기준에 따라 발견의 경우는 초기방제를 실시하고, 발생의 경우는 박멸방제를 취하게 된다.

발견	모니터링 트랩에 1 마리 이상 포획된 경우
발생	• 알, 유충, 번데기 또는 교미된 암컷 1 마리 이상 포획된 경우 • 발견 후 1 세대 이내에 발견지 분포한계조사 트랩(14.4 × 14.4 km)에서 성충 5 마리 이상이 트랩에 검출된 경우(수컷, 미교미 암컷)

단계	목적	방제 항목	방제적용기술	방제 영역	처리 횟수 및 기간
발견시 방제	조기발견 후 긴급방제	모니터링	델타형 트랩	14.4 km 격자	1 회/일(첫 1 주) 2 회/주(첫 세대) 0.5 회/주(2~3 세대)
		수컷유살제	왁스형 도포제 또는 심지형 방출기	1.6 km 격자 600 개 처리	1 회 처리
발생시 방제	초기방제 이후 박멸방제	모니터링	델타형 트랩 (발견시 모니터링 트랩과 동일)	발견지별 14.4 km 격자	1 회/일(첫 1 주) 2 회/주(첫 세대) 0.5 회/주(2~3 세대)
		방제지역선포	행정조치	14.4 km 격자	박멸기간
		기주 이동 제한	행정조치	14.4 km 격자	박멸기간
		토양소독	해당작물에 등록된 성분	발견지별 200 m 반경 (기주식물 하부)	1 회/2 주
		과실제거	수작업	발견지별 200 m 반경	1 회 처리
		수컷유살제	왁스형 도포제 또는 심지형 방출기	중심부 600 개 1완충격자 500 개 2완충격자 400 개 3완충격자 300 개 4완충격자 200 개	1 회/2 주
		암컷유살제 (GF120)	지상방제	중심부+ 제1완충지+ 제2완충지	농경지, 하천 기주
			시설지방제		시설하우스 내부
			항공방제		산림지역
		불임충방사	불임충수컷	백만마리/1.6 km 중심격자 5만마리/외곽	대발생시 적용함 매주 방사

5.1 오이과실파리 발견 시 방제 매뉴얼

발견 초기 1 주일 이내에 이뤄지는 긴급 방제 매뉴얼이다.

5.1.1 분포한계 설정

발견지 중심으로 14.4 × 14.4 km 지역에서 긴급 모니터링 트랩을 발견 후 24 시간 이내에 설치한다.

5.1.2 수컷유살제 처리

수컷유살제 즉 왁스형 도포제를 오이과실파리 발견 중심부를 포함하는 1.6 × 1.6 km 격자 내에 600 지점에 도포한다. 수컷의 사체를 확인하려는 경우 황색끈끈이 판에 도포 또는 부착하여 처리할 수 있다.

5.2 오이과실파리 발생 시 방제 매뉴얼

5.2.1 박멸 매뉴얼 가동 기준

오이과실파리 "발견"에 따라 긴급 실시하는 "분포한계설정" 조사과정을 통하여 "발생"으로 전환되는 경우 박멸프로그램을 가동한다.

5.2.2 박멸 프로그램 기간

박멸 프로그램은 해당시기에 오이과실파리가 적어도 2 세대 발생되는 기간 동안 가동된다. 이후 재발견되면 다시 최소한 2 세대 박멸 프로그램이 재가동된다.

5.2.3 박멸 처리방법 선정기준

① 기본적으로 수컷유살제, 토양소독, 단백질먹이유살제 및 기주제거처리가 가동되어야 한다.
② 방제 지역이 넓은 경우 항공방제가 추가된다.
③ 불임충방사는 선택적 처리이다.

5.2.4 이동 및 재배 제한

① 과실파리가 발견된 지점을 중심으로 14.4 × 14.4 km 격자에 있는 규제대상 품목의 재배·취급·가공업자들에게 비상조치 내용을 통보한다.

② 선포된 방역지역에서는 다음의 규제조치가 포함된다.

- 과일 채소류의 상업구역에서 소독처리 상황 감시 · 감독 · 증명서 발급
- 농산물 가공시설의 주기적 방문
- 규제품목 폐기물에 대한 감시
- 공항 · 터미널에서 규제대상품목의 이동감시
- 검역규제지역 경계의 국도, 지방도로 등에서의 이동감시

5.2.5 과일수거

오이과실파리 발견지점을 중심으로 200 m 이내에 있는 기주식물을 신속히 수거하여 제거한다. 과수의 경우는 과실을 제거한다. 과수에서 유충이 발견 장소에서는 기주 과일 껍질도 제거되어야 한다. 수거하는 기간 동안 플라스틱 상자 속에 보관 후 승인된 매립지에 제거 처리된다. 매몰시 50 cm 이상의 깊이로 하며 생석회(0.4%)를 첨가한다.

5.2.6 토양소독

유충이 발견된 경우 발생 지점을 중심으로 200 m 내에 있는 기주식물 재배지와 기주식물이 집단적으로 서식하는 비경작지에 토양살충제를 살포한다. 경작지의 경우는 해당작물에 등록된 성분을 사용한다. 등록된 성분이 없는 경우는 소관부서와 협의하여 결정한다. 과수의 경우는 수관하부 토양에 약제를 살포한다. 과실파리 방제용으로 토양에 처리할 수 있는 대표적인 성분은 다음과 같다.

계통	성분명	감귤 등록성분
유기인계	클로르피리포스(입), 에토프로포스(입), 터부포스(입), 다이아지논(입), 테부피림포스(혼/입)	클로르피리포스
합성피레스로이드계	테플루트린(입), 에토펜프록스(입), 비펜트린(입), 사이플루트린(혼/입), 델타메트린(혼/입)	에토펜프록스 비펜트린 사이플루트린 델타메트린
네오니코티닐계	아세타미프리드(입), 디노테퓨란(입), 이미다클로프리드(입), 치아메톡삼(입)	좌동
카바메이트계	카보퓨란(입), 카보설판(입)	

* (입) = 입제, (혼/입) = 다른 성분과 혼합제 상태의 입제

5.2.7 수컷유살제 처리

도포형 유살제나 심지형 유살제를 처리할 수 있다.

① 도포방법

발견 장소 주변으로 아이들의 접근이 어려운 높이의 전봇대, 나무, 울타리 등에 약 5 mL 양으로 도포한다. 처리 표면에 견고하게 붙어있도록 비교적 표면이 매끄러운 곳은 피하여 도포한다. 유효물질의 분해를 막기 위해 가급적 직사광선을 피하는 곳에 도포한다.

② 처리 규모

중심부(1.6 × 1.6 km)에는 600 개가 처리된다. 원칙적으로 제1완충지역에서 제4완충지역까지 같은 비율로 처리하는 것이 좋으나, 확산이 광범위하지 않는 것으로 판단되는 경우 1 완충격자(8 개 격자)에 각 500 개, 2 완충격자(16 개 격자)에 각 400 개, 3 완충격자(24 개 격자)에 각 300 개, 4 완충격자(32 개 격자)에 각 200 개를 처리한다.

③ 처리 횟수

2 주마다 도포한다.

④ 처리 기간

오이과실파리 2세대 기간 동안 미발견되는 경우 처리를 중단할 수 있다.

5.2.8 암컷유살제 처리

살충제가 첨가된 단백질먹이 유살제를 살포한다. GF120을 사용할 수 없는 경우 유사형태의 약제를 제조하여 사용할 수 있다.

(1) 지상 독먹이살포

① 조제

GF120 (동방아그로)을 물로 1.5 배 희석하여 처리한다. 예를 들어 GF120 4 L에 물을 6 L 혼합하여 살포액을 조제하게 된다.

② 처리 지역 규모

발견 지점 기준으로 중심부, 제1완충지역 및 제2완충지역까지 살포 처리한다. 오이과실파리 기주식물과 휴식기주를 대상으로 살포하는 경우 효과를 높일 수 있다.

③ 처리 간격

초기 발견 이후 2 세대 기간 동안 주당 1 회 살포하며, 2세대 동안 미발견되는 경우 처리를 중단할 수 있다.

④ 처리 방법

미끼는 개인휴대용 스프레이기 또는 동등한 장치의 수단에 의해 주거지와 휴식공간이 제공되는 기주와 식물에 제한된 범위적용으로 사용될 수도 있다. 사용은 어린이 또는 애완동물에게 피해가 발생하지 않는 장소에 적용된다. 모든 범위적용이 요구된다면 송풍식 분무기 또는 유사한 장치가 사용될 수 있다.

⑤ 처리 약량

각 처리지점은 표면이 모두 적셔지도록 살포한다.

(2) 시설지 살포

지상 살포와 동일방법으로 약제를 조제하고, 해당지역에서 기주를 재배하는 모든 시설재배지 내부에 살포한다.

(3) 항공 살포

긴급한 경우 지상 살포와 동일방법으로 약제를 조제하고, 사람이 접근할 수 없는 산림지역, 깊은 계곡 등에 살포한다.

5.2.9 불임충방사 처리

① 불임충방사는 박멸처리 후 잉여 오이과실파리 개체를 완전히 제거하기 위하여 선택적으로 적용된다. 이 방법은 과실제거, 독먹이살포 및 토양관주(토양이나 나무에 구멍을 파서 약액을 주입하는 약제살포의 한 방법)와 혼합하여 사용될 수 있다.
② 우선 정확한 종 동정이 필요하다. 즉 방사될 종과 침입 종과 동질성이 확보 되어야 한다.
③ 불임충 방사 작전지역에서 오이과실파리 모니터링을 위하여 1.6 × 1.6 km 당 큐루어-방출 델타트랩 5 개를 설치하고 일주일 간격으로 조사된다.
④ 불임충방사 밀도

감염중심지를 1.6 × 1.6 km 면적으로 정하고 여기에 매주 오십만마리 이상의 불임충을 방사하게 한다. 감염외곽지(완충지)는 중심지에서 4.8 km 반경 지역으로 1.6 × 1.6 km 면적을 기준으로 25,000 마리 이상이 방사한다. 토착파리와 불임충의 비율이 1:50 이하가 되지 않도록 관리해야 한다.

⑤ 불임충방사 수단

- 지상 방사 : 이동 차량을 통해 불임충을 방사한다. 특히 감염중심지 처리에 유효하다. 감염중심지 주변처리도 가능할 수 있다.
- 항공 방사 : 육상 차량 방사보다 균일하게 불임충을 방사할 수 있다.

5.3 오이과실파리 박멸선언 매뉴얼

5.3.1 트랩 모니터링을 통한 박멸효과 확인

① 마지막 발견 후 3 세대 기간 동안 모니터링을 실시한다.

② 정밀조사 이외의 지역에도 상시모니터링 지역에서 3 세대 동안 모니터링을 실시한다.

5.3.2 과일수거검사를 통한 박멸효과 확인

① 중앙지점 및 제1완충지역(발견지점으로부터 2.4 km 반경이내) 등에 있는 과일을 7~10 일 간격으로 조사한다. 특히 중앙지점의 기주과일은 명부를 작성하고 즉석에서 칼로 절개하여 검사한다.

② 시설이 갖추어진 경우에는 수거된 과일은 과실파리 최적온도인 26℃/70% 습도조건에서 1 주~1 세대기간 동안 사육 후 검사한다. 과일이 저장되는 시설은 우화하는 과실파리가 날아가지 않도록 안전관리에 만전을 기해야 한다.

5.3.3 박멸선언

과실파리 최종발견 후 3 세대 기간 동안 더 이상 발견이 되지 아니하였을 경우 박멸된 것으로 판정한다.

CHAPTER 06

금지급 과실파리 관리 컨트롤타워

1 우리나라 병해충 모니터링 · 방제 운영체계

병해충모니터링 · 방제대책본부 운영지침(농림축산식품부 훈령 제230호, 부록 3)에 따라 병해충 모니터링 · 방제에 관한 정책수립, 병해충 모니터링 · 방제계획 수립의 총괄 · 조정, 관련 중앙행정기관과의 병해충 모니터링 · 방제에 대한 협조체계 구축, 중앙 및 지방 병해충 모니터링 · 방제단의 지원, 병해충 모니터링 · 방제와 관련된 대국민 홍보 등을 위한 병해충모니터링 · 방제대책본부(이하 병해충대책본부, 그림 6.1)가 농림축산식품부에 설치된다. 병해충대책본부는 병해충으로 인하여 농산물 수급 및 가격에 중대한 영향을 미칠 우려가 있을 경우, 관련 중앙행정기관과의 병해충 모니터링 · 방제에 대한 협조체계 구축이 필요한 경우 등 비상설 조직으로 운영된다. 본 운영지침에 따라 국경반인 검역본부는 국경의 모니터링 · 방제업무를 수행하게 된다.

농촌진흥청은 농작물병해충모니터링 · 방제에 관한 규정(농촌진흥청고시 제2013-20호, 부록 4)에 따라 병해충모니터링 · 방제단을 설치한다(그림 6.2). 이는 상설의 중앙병해충모니터링 · 방제단과 비상설의 시 · 도모니터링 · 방제단 및 시 · 군 · 구모니터링 · 방제단으로 구성되며, 중앙병해충모니터링 · 방제단은 ① 국가적인 병해충 모니터링 · 방제계획 수립 ② 병해충 모니터링 · 방제 추진 및 지도 · 점검 ③ 시 · 도모니터링 · 방제단에 대한 예산 · 기술 지원 ④ 지방자치단체와의 모니터링 · 방제 협조체계 구축 ⑤ 방제비 지원, 손실보상 등에 관한 업무 ⑥ 병해충의 분류동정, 위험평가, 정보분석, 기술개발의 임무를 수행한다.

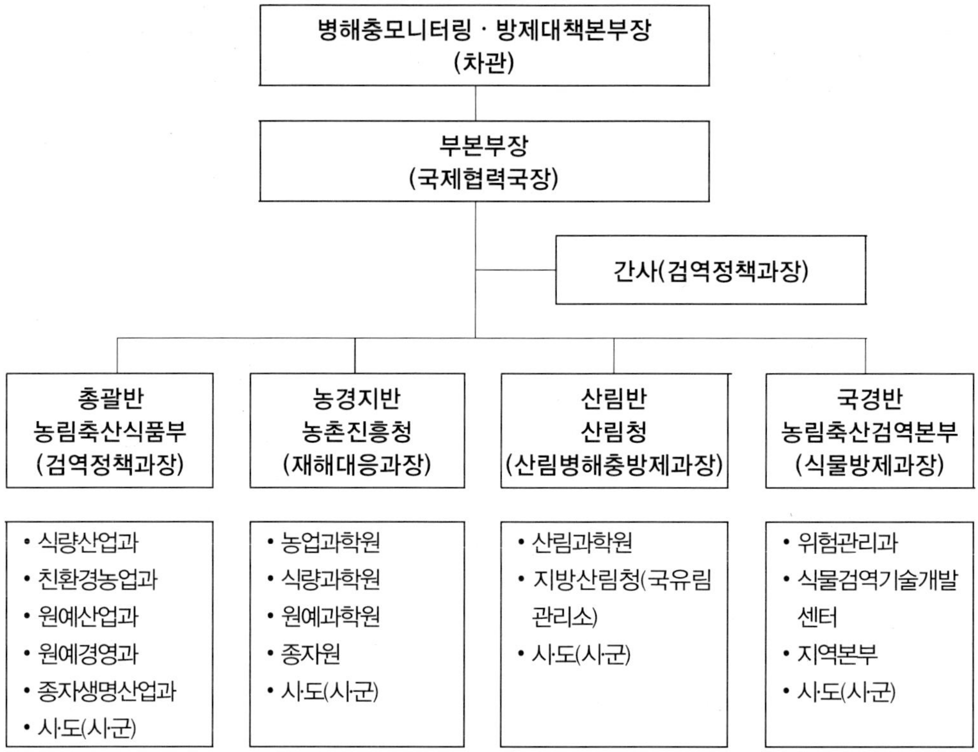

그림 6.1 병해충모니터링 · 방제대책본부 조직도

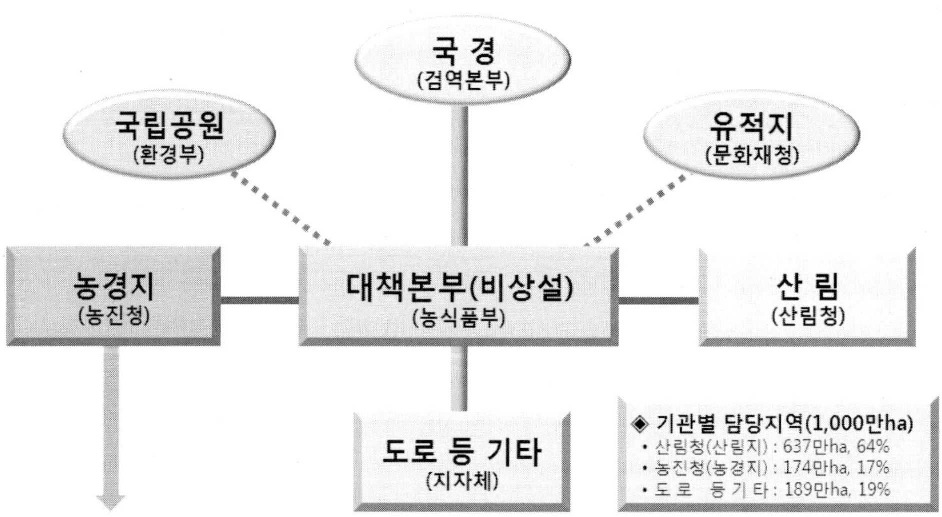

기관별 모니터링 · 방제 관할지역 및 병해충모니터링 · 방제단 조직도

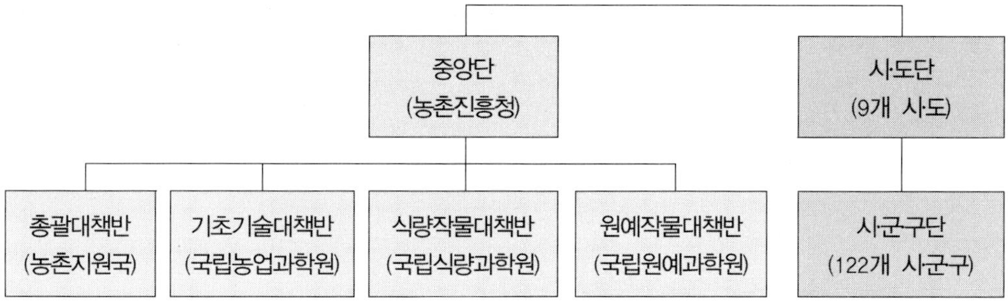

▌그림 6.2▐ 기관별 모니터링 · 방제 관할지역 및 병해충모니터링 · 방제단 조직도

검역본부는 식물방역법 제3조 및 제33조에 근거하여 공항 · 항만, 격리재배지역, 수입식물의 재배지역 및 수출식물 재배지로부터 과실파리류의 유입 · 확산을 방지하기 위하여 검역 · 모니터링 · 방제 등 필요한 역할을 수행한다(부록 5). 한편, 우리나라 농경지에 금지급 과실파리류가 발견 · 발생한 경우 이에 대한 대응방식(관리)은 농촌진흥청(이하 진흥청) 농작물병해충모니터링 · 방제에 관한 규정에 따라 진흥청을 중심으로 한 "통합형 관리"로 기능별 책임기관을 지정하고 그들을 조정, 통제하게 된다. 이러한 상황에서 검역본부의 과실파리류 병해충 모니터링 · 방제 업무추진 절차도는 그림 6.3과 같다.

업무구분	농경지 (농진청) / 국립공원 (환경부) / 국경 (검역본부) / 유적지 (문화재청) / 산림 (산림청) / 도로 등 기타 (지자체)
모니터링조사결과 집계	검역본부
외래·돌발 병해충 / 미기록종	자체동정
분류동정	• 분류동정(검역본부) – 필요시 내·외부 전문가 및 자문
임시조치	• 긴급조치 – 검역본부 식물방제과(총괄지) : 긴급조치계획 수립 및 추진 (관련기관통보, 보도자료 배포, 과별 협조요청) – 식물검역과 : 국경 검역강화 조치, 인력·예산 지원 등 – 위험관리과 : 위험도평가, 병해충 정보수집 및 분석 등 – 수출지원과 : 수출입에 미치는 피해상황 및 규모, 외국사례 분석 등 – 지역본부 : 현장조사 및 지원, 필요시 지자체 협조 요청 ※ 정밀모니터링조사지역 설정, 트랩증설 및 모니터링강화, 기주과실조사 등
분포·역학·발생조사	• 역학조사 – 식물방제과:총괄, 지역본부:조사팀구성
위험평가	• 병해충위험평가위원회(농업과학기술원)
대책회의	• 방제대책회의(농진청) 〈내용〉 ① 동정평가 ② 방제방법 ③ 예산 ④ 방제범위
대책본부	병해충모니터링·방제대책본부(농림축산식품부)
방제명령 및 공고	• 농진청 → 지자체 – 방제명령서 발급, 방제작업 착수 – 유살제 설치 및 살포, 기주식물폐기. 이동제한 등의 규제조치 – 트랩조사 등 모니터링강화, 방제이행상황 관리감독(검역본부, 농진청)
방제지도	• 검역본부 → 농진청 – 검역규제지역설정 및 트랩증설 설치 및 모니터링강화 – 유살제 설치 및 살포, 토양소독처리 – 기주식물 유충 감염여부 조사 및 폐기 – 이동제한 등의 규제조치
결과 보고	• 지자체 → 검역본부, 농진청 → 농식품부 트랩조사 후 세대경과 후 발견사항 없음을 보고
예산지원	• 농진청, 지자체 – 물품 구입비용, 차량 및 기동인력 지원, 보상비 지원
방제효과 확인	• 농진청, 검역본부 – 박멸완료(2~3세대경과) 후 최소한 1세대동안 모니터링 후 발견되지 아니한 경우
박멸선언	• 검역본부, 농진청 → 농식품부 – 보도자료 배포

▌그림 6.3 ▌ 검역본부 과실파리류 병해충 모니터링·방제 업무추진 절차도

2 금지급 과실파리 모니터링 · 방제에 관한 상시 운영체계

2.1 상시 모니터링 운영체계

검역본부는 식물방역법 제33조 및 같은 법 시행규칙 제37의7에 따라 식물병해충 모니터링조사운영에 관한 세부사항을 정하여 과실파리류 상시모니터링을 수행한다. 식물방제과는 과실파리류 조기탐지를 위한 모니터링을 위해 매년 "식물병해충 모니터링조사 요령"에 근거하여 과실파리류 조사지, 조사방법 등 구체적인 지침을 작성하여 각 지역본부 · 사무소에 시달한다(부록 5). 각 지역본부 · 사무소는 실제 모니터링조사 계획을 작성하여 운영한다.

2.2 발견 · 발생에 대비한 사전계획 수립 및 자원관리체계

과실파리류의 발견 · 발생 시 많은 인적, 물적 자원이 필요하고 적재적소에 필요한 물품과 인력을 얼마나 적시에 공급하느냐가 효율적인 대응에 많은 영향을 미치게 된다. 이에 사전계획이 중요한 부분이며 이를 위해 발견 · 발생에 대비한 사전준비를 철저히 수립하는 것이 중요하다. 이에 검역본부는 필요한 물자를 검역본부 장 책임하에 체계적으로 관리 및 활용할 수 있도록 하기 위하여 사전계획수립 및 자원관리시스템을 구축 및 운영할 수 있도록 할 필요가 있다.

2.2.1 연락체제구축

- 금지급 과실파리류의 발견 즉시 정확한 행동을 취할 수 있도록 평상시부터 관련 기관 및 대학 · 전문기관 등의 병해충 전문가와 연락 창구를 정리하고 발생 지역에 주지하는 등 연락체제를 구축한다.
- 금지급 과실파리류 발생 후 즉시 발생 조사와 방제 대책을 강구할 수 있도록 미리 생산지, 재배 식물의 종류 및 그 생산량 등의 정보를 수집한다.

2.2.2 자재 및 요원의 확보

- 금지급 과실파리류의 발견 후 즉시 발생 조사와 방제가 마련되도록 대응 가능한 요원의 리스트를 작성한다.
- 금지급 과실파리류의 발생에 대비한 훈련과 방제에 필요한 트랩, 유인제 등의 자재를 확보하도록 노력한다.

2.2.3 정보의 수집 · 공유

- 검역본부 및 관련 기관은 병해충에 관한 학회 등에 참가함으로써 대학 · 연구기관 등의 전문가와 정보를 교환하고 새로운 금지급 과실파리류의 발생 등에 관한 정보를 적극적으로 수집한다.
- 관련 기관은 해외의 금지급 과실파리류의 발생 상황 등을 파악하기 때문에 식물검역 관계 국제기관, 정부 기관 및 학회 등의 보고 및 문헌 등의 정보를 수집하고 필요한 정보를 검역본부와 공유한다.
- 학회, 문헌 등을 통해 수집한 정보를 정리하고 금지급 과실파리류의 방제에 관해서 유익하다고 인정되는 정보를 지역본부 · 사무소 및 관련 기관에 주지한다. 또 지역본부 · 사무소 및 관련 기관은 이러한 정보에 대해서 생산자 등이 필요한 것을 정리하고 제공한다.

2.2.4 분류 · 방제 등의 기술 향상

- 금지급 과실파리류의 분류동정과 방제 등에 관한 연수 등을 적극적으로 개최하는 지역본부 · 사무소 및 관련기관 직원 등의 기술의 향상을 촉진하는 것으로 한다.

2.3 발견 · 발생시 보고체계

2.3.1 상시 모니터링조사 등의 실시

- 지역본부 · 사무소는 금지급 과실파리류 발견을 조기에 파악해야하기 때문에 평상시 모니터링조사를 적극적으로 실시한다.
- 지역본부 · 사무소는 금지급 과실파리류를 조기에 파악해야하기 때문에 발생 모니터링사업 등의 조사 및 생산자의 방제 지도를 통해서 관할하는 지역 내에 서식하고 있는 금지급 과실파리류의 종류나 그 피해 상황 등에 대한 정보를 수집한다.
- 지역본부 · 사무소는 조사 등의 결과 금지급 과실파리류 발견 · 발생의 혐의가 있다고 인정될 때는 지체 없이 그 정보를 공유한다.

2.3.2 발견된 금지급 과실파리류의 동정

- 지역본부 · 사무소는 모니터링조사 등에서 발견된 금지급 과실파리류의 신속한 동정을 한다.
- 발견관할 지역본부 · 사무소는 모니터링조사 등에서 발견된 금지급 과실파리류의 동정을 스스로 하는 것이 어렵다고 판단했을 경우, 신속히 검역본부 또는 대학 · 연구기관 등에 동정을 의뢰한다. 또한 발견관할 지역본부 · 사무소는 대학시험 연구기관 등에 동정을 의

뢰한 과실파리류가 금지급 과실파리류일 가능성이 있을 때에는 지체 없이 그 사실을 식물 방제과에 보고한다.

- 금지급 과실파리류의 동정 의뢰가 있었을 경우는 가능한 신속하게 동정하고 그 결과를 의뢰가 있던 관할 지역본부・사무소에 통보한다. 또한 검역본부는 의뢰가 있는 금지급 과실파리류의 동정을 스스로 하는 것이 어려운 경우에는 대학・연구 기관 등에 협조를 요청한다.

2.3.3 발견의 보고

지역본부・사무소는 분류동정결과 금지급 과실파리류에 해당한다고 판명한 경우 또는 해당하는 것이 의심될 경우에는 신속하게 금지급 과실파리류의 명칭, 발견한 장소, 발견한 식물 이름 등의 정보를 식물방제과로 보고한다.

2.4 발견・발생시 초기대응 체계

2.4.1 경계설정, 발생상황 등의 조사

- 지역본부・사무소로부터 보고가 있으면, 검역본부(식물방제과)는 해당 금지급 과실파리류 발생 상황 등의 조사를 신속하게 하도록 지시한다.
- 조사 실시에 임해, 관련 기관의 협력이 필요한 경우에는 지역본부・사무소에 관련 기관과 연계하여 조사를 실시하도록 요청한다.
- 지역본부・사무소는 요청이 있을 경우 관련 기관과 연계하여 조사를 실시한다.
- 지역본부・사무소는 지시가 있은 조사를 실시하고 다음의 항목을 신속하게 보고한다.
  ① 발견 경위
  ② 발생・피해식물
  ③ 발생・피해 상황(발생 지역, 발생과 피해 면적 등)
  ④ 발생지역 및 그 주변 지역의 숙주(기주)식물의 재배상황(분포)
  ⑤ 발생의 원인(발생피해 식물의 유래 등)
  ⑥ 시료 표본의 보존, 관리 상황
  ⑦ 그외 다른 필요 사항
- 보고를 받은 결과 해당 금지급 과실파리류의 보고가 있었던 지역 이외의 지역에도 발생한 우려가 있어 추가 조사를 실시할 필요가 있다고 판단한 경우에는 지역본부・사무소에 추가 조사를 실시하도록 지시한다. 또한 추가 조사 실시에 대해서도 동일한 절차를 준용한다.

2.4.2 방제 등 긴급 조치 실시

- 검역본부는 보고가 있던 금지급 과실파리류에 대해서 그 만연을 방지하기 위한 신속한 대응이 필요하다고 판단했을 경우에는 방제 대책의 결정까지 지역본부・사무소에 방제 등 긴급조치로서 농약살포 또는 피해 식물의 제거 등의 방제활동(이하 긴급 조치)을 실시하도록 지시한다.
- 지역본부・사무소는 검역본부에서 긴급 조치의 지시가 있었을 경우에는 긴급 조치를 실시하는 재배지 등의 소유자 또는 관리자(이하 소유자 등)에 대한 방제 및 필요성 등을 설명하여 양해를 얻고 방제를 실시한다.
- 검역본부는 긴급 조치의 실시에 임해, 관련 기관의 협력이 필요한 경우에는 관련 기관에 지역본부・사무소와 연계하여 방제를 실시하도록 요청한다.
- 관련 기관은 검역본부에서 요청이 있을 경우에는 지역본부・사무소와 연계하여 긴급 조치를 실시한다.

3 금지급 과실파리 발견 · 발생시, 모니터링 · 방제에 관한 운영체계

금지급 과실파리 발견 · 발생 시 농림축산식품부 국제협력국장이 실장인 대책반을 설치하고 각 기관별로 임무를 수행하게 된다(그림 6.4). 또한 검역본부도 식물방제과장이 실장인 자체 대책반을 설치하고 오리엔탈과실파리 역학조사, 해외 금지급 과실파리 정보수집 및 대책 추진, 검역협상 대응 등의 임무를 수행한다(그림 6.5).

실장		
	정	국제협력국장
	부	식물검역부장

간 사
검역정책과장

반별	종합대책반	국내방제반	국경검역반	수급/수출 대책반	홍보대책반
반장	검역정책과장	재해대응과장 (농진청)	식물검역과장 (검역본부)	원예경영과장	홍보담당관
반원	• 농식품부 (검역정책과) • 농진청 • 검역본부	• 농진청 • 산림청 • 검역본부 • 해당 지자체	• 검역본부 • 농진청	• 농식품부(수출진흥과, 원예경영과) • 검역본부	• 농식품부 (대변인실)
주요임무	• 대책실 업무 총괄 • 일일 상황 정리 보고 • 회의준비 등	• 일반재배지 · 수출단지 모니터링 · 방제 추진상황 점검 및 대응 • 전국 분포조사	• 해외 오리엔탈과실파리 정보수집 및 대책 추진 • 검역협상 대응 • 역학조사	• 국내 과수류 수급대책 및 소비 홍보 • 수출대책 추진 • 수출단지에 대한 검역대책 추진	• 보도 · 언론 모니터링

그림 6.4 농림축산식품부 대책본부 조직도

실장	식물방제과장

간 사
○○○

반별	종합대책반 (모니터링대응반)	역학조사반	국경검역반	수출대책반	홍보대책반
반장	○○○	○○○	○○○	○○○	○○○
반원	○○○,○○○	○○○,○○○	○○○,○○○	○○○,○○○	○○○,○○○
주요임무	• 일일상황 정리 보고 • 회의준비, 자료 취합 등 • 수출단지모니터링 및 긴급조치	• 방제 추진상황 점검 및 대응 • 역학조사	• 기주식물 검역실적 및 일일상황 정리 • 국경검역 대응 • 국내검역 등	• 검역협상 대응 • 국내 과채류 수출대책 및 소비 홍보 등 • 해외 정보수집 및 대책 추진	• 보도자료 배포 및 언론 대응 등

반 별	세부 업무내용
종합대책반	•「상황실」 업무 총괄 지휘 · 통제 • 일일 상황 정리 보고 • 언론 · 브리핑관련 자료 정리 • 회의 준비 및 결과 정리 등 자료 취합 • 기타 타반에 속하지 아니한 사항
역학조사반	• 방제 추진상황 점검 및 대응 총괄 • 농진청 방제 추진상황 협력 •「역학조사」 구성 · 운영 및 조사계획 수립 추진 • 기타 역학조사 활동에 관한 사항
국경검역반	• 검역대책 수립 추진(국내검역 포함) • 오리엔탈과실파리 기주식물 검역실적 일일상황 정리 • 기타 검역 활동에 관한 사항 • 긴급조치에 관한 사항
수출대책반	•「검역협상팀」 구성 · 운영 및 대응 • 과채류 수출 대책 및 소비 홍보 총괄 • 과채류 품목별 가격 및 소비동향 파악 • 과채류 수급관련 언론대응 등 • 해외정보 수집 및 대책 추진정보
홍보대책반	• 보도자료 배포 및 언론대응 총괄 • 인터뷰, 브리핑 등 준비 및 대응 • 온라인에 대한 모니터링 및 대응 • 홍보물 배포

그림 6.5 검역본부 대책본부 조직도 및 업무내용

3.1 위험분석의 실시

진흥청은 농작물 병해충 모니터링 · 방제 시행에 필요한 세부사항 추진을 위하여 중앙병해충 모니터링 · 방제단을 구성한다. 중앙병해충모니터링 · 방제단은 병해충위험평가위원회를 구성하여 금지급 외래해충인 금지급 과실파리에 대해서, 조사에서 얻은 정보 및 관련 자료에 근거하여 국내의 유용한 식물에 대한 위험분석 또는 재분석을 실시한다. 병해충위험평가위원회는 위험분석의 실시에 있어 필요에 따라서 대학 · 연구 기관 등의 병해충 등의 전문가로부터 의견을 청취한다.

3.2 방제 대책의 결정 실시

3.2.1 병해충모니터링 · 방제대책회의 개최

- 중앙병해충모니터링 · 방제단은 금지급 과실파리 조사 및 위험분석의 결과를 토대로 발생한 오리엔탈과실파리에 대해서 긴급 방제 등의 특별한 방제가 필요한 것으로 판단한 경우에는 그 방제 대책을 검토하기 위한 병해충모니터링 · 방제대책회의(이하 모니터링 · 방제대책회의)를 개최한다.
- 모니터링 · 방제대책회의에는 발생한 금지급 과실파리에 관한 학식 경험자 및 관계 기관의 담당자 등을 소집한다.
- 모니터링 · 방제대책회의에서는 발생한 금지급 과실파리에 대해서 조사 및 동 해충 위험분석 등의 정보를 바탕으로 다음 항목을 분석 및 평가를 실시하는 방제 대책을 검토하는 데 필요한 기초적 정보를 정리하고 구체적인 방제 대책 방안을 정리한다.
  ① 발생(피해 상황) ② 숙주(기주)식물의 분포 · 생산 · 유통 상황 및 지리적 환경 조건 ③ 조사 · 방제 등에 필요한 기술의 선택 ④ 조사 · 방제 등에 필요한 비용 및 그 방제효과 ⑤ 잠재적 만연 능력 및 만연 예상 속도 ⑥ 만연한 예상되는 미래적인 경제적 손실(국내산 농산물 수출과 관련 산업의 영향 등을 포함) ⑦ 필요한 인원 및 설비의 확보 ⑧ 발생 감시 등의 조사에 필요한 비용 ⑨ 지역 환경 영향 ⑩ 기타 필요한 사항

3.2.2 방제 대책의 결정

중앙병해충모니터링 · 방제단은 모니터링 · 방제대책회의에서 정리된 방제 대책 방안을 바탕으로, 다음의 방제 조치의 적용이 필요하다고 판단했을 경우에는 신속하게 발생한 금지급 과실파리 방제대책을 결정한다.

① 이동의 제한 ② 이동을 금지 ③ 긴급 방제 ④ 방제에 관한 권고 ⑤ 금지급 과실파리 담당의 사무에 관한 지시 ⑥ 이외에 발생한 금지급 과실파리 방제를 위한 필요한 조치

3.2.3 방제 실시

중앙병해충모니터링・방제단은 결정된 방제 대책에 대한 “금지급 과실파리 모니터링・방제 사업 지침(안) (부록 6)”을 마련하여 검역본부 등 관련 기관에 대해서 신속하게 실시하도록 지시한다(그림 6.6).

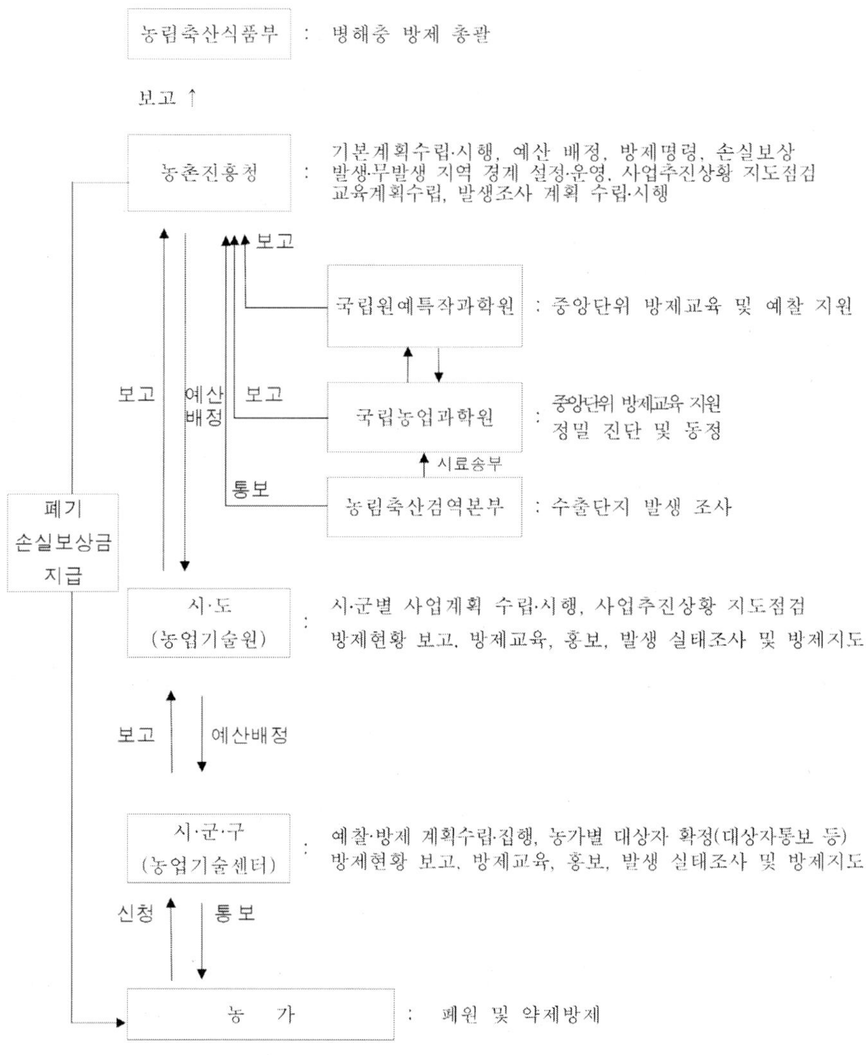

▌그림 6.6▌ 방제 업무수행 체계 및 기관별 역할 절차도

3.2.4 방제 대책의 평가 및 방제의 재검토

중앙병해충모니터링・방제단은 방제의 개시 후 방제 대상으로 금지급 과실파리 발생 상황 등에 큰 변화가 있을 경우는 필요시 대책 모니터링・방제대책회의를 개최하고 강구하고 있는 방제 대책의 평가를 한다. 평가에 근거한 방제 대책을 재검토 할 필요가 있다고 판단한 경우에는 다시 방제 대책을 결정할 수 있으며, 한편 방제 대책의 지속이 필요 없다고 판단했을 경우에는 방제의 종료를 결정한다.

3.3 발생의 공표 및 보고

농림축산식품부 및 관련 기관은 금지급 과실파리 발생이 인정되는 경우에는 발생 사실 및 피해 상황이나 방제 대책 등의 정보를 필요에 응하고 공표한다. 농림축산식품부(검역본부)는 금지급 과실파리 발생이 인정된 때는 필요시 식물검역조치에 관한 국제 기준에 근거한 관련국들의 정부기관 등에 보고하며, 방제 대책으로 해당 금지급 과실파리의 박멸 등을 확인했을 때는 국제 기준에 근거한 관련국들의 정부 기관 등에 필요한 보고한다.

3.4 기타

농림축산식품부는 방제 대책 및 수입검역 조치의 재검토 등을 실시하기 위해서 필요한 관계 법령의 제정 또는 개정한다. 또한 금지급 탈과실파리의 방제에 해당하는 관계 기관이 이용 가능한 예산확보에 힘쓴다. 방제가 끝난 뒤 해당 금지급 과실파리에 대한 일련의 대응을 기록하고 일정 기간 보존한다. 특히 국내 농업에 심각한 피해를 주는 것이 분명한 금지급 과실파리에 대해서 상시 및 발생 시에서 강구해야 할 조치를 정한 대응지침을 정하거나 기존 대응지침을 수정・보완한다.

4 대국민 방제(박멸) 홍보 및 행정라인

4.1 공공기관의 업무

어떤 방제(박멸)캠페인에서도 정치인, 관련그룹 즉 환경운동가, 정부기관, 농민, 수출자, 일반 국민의 도움이 반드시 필요하다. 무엇보다도 공개되는 정보는 분명해야하며, 투명하고 단순하고 그리고 기술적으로 복잡하지 않고 명확해야 한다. 일반 대중이 방제(박멸)프로그램의 목적과 과정에 대한 인식이 정립되도록 하여야 하며, 이를 위해서는 방제(박멸)프로그램의 대변인을 국민과 국가기관에 잘 알려지고 높은 이력을 가진 사람으로 하는 것이 도움이 될 것이다.

4.2 현장(조사)담당자의 준수사항

홍보 업무는 현장(조사)담당자의 임무인 조사의 중요한 일부분이다. ① 일관성 있게 보여야 되고 빈번히 일반 대중과 접촉해야 한다. ② 항상 정중해야 한다. ③ 장기적인 대화는 피해야 하며 업무관련 짧고 따뜻한 대화가 바람직하다. ④ 방제(박멸)프로그램관련 논쟁을 벌여서는 안 된다.

현장(조사)담당자는 검역본부 등 관련 공공기관을 대표하고 일반 대중의 감시 속에 그 기관의 이미지를 형성한다. 일반 대중에게 좋은 인상을 만들기 위해 복장, 개인적 외모, 그리고 행동을 적절히 해야 한다. ① 현장 조사 시 반드시 관복을 입는다. 단, 관복이 없는 담당자는 단정하게 복장을 한다. ② 신분확인 명찰은 매일 근무시간 동안 쉽게 신분확인을 위하여 가슴에 착용한다. ③ 처음 개인 소유지에 들어갈 때, 항상 소유자 또는 관리인에게 항상 연락을 시도하며 업무를 간략하게 설명하고 트랩을 설치하기 위한 허락을 요청한다.

부록 3 [농림축산식품부] 병해충모니터링 · 방제대책본부 운영지침

농림축산식품부 훈령 제230호

「병해충예찰, 방제대책본부 운영지침」을 다음과 같이 개정합니다.

2016년 10월 4일

농림축산식품부장관

병해충예찰, 방제대책본부 운영지침

제정 2012. 9.14 농림수산식품부 훈령 제327호

개정 2013. 10.7 농림축산식품부 훈령 제89호

개정 2016. 10.4 농림축산식품부 훈령 제230호

제1조 【목적】 이 지침은 식물방역법 제 31조의4 및 같은 법 시행령 제3조의2에 따른 병해충예찰·방제단 지원 등을 위하여 농림축산식품부에 설치하는 병해충예찰· 방제대책본부 (이하"병해충대책본부"라 한다)의 구성 및 운영에 관한 세부사항을 정함을 목적으로 한다.

제2조 【시기】 병해충대책본부는 다음 각 호의 경우에 설치한다.

1. 병해충으로 인하여 농산물 수급 및 가격에 중대한 영향을 미칠 우려가 있을 경우
2. 관계 중앙행정기관과의 병해충 예찰·방제에 대한 협조체계 구축이 필요한 경우
3. 그 외 장관이 병해충대책본부의 설치를 지시한 경우

제3조 【구성】 ① 병해충예찰·방제대책본부장(이하"병해충대책본부장"이라 한다.)은 차관이 부본부장은 국제협력국장이 되고, 총괄반, 농경지반, 산림반, 국경반을 둔다.

② 총괄반장은 농림축산식품부 검역정책과장, 농경지반장은 농촌진흥청재해대응과장, 산림반장은 산림청 산림병해충방제과장, 국경반장은 농림축산검역본부 식물방제과장으로 한다.

③ 각 반장은 기구표를 참고하여 필요한 반원을 정하거나 지원을 요청할 수 있다.

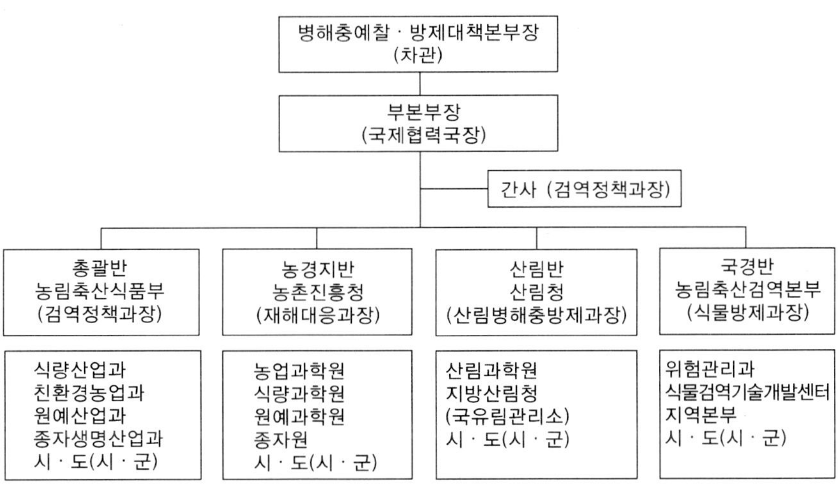

제4조 【임무】 ① 병해충대책본부는 다음 각 호의 임무를 수행한다.

1. 병해충 예찰·방제에 관한 정책수립
2. 병해충 예찰·방제계획 수립의 총괄·조정
3. 관계 중앙행정기관과의 병해충 예찰·방제에 대한 협조체계 구축
4. 중앙 및 지방 병해충 예찰·방제당의 지원
5. 그 밖에 병해충대책본부장이 정한 사항

② 병해충대책본부장은 제1항의 임무를 총괄·지휘한다.

제5조 【운영방법】 ① 병해충대책본부 설치시에는 각 반장이 소속한 기관에서 총괄반, 농경지반, 산림반, 국경반을 편성·운영한다.

② 총괄반은 병해충대책본부 운영 종료시까지 농경지반, 산림반, 국경반에서 각1명씩 파견을 받아 운영한다.

③ 총괄반장은 농경지반, 산림반 국경반의 병해충 예찰·방제 실적을 보고하게 하거나 현지확인 등을 요구할 수 있다.

부칙 〈제89호, 2013.10.7〉

제1조 【시행일】 이 훈령은 발령한 날부터 시행한다.

제2조 【재검토 기한】 「훈령·예규 등의 발령 및 관리에 관한 규정」(대통령훈령 제248호)에 따라 이 훈령 발령 후의 법령이나 현실여건의 변화 등을 검토하여 이 훈령의 폐지, 개정 등의 조치를 하여야 하는 기한은 2016년 10월 6일까지로 한다.

부칙 〈제230호, 2016.10.4〉

이 훈령은 발령한 날부터 시행한다.

농작물 병해충 예찰 · 방제에 관한 규정

[시행 2013.6.24] [농촌진흥청고시 제2013-20호, 2013.6.24, 일부개정]
농촌진흥청(재해대응과), 063-238-1046

제1장 총칙

제1조 【목적】 이 규정은 식물방역법 시행령 제3조의3과 제6조, 같은 법 시행규칙 제39조의2와 제48조에서 위임한 농작물 병해충 예찰 · 방제 시행에 필요한 세부사항을 정함을 목적으로 한다.

제2조 【정의】 이 규정에서 사용하는 용어의 뜻은 다음과 같다.

1. "병해충 분류동정"이란 병해충의 예찰과정 등에서 발견된 농작물 병해충(이하 "병해충"이라 한다)의 종명 및 계통을 밝히는 것을 말한다.
2. "병해충 위험 평가"란 병해충 분류동정을 담당하는 기관에서 분류동정이 끝난 병해충의 국내 분포 · 국내자생 · 침입여부 등을 확인하고 생태적 특성과 농작물에 대한 예상 피해 정도 등을 고려하여 방제의 필요성을 평가하는 과정으 말한다.
3. 외래병해충이란 국내에 분포기록이 없는 병해충으로서 지리적 분포 등을 고려할 때 외국으로부터 침입되었다고 판단되는 병해충을 말한다.
4. "돌발병해충"이란 기후변화, 작부체계 다양화 등 환경변화 때문에 돌발적으로 발생하여 농작물에 피해를 주는 토착 또는 외래 병해충을 말한다.
5. "국내 미기록 병해충"이란 국내에 분포기록이 없는 병해충으로서 지리적 분포 등을 고려할 때 외국으로부터의 침입 여부가 불확실한 병해충을 말한다.
6. "공적방제"란 식물방역법(이하"법"이라 한다) 제31조 및 제36조에 따라 농촌진흥청이나 특별시장 · 광역시장 · 특별자치시장 · 도지사 또는 특별자치도지사(이하 "시 · 도지사"라 한다) 가 해당 병해충의 확산을 저지하기 위하여 시행하는 방제를 말한다.

제3조 【적용범위】 병해충의 예찰 및 방제업무에 관하여 다른 법령에 특별한 규정이 있는 경우를 제외하고는 이 규정이 정하는 바에 따른다.

제2장 병해충예찰 · 방제단

제4조 【병해충예찰 · 방제단의 구성】 ① 농촌진흥청은 법 제31조의4와 같은 법 시행령(이하"영"이라 한다) 제3조의3에 따라 중앙병해충예찰 · 방제단(이하"중앙예찰 · 방제단"이라 한다)을 둔다.

② 중앙예찰 · 방제단에는 단장 1명을 두고, 농촌지원국장이 단장이 되며, 예찰과 방제업무를 수행하기 위하여 2명 이상으로 구성된 총괄대책반을 둔다.

③ 중앙예찰 · 방제단의 예찰과 방제 업무를 지원하기 위하여 농촌진흥청의 소속기관 (국립농업과학원, 국립식량과학원, 국립원예특작과학원)에는 각각 2명 이상으로 구성된 대책반을 두며, 소속기관의 장은 대책반의 업무를 전담하는 전문연구실을 설치할 수 있다.

④ 특별시 · 광역시 · 특별자치시 · 도 · 특별자치도에는 법 제31조의4제2항과 영 제3조의3제3항에 따라 시 · 도 병해충예찰반과 방제반을 설치할 수 있다.

⑤ 시 · 군 · 자치구에는 법 제31조의4제2항과 여 제3조의3제3항에 따라 시 · 군 · 구병해충예찰 · 방제단(이하"시 · 군 · 구예찰 · 방제단"이라 한다)을 두고 시 · 도예찰 · 방제단과의 원활한 업무협조를 위하여 예찰반과 방제반을 설치할 수 있다.

⑥ 중앙예찰 · 방제단의 총괄대책반 밑 소속기관 대책반, 시 · 도예찰 · 방제단, 시 · 군 · 구예찰 · 방제단에는 예찰과 방제업무 보조를 위한 전문예찰요원을 둘 수 있다.

⑦ 농작물 병해충예찰 · 방제 체계 및 병해충예찰 · 방제단의 구성 요약은 별표 1과 같다.

⑧ 제1항부터 제6항 이외에 시 · 도예찰방제단과 시 · 군 · 구예찰방제단 구성 및 운영 등에 필요한 사항은 해당 지방자치단체가 조례로 정한다.

제4조의2 【예산의 지원】

제5조 【병해충예찰 · 방제단의 역할】 ① 제4조 제1항에 따른 중앙예찰 · 방제단의 임무는 다음 각 호와 같다.

1. 국가적인 병해충 예찰 · 방제계획 수립
2. 병해충 예찰 · 방제 추진 및 지도 · 점검
3. 시 · 도 예찰 · 방제단에 대한 예산 · 기술 지원
4. 지방자치단체와의 예찰 · 방제 협조체계구축
5. 방제비 지워, 손실보상 등에 관한 업무
6. 병해충의 분류동정, 위험평가, 정보분석, 기술개발

② 제4조 제4항에 따른 시 · 도예찰 · 방제단의 임무는 다음 각 호와 같다.

1. 해당 지역의 병해충 예찰 · 방제계획 수립
2. 해당 지역의 병해충 예찰 · 방제 실행 및 지도 · 점검
3. 시 · 군 · 구병해충예찰 · 방제단에 대한 예산 · 기술 및 지원
4. 방제 비용의 부담, 손실보상 및 생계안정비용 등에 관한 업무
5. 병해충 예찰 · 방제 기술개발

③ 제4조제5항에 따른 시 · 군 · 구 예찰 · 방제단의 임무는 다음 가 호와 같다.

1. 해당 지역의 병해충 예찰 시행, 방제 집행 및 보고
2. 시 · 군 · 구 예찰 · 방제단의 예산 집행
3. 방제 비용의 부담, 손실보상 및 생계안정비용 등의 집행

제6조 【병해충 전문교육】 농촌진흥청장 및 가 도와 특별자치도의 농업기술원장은 병해충 예찰 · 방제 업무 관련자를 대상으로 병해충 예찰 · 방제기술, 병해충진단 및 관련 장비 활용기술, 병원균 · 해충 분류 동정 등의 전문교육을 주기적으로 실시하여야 한다.

제3장 병해충예찰 · 방제대책회의

제7조 【병해충예찰 · 방제대책회의 구성】 ① 중앙예찰 · 방제단장은 영 제3조의3, 제6조제1항에 따른 병해충 예찰 · 방제에 관한 주요사항을 결정하기 위해 병해충예찰 · 방제대책회의(이하"대책회의"라 한다)를 구성할 수 있다.

② 대책회의에는 의장(이하"의장"이라한다) 1명을 두며, 의장은 중앙예찰· 방제단장이 된다.

③ 대책회의 당연직은 7명으로 하며 다음 가 호의 사람이 된다.

1. 농촌진흥청의 재해대응과장, 연구운영과장, 운영지원과장, 국립농업과학원의 작물보호과장, 국립식량과학원의 작물환경과장, 국립원예특작과학원의 원예특작환경과장

④ 대책회의 위촉직은 다음 각 호의 사람으로 한다.

1. 대책회의에서 결정할 주요사항과 관련된 해당 시·도 예찰·방제단장이나 시·군·구 예찰·방제단
2. 의장이 추천하는 병해충 관련 전문가 5명이내
3. 기타 의장이 위촉하는 사람

제8조 【병해충예찰·방제대책회의 임무】 대책회의는 다음 각 호에 관한 사항을 결정한다.

1. 법 제31조에 따른 해당 외래 병해충과 돌발병해충에 대한 방제여부
2. 법 제32조제5항에 따른 긴급방제 여부
3. 법 제36조제1항 각 호에 따른 방제 명령
4. 법 제37조의2제1항 단서에 따른 식물 등이 파묻힌 토지의 발굴 허가
5. 법 제39조제1항 및 제2항에 따른 방제약제의 확보, 양도, 약제 구입비 보조
6. 기타 의장이 필요하다고 판단하는 사항

제9조 【병해충예찰·방제대책회의 운영】 ① 의장은 매년 정기 대책회의를 소집하고 필요에 따라 수시로 대책회의 를 소집할 수 있다.

제10조 【병해충위험평가위원회의 구성】 ① 제19조 병해충의 위험평가를 위하여 국립농업과학원에 병해충위험평가위원회(이하"위원회"라 한다)를 둔다.

② 위원회에는 위원장 1명을 두며, 위원장은 농산물안전성부장이 된다.

③ 위원회의 당연직 위원은 농촌 진흥청의 재해대응과장, 국립농업과학원의 작물보호과장, 국립식량과학원의 작물환경과장, 국립예특작과학원의 원예특작환경과장으로 한다.

④ 제3항의 당연직 위원 이외에 다음 각 호의 사람을 위원으로 추가하여 위원회를 구성할 수 있다.

1. 농촌진흥청 및 소속기관의 식물방제관, 농림축산검역본부의 식물검역관
2. 위원장이 추천한 병해충 관련 전문가 5명 이내

⑤ 위원장은 매년 상반기, 하반기에 각각 정기 위원회를 소집하고 필요에 따라 수시로 위원회를 소집할 수 있다.

제5장 병해충예찰

제11조 【예찰계획의 수립】 법 제33조제1항에 따라 농촌진흥청장, 시·도지사는 매년 다음 각 호의 사항이 포함된 병해충 예찰 계획을 수립·시행하여야 한다.

1. 예찰 대상 병해충 : 법 제23조제3항의 방제 기본지침에서 정하는 해충과 제33조제1항에 따라 농촌진흥청장 또는 시·도지사가 농산물에 중대한 피해를 일으킬 우려가 있다고 인정하는 병해충
2. 예찰내용 및 방법 등 : 농촌진흥청의 농작물병해충예찰·방제요강(이하"농작물예찰·방제요강"이라 한다)

제12조【병해충 예찰포장 지정 및 운영】 ① 중앙예찰·방제단장은 필요하면 농촌진흥청 소속기관에 해당작물 병해충 예찰포를 지정하여 운영할 수 있다.

② 시·도 예찰·방제단장과 시·군·구 예찰·방제단장은 농작물예찰·방제요강에 따라 예찰포 및 관찰포를 지정하여 운영하여야 한다.

제13조【병해충 예찰결과의 보고】 중앙 예찰·방제단, 시·도 예찰·방제단, 시·군·구 예찰·방제단은 법 시행규칙(이하"시행규칙"이라 한다) 제37조의 7의 조사지역에서 예찰을 실시하고 조사 직후 그 결과를 농촌진흥청의 국가농작물병해충관리시스템에 입력하여 보고하여야 한다.

제14조【외래병해충 또는 국내 미기록 병해충 발견 시 보고 등】 ① 중앙 예찰·방제단, 시·도 예찰·방제단, 시·군·구 예찰·방제단은 외래 병해충 또는 국내 미기록 병해충으로 의심되는 병해충을 발견한 때나 제14조의제2항에따른 신고서를 접수하였을 때에는 바로 국립농업과학원장에게 분류동정을 요청하여야 한다.

② 제1항의 요청에는 발견된 외래병해충 또는 국내 미기록 병해충의 표본이나 사진, 발견일자, 발견지역, 발견기주, 발생상황 및 기타 참고사항이 포함되어야 한다.

제15조【병해충 분류동정】 ① 국립농업과학원장은 제14조의 요청이 있으면 바로 발견 병해충에 대한 분류동정을 하여야 한다.

② 국립농원과학원장은 제1항의 분류동정 결과 외래병해충 또는 국내 미기록 병해충이면, 그 사실을 농촌진흥청장에게 보고하여야 하며 신속하게 역학조사가 이루어 질 수 있도록 농림축산검역본부장에게도 통지하여야한다. 다만, 국내 미기록 병해충은 법상 금지병해충 또는 관리병해충에 준한 위험이 있다고 판단되는병해충에 한한다.

③ 농촌진흥청장은 제2항에 해당하는 병해충에 대해 농림축산식품부장관과 시·도지사에게 보고하거나 통보하여야한다.

제16조【임시조치】 중앙예찰·방제단장 또는 제15조제3항의 통보를 받은 시·도예찰·방제단장은 해당 병해충의 확산방지를 위해 공적방제 추진 여부를 결정할 때까지 약제 살포 등의 임시조치를 취하여야 한다. 이 경우 임시조치에 필요한 비용은 공적방제 담당기관에서 지원할 수 있다.

제17조【병해충 발생정보 발표】 중앙예찰·방제단장은 제13조, 제15조에 따른 예찰 및 분류동정 결과를 토대로 필요에 따라 해당 병해충의 발생정보를 발표할 수 있다.

제18조【분포조사 등】 ① 농촌진흥청장은 시행규칙 제37조의5에 따라 해당 병해충의 분포조사 계획을 수립하여 시·도지사에게 통보하여야 한다.

② 제1항에 따른 병해충 분포조사 계획을 통보받은 시·도지사는 바로 자체실정에 맞는 세부 분포조사 계획을 수립·시행하고 그 조사결과를 농촌진흥청장에게 보고하여야 한다.

③ 농촌진흥청장은 제1항의 병해충에 대하여 필요에 따라 역학조사를 실시할 수 있다.

제19조【위험평가】 ① 국립농업과학원장은 제15조제2항의 병해충에 대하여 위원회를 개최하여 해당 병해충에 대한 위험평가를 하여야 한다.

② 제1항의 병해충 위험평가에는 다음 각 호의 사항이 포함되어야 한다.

1. 발견 병해충의 외래병해충 여부
2. 발견 병해충의 생리·생태적 특성
3. 발견 병해충으로 말미암은 예상 피해 정도

4. 긴급방제 추진의 필요성과 방제방법 등

③ 병해충위험평가위원장은 제18조에 따른 분포조사 및 역학조시 결과를 병해충 위험평가에 반영할 수 있다.

④ 병해충위험평가위원장은 병해충 위험평가가 완료된 때에는 그 결과를 농촌진흥청장에게 보고하여야 한다. 다만, 발견된 때에는 병해충이 국내에 분포하거나 식물에 대한 피해가 크지 않고 방제가 쉬운 병해충으로 평가된 경우에는 그러하지 아니한다.

제6장 병해충 방제

제20조 【방제계획의 수립】 ① 법 제31조의4 및 영 제3조의3에 따라 농촌진흥청장, 시 · 도지사는 매년 다음 각 호의 사항이 포함된 「병해충 방제 계획」을 수립 · 시행하여야 한다.

1. 방제의 기본방향
2. 방제 대상 지역 및 일시
3. 방제 대상 병해충의 종류
4. 구체적인 방제의 내용과 공동방제 등 그 밖에 방제에 필요한 사항

② 농촌진흥청장, 시 · 도지사는 법 제32조 제5항에 따라 긴급하게 방제할 필요가 있으면 긴급방제계획을 수립하여 시행하여야 한다.

③ 시 · 도지사가 긴급방제를 할 때에는 긴급방제계획의 내용과 시행 결과를 농촌진흥청장에게 보고하여야 한다.

제21조 【방제명령 등】 ① 제 8조 및 법 제32조에 따라 농촌진흥청장 또는 시 · 도지사는 해당 병해충에 대하여 바로 방제명령을 하는 등 공적방제를 수행하여야 한다.

② 농촌진흥청장 또는 시 · 도지사는 법 제36조2항에 따라 긴급방제를 하려면 시행규칙 제38조의 별지 제28호 서식에 따른 방제명령서를 방제대상 식물 등의 소유자 또는 대리인에게 미리 발급하여야 한다.

③ 제2항의 긴급방제 이외에 공적방제를 할 때에도 시행규칙 제38조의 별지 제28호 서식에 따른 방제명령서를 준용한다.

④ 농촌진흥청장 또는 시 · 도지사는 공적방제를 하려는 때에는 방제시행 14일 전에 다음 각 호의 사항을 공고하여야 한다. 다만, 긴급방제는 그러하지 아니한다.

1. 방제 지역 및 기간
2. 방제의 내용
3. 방제의 내용
4. 그 밖에 방제에 필요한 사항

⑤ 농촌진흥청장 또는 시 · 도지사는 공적방제나 긴급방제를 할 때에는 식물 방제관으로 하여금 방제현당에 입회, 지도 및 감독하도록 하여야 한다. 또한, 농림축산검역본부가 예찰한 병해충을 공적방제 할 때에는 식물검역관이 참석할 수 있도록 자료를 제공하여야 한다.

제22조 【방제요령】 병해충별 적용약제와 사용방법을 따른다. 다만, 적용약제가 등록되지 않았을 때에는 제3장의 대책회의에서 유사한 병해충이나 외국의 사례, 시험연구결과나 관련 전문가의 의견 등을 고려하여 결정한다.

제23조 【공적방제 대상식물에 대한 소독 · 폐기방법】 ① 공적방제 식물 등에 대한 소독이 필요할 때는 수출입식물 검역소독처리규정의 식물검역소독처리기준을 준용한다.

② 공적방제 대상 식물에 대한 폐기 방법은 다음 각 호의 어느 하나와 같다.

1. 매몰 : 발생포장 또는 그 인근의 토지(수원지 또는 하천 인근이 아닌 장소에 한한다)에 구덩이를 파고 식물을 투입한 후 중간 및 상단부에 식물류 1톤당 생석회 40kg을 살포한 후 60cm 이상 흙을 덮는다.
2. 소각 : 폐기물관리법 제2조에 따른 폐기물 처리시설에서 소각한다. 다만, 폐기물 처리 시설을 이용하기에 적합하지 않을 때에는 식물 방제관이 지정한 장소에서 소각할 수 있다.
3. 증열처리 : 100℃ 이상의 끓는 물에 1시간 이상 증열 처리한다.
4. 가공처리 : 방제대상 병해충이 완전히 사멸될 수 있다는 과학적 근거가 있고 수일 내의 단기간에 많은 물량을 처리할 가공방법이 있으면 그 방법으로 가고 처리할 수 있다.

③ 제1항 또는 제2하에 규정하였음에도 농작물예찰 · 방제요강에 별도의 소독 · 폐기방법이 정해져 있으면 그 방법을 따르거나 방제대상 병해충 또는 식물의 생리 · 생태적 특성상 별도의 소독 · 폐기가 필요하다고 판단되면 특정 방법에 따를 수 있다.

제24조 【공동방제】 시 · 도지사는 법 제35조에 따라 방제를 공동으로 하는 것이 효율적이라고 인정하면 관할구역에서 공동방제를 할 수 있다.

제25조 【방제결과 보고】 시 · 도지사가 법 제36조의 방제명령을 하였을 때는 방제 완료 후 바로 그 결과를 농촌진흥청장에게 보고하고 국가농작물병해충관리시스템에 입력하여야 한다. 다만, 명령 이행기간이 수년에 걸친 경우에는 매 연도별로 이행사항을 보고하여야 한다.

제26조 【방제효과 확인】 농촌진흥청장은 제25조에 따른 방제결과를 보고를 받은 때에는 폐기 또는 약제 살포 등의 효과를 확인하여야 한다.

제27조 【토지의 발굴허가】 ① 시행규칙 제39조의2제1항의 발굴 금지기간 내에 토지를 발굴하려는 자는 별지 제1호 서식의 식물 등이 파묻힌 토지 발굴 허가 신청서(이하"신청서"라 한다)를 토지의 소재지를 관할하는 시장 · 군수 · 구청장을 통하여 농촌진흥청장 또는 시 · 도지사에게 제출하여야 한다.

② 농촌진흥청장 또는 시 · 도지사는 다음 각 호의 사항을 검토하영 그 허가 여부를 결정하고 신청인에게 통보하여야 한다.

1. 발굴하였을 때 병해충의 확산 가능성의 여부
2. 파묻힌 식물 등의 발굴 방법
3. 발굴된 식물 등의 처리 방법
4. 기타 해당 병해충 확산 방지를 위한 사항 등

③ 발굴허가를 받은 자는 파묻힌 식물 등을 안전하게 발굴하고 해당 병해충의 확상 방지를 위한 계획을 준수하여 처리하여야 한다.

④ 농촌진흥청장 또는 시 · 도지사는 발굴이 허가된 토지의 병해충 관리를 위하여 소재지 관할 시장 · 군수 · 구청장에게 관련 서류의 제출을 요구하거나 관계공무원으로 하여금 현지에 출장하여 발굴 이행사항을 확인하거나 관리하도록 할 수 있다.

제7장 명예 식물감시원의 운영

제28조 【명예 감시원의 구성】 농촌진흥청 (소속기관을 포함한다) 또는 각 도의 농업기술원이나 각 시군의 농업기술센터(이하 "농촌진흥기관"이라 한다)는 시행규칙 제48조제1항 각 호의 어느 하나에 해당하는 사람 중에서 지역여건 등을 감안하여 적정 인원으로 명예 식물 감시원(이하 "명예 감시원"이라 한다)을 구성할 수 있다.

제29조 【명예 감시원의 신청】 ① 명예감시원은 시행규칙 제48조제1항의 단체 등의 장으로부터 추천을 받거나 명예 감시원을 희망하는 자의 신청을 받아 농촌진흥청장이 위촉한다.

② 소속단체의 직원이나 회원을 명예 감시원으로 추천하고자 하는 단체의 장이나 명예 감시원을 희망하는 자는 별지 제2호 서식의 명예감시원 추천(신청)서를 작성하여 관할지 농촌진흥기관의 장에게 신청한다.

제30조 【명예 감시원의 위촉】 ① 농촌진흥청장은 제29조제2항의 신청을 받으면 자격요건 및 임무수행을 위한 활동에 적합한지를 판단하여 명예 감시원으로 위촉하여야 한다.

② 제1항에 따라 위촉한 때에는 별지 제5호 서식지의 명예 식물감시원증 발급대장에 기록한 후 별지 제3호 서식에 의한 위촉장과 별지 제4호 서식에 의한 명예 식물감시원증을 발급하여야 한다.

③ 명예감시원의 위촉기간은 위촉일로부터 3년으로 하며, 특별한 사유가 없는 경우 위촉기간 만료 후에 다시 위촉할 수 있다.

제31조 【명예 감시원의 위촉】 ① 명예 감시원은 명예 식물감시원 추천(신청)서의 활동지역을 관할하는 농촌진흥기관의 장이 관리한다.

② 농촌진흥기관의 장은 위촉한 명예 감시원을 대상으로 역할과 임무, 예찰 및 신고요령 등 효율적인 감시 업무 수행에 필요한 교육을 할 수 있다.

③ 농촌진흥기관의 장은 명예 감시원의 활동내용을 별지 제6호 서식의 명예 감시원의 활동실적 대장이나 같은 서식에 따라 전자적 방법으로 관리하여야 하며 자치단체의 농촌진흥청장에게 보고하여야 한다.

제32조 【명예 감시원의 위촉】 ① 농촌진흥기관의 장은 필요한 경우 식물방제관 등 관계공무원의 병해충 예찰활동 · 분포조사 · 방제활동 · 단속활동 등에 명예 감시원을 참여하게 할 수 있다.

② 농촌진흥기관의 장은 시행규칙 제48조에 따른 명예 감시원의 신고 또는 정보제공이 있으면 바로 이를 확인하는 등 필요한 조치를 하여야 한다.

제33조 【활동수당 지급】 ① 명예감시원이 다음 각 호 중 어느 하나의 활동을 하였을 때에는 예산의 범위 내에서 1일 50,000원 한도 내에서 활동수당을 지급할 수 있다.

1. 시행규칙 제48조 제3항의 임무 수행
2. 제31조 제2항의 교육에 참석
3. 제32조 제1항의 활동에 참석

② 제1항에 따른 활동수당 지급은 1일 4시간 이상의 활동에 한하여 1인당 연50일 범위 안에서 지급하며, 홍보 · 계몽 등의 활동은 농촌진흥기관의 장이 계획을 수립하여 추진한 때에만 지급할 수 있다.

③ 명예 감시원에게 활동수당을 지급하는 경우에는 명예 감시원으로부터 활동결과를 받아야 하고 활동비 지급 관련 증빙서류를 보관하여야 한다.

제34조 【명예 감시원의 해촉】 ① 농촌진흥청장은 위촉한 명예 감시원이 다음 각 호의 어느 하나에 해당하는 사유가 발생하면 해촉하여야 한다.

1. 추천한 단체 등에서 퇴직·해임된 때
2. 추천한 단체 등의 장이 해촉을 요구한 때
3. 사망, 질병 또는 부상 등의 사유로 명예 감시원 업무수행이 곤란하여진 때
4. 명예감시원의 업무를 성실히 수행하지 않거나 업무와 관련하여 부정한 행위를 하였을 때
5. 본인이 해촉을 희망하였을 때

② 명예 감시원을 추천한 기관의 장(개인 신청자는 본인)은 제1항의 사유가 발생하면 즉시 농촌진흥청장에게 해촉을 요청하여야 한다.

③ 농촌진흥청장은 제1항의 사유로 명예 감시원을 해촉하였을 때에는 별지 제5호서식의 발급대장을 정리하고 본인 및 명예 감시원 추천기관에 서면 등으로 알리고 명예 감시원증을 회수하여 폐기하여야 한다.

제8장 포상금의 지급

제35조 【포상금 지급】 ① 영 제5조제2항에 따른 포상금의 지급 기준은 별표2와 같다.

② 법 제2조제4호부터 제7호까지의 병해충이 발생한 사실을 신고하려는 자는 별지의 제1호 서식에 따른 검역병해충 발생 신고서에 사진 등 입증자료를 첨부하여 중앙 예찰·방제단이나 시·도 예찰·방제단 또는 시·군·구 예찰·방제단에 제출하여야 한다.

③ 농촌진흥청장은 제2항에 따라 신고가 된 병해충이 포상금 지급 대상 병해충으로 인정되는 경우 해당 연도의 예산 범위 내에서 포상금을 지급하여야 한다. 다만, 같은 병해충에 대하여 여러 건의 신고가 접수될 때에는 최초 신고자에게만 지급한다.

④ 다음 각 호의 어느 하나에 해당하는 때에는 포상금을 지급하지 않는다.

1. 같은 건에 대하여 다른 기관으로부터 포상금을 받은 사실이 있을 때
2. 이미 해당 병해충에 관한 조사가 진행 중일 때
3. 병해충 예찰 및 방제업무와 관련이 있는 중앙행정기관 및 지방자치단체 등의 직원

⑤ 포상금은 현금 이외에 상품권 등 현물로도 지급할 수 있다.

부칙〈제2013-20호, 2013.6.24〉

제1조 【시행일】 이 규정은 고시한 날부터 시행한다.

제2조 【재검토기한】 「훈령 · 예규 등의 발령 및 관리에 관한 규정」(대통령훈령 제248호)에 따라 이 고시 시행 후 법령이나 현실여건의 변화 등을 검토하여 이 고시의 폐지, 개정 등의 조치를 하여야 하는 기한은 2016년 6월 23일까지로 한다.

부록 5 [농림축산검역본부] 식물병해충모니터링조사 요령 및 과실파리류 모니터링 요령

농림축산검역본부 예규 제119호

「식물병해충 예찰조사 요령」(농림축산검역본부 예규 제94호)을 다음과 같이 개정합니다. 2016. 7.11

농림축산검역본부장

식물병해충 예찰조사 요령

제정 1993. 7.14. 식검예규 제 54호
개정 1996.12.16. 식검예규 제 59호
개정 1999.12.13. 식검예규 제 72호
개정 2002.11.20. 식검예규 제 89호
개정 2005. 4. 1. 식검예규 제 116호
개정 2011. 6.15. 농림수산검역검사본부 예규 제 51호
개정 2012. 3.27. 농림수산검역검사본부 예규 제 92호
개정 2013. 3. 5. 농림축산검역검사본부 예규 제 112호
개정 2013. 3.23. 농림축산검역검사본부 예규 제 43호
개정 2016. 1. 7. 농림축산검역검사본부 예규 제 94호
개정 2016. 7.11. 농림축산검역검사본부 예규 제 119호

제1조 【목적】 본 조사요령은 식물방역법 제 33조 및 같은 법 시행규칙 제 37의7에 따라 식물병해충 예찰조사운영에 관한 세부사항을 정하여 예찰업무를 원활히 수행하는데 그 목적이 있다.

제2조 【조사지역 및 대상병해충】 ① 조사지역은 다음과 같다.

1. 공항·항만
2. 격리재배지역
3. 수입된 날로부터 1년 이내인 수입식물의 재배지역
4. 수출단지내의 해당 수출식물 재배지역(수출식물을 재배하는 모든 지역을 포함)

② 대상병해충은 다음과 같다.

1. 처음으로 유입된 병해충이 퍼져서 농.임산물에 중대한 피해를 끼칠 우려가 있는 병해충
2. 이미 국내 일부지역에 분포되어 있는 병해충이 퍼져서 농.임산물에 중대한 피해를 끼칠 우려가 있는 병해충

제3조 【예찰조사 방법】 ① 예찰조사 방법은 식물검역관이 실시하는 해충에 대한 트랩조사와 포장순회 예찰이 있다.

1. 해충트랩조사 : 트랩, 유아등, 끈끈이판, 공중포충망
2. 포장순회예찰 : 병해충 및 잡초예찰

② 제5조의 식물병해충 예찰전문요원(이하"예찰요원"이라한다)에 의한 수출.입식물 재배지역 등에서 병해충 발생상황을 조사한다.

제4조 【유형별 예찰조사 요령】 ① 트랩조사는 다음과 같다.

1. 조사기간 : 5~10월(단 제주지역은 4~11월)
2. 트랩설치 장소 : 공항, 항만지역, 경유물품에 긴급사태가 방생한 지역, 수출, 입식물 재배지, 과일판매시장 주변, 격리재배지, 외국군부대 주변 등 적절한 장소를 선정한다.
3. 조사대상 해충별 유인제

해충명	유인제명
지중해과실파리	Capilure
오리엔탈과실파리류	Dorsalure
오이과실파리	Cuelure
기타 과실파리	Proteinlure
코드린나방	Pheromone

4. 트랩설치 방법
   가. 해충별 기주과일 나무를 우선 선택한다. 기주나무가 없는 도심지역은 그늘진 장소를 선택한다.
   나. 설치장소는 출입이 편리하고 안정성이 있는 장소를 선택하여 지상에서 1.6~1.8 m 높이에 사방이 잘 트이고 약간 그늘이 있는 곳에 설치한다.
   다. 트랩의 설치간격은 유인력에 영향을 주지 않도록 최소 5 m이상의 간격을 유지하도록 하고, 설치한 지점에서 장기간 해충이 채집되지 않는 등 필요하다고 판단될 경우에는 트랩설치 지점을 변경한다.
5. 유인제 및 살충제 교체
   가. Capilure, Dorsalure, Cuelure: 고체유인제 및 strip 살충제를 8 주 간격으로 교체한다. 액체유인제는 5 ml를 주입하고 2 주 간격으로 재주입하며, 액체 살충제를 사용할 경우 3 ml를 2 주 간격 주입하여 채집해충이 살충되도록 한다.
   나. Proteinlure: 고체유인제 1 개에 물 330 ml를 혼합하여 주입하고 4 주 간격으로 잔량은 제거하고 교체한다. 가루유인제는 18 g을 물 172 ml와 붕산 10 g을 혼합하여 주입하고 4 주마다 교체한다.
   다. Pheromone: 고체유인제를 8 주 간격으로 교체하고 트랩내의 끈끈이판은 2 주 간격으로 교체한다.
6. 조사횟수 : 2 주 간격으로 채집된 해충을 수거하여 조사한다.
7. 트랩설치장소 등록 : 농림축산검역본부(이하"검역본부"라 한다)
   지역본부.사무소별로 트랩번호를 부여하여 설치한 다음 설치위치의 GPS좌표를 식물검역통합정보시스템의 병해충예찰방제시스템(이하"예찰방제시스템"이라 한다)에 등록한다.
8. 유인제 보관: 유인제는 증발되지 않도록 밀봉하여 냉장고 또는 냉암소에 보관한다.

② 유아등조사는 다음과 같다.

1. 조사기간 : 5~10월(단 제주지역은 4~11월)
2. 설치장소 : 공창, 항만지역 등

3. 조사방법

가. 일몰시에 점등하고 아침에 소등한다.

나. strip 살충제를 8 주 마다 교체한다. 액체 살충제를 사용할 경우는 살충제 3 ml를 2 주 간격 재주입하여 채집해충이 살충되도록 한다.

다. 주 1 회 채집된 해충을 수거하여 잎말이나방과.뿔나방과.바구미과.잎벌레과 등을 중점적으로 조사한다.

③ 끈끈이판조사는 다음과 같다.

1. 조사기간 : 1~12월

2. 설치장소 : 수입식물재배지 시설포장 내에 우선적으로 설치하되 적합한 장소가 없는 경우에는 수출식물, 화훼, 패소를 재배하고 있는 시설 내에 설치한다.

3. 조사방법 : 10~4월은 월 1 회 이상, 5~9월은 2 주 간격으로 끈끈이판을 수고한 수 랩 등으로 포장하여 운반하고 부착 되어있는 총채벌레류.진딧물과.굴파리과.가루이과 등을 중점적으로 조사한다.

④ 공중포충망조사는 다음과 같다.

1. 조사기간 : 5~10월

2. 설치장소 : 공항, 항만 주변지역에 바람이 잘 통하고 관리하기 쉬운 곳

3. 조사방법

가. 주 1 회 공중포충망내 채집된 해충을 수거하여 조사하되, 태풍발생 전후의 기상에 따라 수거 간격을 조절하여 조사한다.(1~2 일 간격 수거)

나. 잎말이나방과.뿔나방과.바구미과.잎벌레과 및 비래해충을 중점적으로 조사한다.

⑤ 포장순회예찰은 다음과 같다.

1. 조사기간 : 1~12월

2. 조사횟수 :

- 1~2월, 11~12월에는 월 1 회 이상
- 3~10월에는 월 2 회 이상

3. 조사지역 : 공항, 항만지역, 경유물품에 긴급사태가 발생한 지역, 격리재배지, 수출, 입식물 재배지역 등

4. 주요 병해충별 예찰 : 병해충별 예찰요령은 별표 1과 같고, 별표 1에 없는 병해충은 유사한 병해충에 준용할 수 있다.

병해충	대상식물	예찰시기(월)
• 과실파리류, 코드린나방, 자두애기잎말이나방, 만주애기잎말이나방, 미국사과애기잎말이나방, 복숭아뿔나방, 자두바구미 등 • 콜로라도잎벌레, 감자씨스트선충, 감자흰씨스트선충 • 감귤뿌리썩이선충 바나나뿌리썩이선충 • 배화상병, 사과나무빗자루병 • 감자암종병, 감자갈쭉병 • 감귤그린병 • 기타 식물병해충	• 사과, 배, 감, 포도, 복숭아, 자두 ,살구, 호두 등 과수류, 채소류 • 감자, 토마토, 가지등 가지과 • 감귤, 바나나, 안스륨 등 화훼류 • 사과 배 • 감자 • 감귤류 • 격리재배식물, 수출입식물, 공・항만, 경유물품에 긴급하태 발생지역의 식 물 등	5~10 (제주지역은 연중) 4~11 1~12 4~10 2~11 1~12 1~12

5. 조사방법

가. 병원균 : 식물체의 잎, 가지, 꽃, 열매 등에 색 변화, 조직의 변형 또는 고사에 따른 변색, 시들음, 적변, 부패, 혹, 궤양, 조기낙엽등 병징

나. 해충 : 식물체의 잎말림, 기형과, 유충, 알, 식흔, 부패, 배설물, 엽초와 줄기사이 흡즙, 뿌리의 혹, 고사 등 증상

⑥ 잡초예찰은 다음과 같다.

1. 조사기간 : 4~10월

2. 조사장소 : 공항.항만지역, 목재 야적장, 종묘류 보세창고, 곡류 운송도로변 주변 등

3. 조사방법 : 2 주 간격으로 조사하되 이삭가시풀, 서양가시엉겅퀴, 미국좀부처꽃, 갯드렁새, 미국실새삼, 큰도꼬마리 등 잡초조사

제5조 〈삭제〉

제6조【수출.입식물 재배지 통보】 ① 수입지 지역본부장.사무소장은 수입검역에서 미소독된 재식용 묘목류(격리재배.휴대.우편.조직배양식물 등은 제외)에 대하여 별지 제1호서식의 내용으로 재배지를 관할하는 지역본부장.사무소장에 통보하거나 예찰방제시스템에 등록하여야 한다.

② 수출식물 검역을 실시한 지역본부장.사무소장은 수출식물 재배지에 대하여 별지 제2호서식의 내용으로 재배지를 관할하는 지역본부장.사무소장에 통보하거나 예찰방제시스템에 등록하여야 한다.

제7조【예찰결과 등록 및 표본제작】 ① 채집된 병해충은 분류동정하고 그 결과를 예찰방제시스템에 등록한다.

② 채집된 병해충은 표본을 제작한 후 라벨을 부착(병해충명, 기주, 채집지, 채집일자, 채집자)하여 교육용, 대조표본, 전시용 등으로 활용한다.

제8조【상황보고】 지역본부장.사무소장은 예찰결과 새로운 식물병해충(검역병해충, 국내미분포병해충 등)을 발견한 경우 또는 경유물품에 긴급사태가 발생한 경우와 예찰요원의 새로운 병해충 신고 및 조치사항을 별지 서식 제3호에 따라 검역본부로 계통보고 하고 발견된 병해충 표본을 긴급 송부한다.

부 칙

제1조 【시행일】 이 예규는 발령한 날부터 시행한다.

제2조 【재검토기한】 농림축산검역본부장은 이 예규에 대하여 2017년 1월 1일을 기준으로 매 3년이 되는 시점(매 3년째의 12월 21일까지를 말한다.)마다 그 타당성을 검토하여 개선 등의 조치를 하여야 한다.

[별지 제1호서식]

재식용 묘목류 재배지 통보서

수입 및 검역사항					재배사항			
식물명 (수입국)	수량	수입자	검역 일자	발견 병해충	재배자 (상호)	주소 (전화번호)	재식수량	재식 예정일

[별지 제2호서식]

수출식물 재배지 통보서

접수번호	관할기관	장소(유형)	검역일자	주소	재배자 (상호)	전화번호	재배식물	비고 (약도)

[별지 제3호서식]

새로운 식물병해충 발견상황 보고

구 분	내 용
1. 발견일자	
2. 발견장소	• 주소: • 농가명: (TEL)
3. 병해충명	
4. 기주식물 (트랩설치 식물)	
5. 발견상황	• 발견병해충수, 발견정도, 피해증상 등
6. 조치사항	• 긴급조치(약제살포, 폐기 등) 등
7. 기 타	• 병해충 발견자 : 직 성명 • 분류동정자 : 직 성명 • 확인자 : 직 성명 • 기타 참고사항 수입식물의 수입시기, 수입국가, 수입량 농가에서 최초 발견시기 등

5 과실파리류 예찰 요령

5.1 용어의 정의 등

해충학명	*Ceratitis* spp., *Bactrocera* spp., *Anastrepha* spp., *Rhagoletis* spp. 등
해충일반명	fruit fly
주요특성	과실 내.외부에 피해를 입혀 상품성을 떨어뜨리고 수확량 감소

• 발견과 발생

발견	• 발생 전 단계 • 무발생으로 간주되나 긴급조치 추진 • 정착되지 않았으나 당분간 생존 가능한 고립된 집단이 검출된 경우
발생	• 국제기구, 수출상대국 등에 의무통보 • 대내.외 공식 발표 • 국가 주도의 방제작업 추진 • 다수가 검출되거나 정착되어 지속적으로 존재하는 경우

• 과실파리별 발생의 기준

과실파리명	발생기준
오리엔탈 과실파리류	• 유충이나 번데기 또는 교미된 암컷 1마리 이상 또는 • 1세대 이내에 발견지중심(1.6 km×1.6 km) 내 성충 5마리 이상이 금지해충트랩에서 검출된 경우(수컷, 미교미암컷)
지중해 과실파리	• 유충이나 번데기 또는 교미된 암컷 1마리 이상 또는 • 1세대 이내에 반경 4.8 km 이내 성충 2 마리 이상이 금지해충 트랩에서 검출된 경우
오이 · 퀸슬랜드 과실파리	• 2마리/km/2 주 검출→주2 회 모니터링+트랩추가+유충조사→3마리 추가 발견/2 주→발생 • 5마리 이상/km/2 주 또는 교미된 암컷 또는 유충이 발견된 경우

* 이 외 과실파리가 검출되었을 경우 유사한 과실파리 기준에 적용

5.2 예찰 및 조치사항

(1) **예찰방법** : 트랩조사와 포장순회 예찰

① 기간 : 5월~10월 (2 주 마다 조사, 제주지역 4월~11월)

② 대상식물 : 과실 및 과채류의 생과실

③ 대상지역 : 전국

④ 방법

㉠ 예찰방법

검역본부 : 공항, 항만 지역과 수출재배단지에 설치한 예찰트랩에 의한 정기조사와 병행하여 부패과일 등을 중심으로 발생여부를 조사한다.

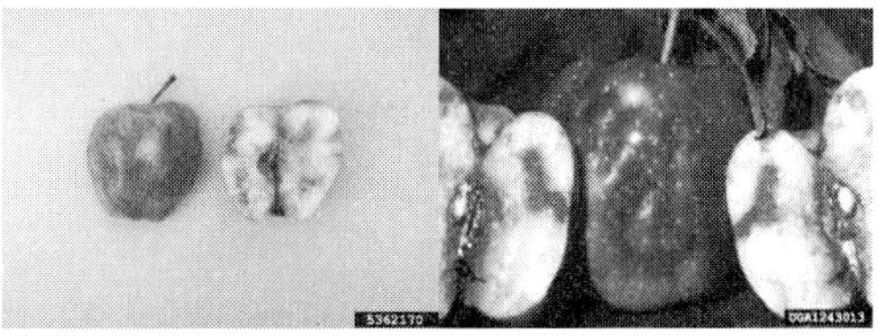

과실파리에 의한 사과 피해(좌 : H. J.Larsen, 우 : Whitney Cranshaw)

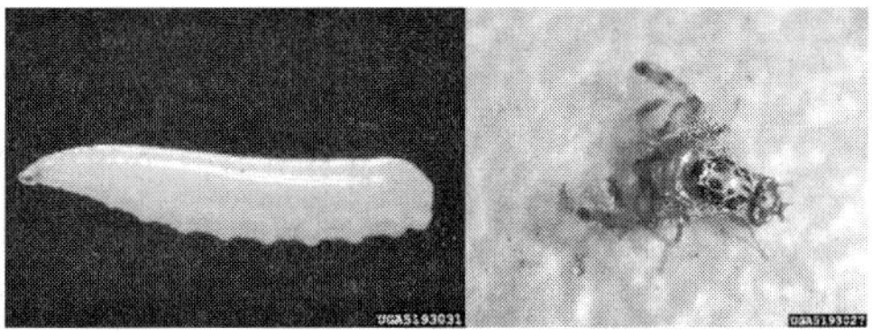

Ceratitis속 과실파리 유충과 성충(Division of Plant Industry Archive)

㉡ 예찰 트랩 조사

• 조사대상 과실파리별 유인제

해충명	유인제명
지중해과실파리	Capilure
오리엔탈과실파리류	Dorsalure
오리・퀸슬랜드과실파리	Cuelure
기타 과실파리류 및 암컷	Proteinlure

• 트랩설치방법〈삭제〉

• 유인제 주입요령〈삭제〉

• 트랩 설치현황 비치 : 트랩별로 번호를 부여하고 위치를 도면에 표시한다.

(2) 발견시 조치사항

① 확산방지를 위한 긴급조치

㉠ 적용약제 살포

• 유살제 설치

- 대상 과실파리의 유인제에 페니트로티온유제 등 적용약제 1%를 혼합하여 섬유판이나 면끈에 흡수시켜 발견지 주변 256 ha(1.6 km×1.6 km)에 30 개를 설치한다.

  * 상황에 따라 유살제 형태 등은 변형가능하며 추가설치 및 proteinlure 사용 가능

- 〈삭제〉

• 토양소독 처리

성충이 발견된 지점을 중심으로 200 m 이내에 있는 모든 기주 과일나무 밑에 다이아지논유제(입제)등 적용약제를 15 일 간격으로 관주(살포)하여 토양속의 번데기를 사멸시킨다.

* 적용약제에 따라 주기 및 처리횟수 조정 가능

• 적용약제 살포

한국작물보호협회에서 발행한 농약사용지침서를 참고하여 적용약제를 발견지점 200 m 내에 살포한다.

② 발견(생) 시 범위설정을 위한 조사

㉠ 과실파리 예찰 trap 설치 : 설치지역 내에 트랩설치가 불가능한 논, 산림, 비기주 경작지 등에는 설치하지 않으며, 격자배치구에서 추가 발견된 경우에도 추가로 트랩을 설치하지 않는다.

• 지중해과실파리

최초 발견지점을 중심으로 그 주변을 1.6 km 간격으로 격자배치구를 설정한 후 중심부에서 주변부로 256 ha(1.6 km×1.6 km) 당 100-50-25-20-10 개의 트랩을 설치하고, 중심지역에 트랩 25 개를 추가 설치한다.

• 오리엔탈과실파리류

최초 발견지점을 중심으로 그 주변을 1.6 km 간격으로 격자배치구를 설정한 후 중심부에서 주변부로 256 ha 당 25-5-5-5-5 개의 트랩을 설치하고, 중심지역에 멕페일트랩 25 개를 추가 설치한다.

• 오이과실파리, 퀸즐랜드과실파리

최초 발견지점을 중심으로 그 주변을 1.6 km 간격으로 격자배치구를 설정한 후 중심부에서 주변부로 256 ha당 50-25-15-10-5 개의 트랩을 설치하고, 중심지역에 멕페일트랩 25 개를 추가 설치한다.

▍예찰 트랩 설치▍

10개	10	10	10	10	10	10	10	10
10	20	20	20	20	20	20	20	10
10	20	25	25	25	25	25	20	10
10	20	25	50	50	50	25	20	10
10	20	25	50	100 25*	50	25	20	10
10	20	25	50	50	50	25	20	10
10	20	25	25	25	25	25	20	10
10	20	20	20	20	20	20	20	10
10	10	10	10	10	10	10	10	10

발생중심지역, 제1완충지역, 제2완충지역, 제3완충지역, 제4완충지역

* 표는 발생중심지역의 멕페일트랩

- 기타 과실파리류

  최초 발견지점을 중심으로 1.6 km 간격으로 격자배치루를 설정한 후 중심부에서 주변부로 256 ha당 30-40-20-10-5 개의 트랩을 설치한다.

㉡ 조사방법

- 트랩 조사기간 및 조사빈도
  - 조사기간: 마지막 발견 후 3 세대 기간(발견시 2 세대 기간)
  - 조사빈도: 1 세대 기간의 최초발견 1 주 동안은 매일 조사하고, 그후 기간은 주당 2 회 조사한다. 2~3 세대는 2 주 1 회 조사한다.
- 트랩 조사와 병행하여 과일을 수거하여 유충 감염여부를 조사한다. 특히 발견주변 200 m이내에 과수원 명부를 작성하고, 포장과 정원에 재배되고 있는 기주식물을 조사한다.(발견지점으로부터 2.4 km 이내에 있는 과일을 7~10 일 간격으로 조사)
- 트랩에 채집된 암컷은 교미여부를 조사한다.
- 트랩 및 과일 수거조사와 함께 탐문조사를 병행 실시하여 유입경위 등을 조사한다.

5.3 발생시 박멸사업 수행

(1) 박멸사업수행을 위한 기준

① 박멸사업 착수시점

과실파리 발생 시 박멸사업 착수, 다만 발견시에는 2세대 동안 감시활동(트랩 및 과일조사)을 강화한다.

② 과일수거 폐기 발생지점을 중심으로 200 m 이내에 있는 모든 과일을 신속히 수거 · 소각하거나 50 cm 이상의 깊이에 묻는다.

* 매몰시 생석회(0.4%) 첨가

③ 유살제 설치 및 살포

- methyl eugenol(dorsalure)이나 Cuelure에 디클로르보스유제 또는 페니트로티온유제 등 적용약제 1%를 첨가한 후 다공성 섬유판이나 면끈에 흡수시켜 발견지중심 256 ha (1.6 km × 1.6 km)내에 30 개 설치(오리엔탈과실파리류, 오이과실파리, 퀸슬랜드과실파리)
  - 마지막 해충발견 후 3세대기간 계속 처리
- 최초 발생지점으로부터 최소한 2.4 km에 첫 6 주동안 주 2 회 살포하고 더 이상 발견되지 아니할 경우 주 1 회 살포한다(지중해과실파리, 기타 과실파리류)

- 마지막 발견 후 2세대 기간 동안 더 이상 발견되지 아니할 경우 중단할 수 있다.

- 발생이 심한 경우 유살제에 단백질을 첨가하여 설치 및 살포
  * 상황에 따라 수컷유인제 대신 단백질만 첨가하여 사용

④ 토양소독처리

발생지점을 중심으로 200 m 내에 있는 모든 기주는 과일나무 밑에 적용약제를 14~16일 간격으로 관주(살포한다)

* 적용약제에 따라 주기 및 처리횟수 조정 가능

⑤ 유살제 지상살포(삭제)

5.4 이동 · 재배제한 등의 규제조치

(1) 비상조치절차

규제조치는 과실파리가 박멸될 때까지 다음 사항들이 차례로 이행되어야 한다.

① 과실파리가 발견된 지점을 중심으로 반경 7.2 km 이내에 있는 규제대상 품목의 재배 · 취급 · 가공업자들에게 비상조치 내용을 통보한다.

② 해당 과실파리의 생태 · 기후여건 및 확산상태 등을 검토한 후 종합적으로 검역규제조치(안)을 만든다.

(2) 규제조치에 포함되어야 할 주요내용

규제조치는 발생의 정도에 따라 정한다. 경미하고 제한된 발생시는 해당과일의 소규모 판매활동은 규제하지 않을 수 있다.

① 과일 채소류의 상업구역에서 소독처리 상황 감시 · 감독 · 증명서 발급

② 농산물 가공시설의 주기적 방문

③ 규제품목 폐기물에 대한 감시

④ 공항 · 터미널에서 규제대상품목의 이동감시

⑤ 검역규제지역 경계의 국도, 지방도로 등에서의 이동감시

* 지중해과실파리의 경우 발생지점이 1 개 지점에 한하고 발생이 심하지 않을 경우, 약제 살포, 트랩 설치, 검역규제 등은 1 km 내로 할 수 있다.

5.5 박멸효과 확인 및 박멸선언

(1) 트랩 조사

마지막 발견 후 3 세대 기간 동안 예찰을 실시한다.

(2) 과일수거검사

- 중앙지점 및 제1완충지역(발견지점으로부터 2.4 km 이내)등에 있는 과일을 7~10 일 간격으로 조사한다. 특히 중앙지점의 기주과일은 명부를 작성하고 즉석에서 칼로 절개하여 검사한다.
- 시설이 갖추어진 경우에는 수거된 과일은 과실파리 최적온도인 26℃/70% 습도조건에서 1 주~1세대기간동안 사육 후 검사한다. 과일이 저장되는 시설은 우화하는 과실파리가 날아가지 않도록 안전관리에 만전을 기해야 한다.

(3) 기타사항

정밀조사 이외의 지역에서 1.6 km 간격사이에 5 개 트랩 밀도로 3세대 동안 예찰을 실시한다.

(4) 박멸선언

과실파리 최종발견 후 3세대기간 처리(예찰 및 박멸사업) 후 발견이 되지 아니하였을 경우 박멸된 것으로 본다.

부록 6 [농촌진흥청] 오리엔탈과실파리 모니터링 · 방제사업 지침(안)

(농경지)오리엔탈과실파리류 예찰 · 방제사업 지침(안)

〈기관별 업무담당〉

담당기관	담당과	담당자	전화번호	담당
농촌진흥청	재해대응과	○○○	○○-○○-○○	총괄
	재해대응과	○○○	○○-○○-○○	실무총괄
	재해대응과	○○○	○○-○○-○○	예찰실무
	재해대응과	○○○	○○-○○-○○	예찰 · 방제
	재해대응과	○○○	○○-○○-○○	방제실무
	농과원 작물보호과	○○○	○○-○○-○○	동정 및 정밀조사
	원예원 원예특작환경과	○○○	○○-○○-○○	정밀조사

1. 목적
   농경지에 과실파리류 발견 또는 발생 시 본 지침에 따라 과실파리 조기 박멸로 안전영농 도모 및 국산 과실의 경쟁력 제고
2. 추진방향
   - 농경지 발생지 및 주변 과실을 폐기하여 전염원 근절
   - 농경지 발생지역 및 발생 인근지역에 대한 약제방제 실시로 병 확산 방지
3. 지원근거 : 식물방역법 제31조, 제32조, 제33조, 제35조, 제36조, 제38조 및 같은법 시행규칙 제37조의 7항, 제38조, 제40조
4. 과실파리류 발견 · 발생 기준

과실파리명	발견 · 발생기준(발견시에도 동 지침이 적용되기 위해서)
오리엔탈 과실파리류	• 유충이나 번데기 또는 교미된 암컷 1마리 이상 또는 • 1세대 이내에 발견지중심(1.6km×1.6km) 내 성충 5마리 이상이 금지해충트랩에서 검출된 경우(수컷, 미교미암컷)
지중해 과실파리	• 유충이나 번데기 또는 교미된 암컷 1마리 이상 또는 • 1세대 이내에 반경 4.8km이내 성충 1마리 이상이 금지해충트랩에서 검출된 경우
오이.퀸슬랜드 과실파리	• 2마리/km/2 주 검출 → 주2 회 모니터링+트랩추가+유충조사 → 3마리 추가 발견/2 주 → 발생 • 5마리 이상/km/2 주 또는 교미된 암컷 또는 유충이 발견된 경우

＊ 이 외 과실파리가 검출되었을 경우 유사한 과실파리 기준에 적용

5. 사업내용

(1) 예찰 조사 방법

① 기관별 업무

• 총괄 : 농촌진흥청

＊ 조사인력 지원 및 지역배정 등은 농촌진흥청에서 각 기관에 통보

• 주관기관 : 해당 도청(도농업기술원, 시・군 농업기술센터)

＊ 발견·발생 상황에 따라 농촌진흥청에서 주관기관 추가 지정 가능

• 협조기관 : 국립농업과학원, 국립예특작과학원

② 조사시기 : 5∼11월 중 예찰방법에 따라 정밀예찰 실시

＊ 필요 시 시설재배지 연중 실시

③ 조사방법

• 대상식물 : 기주 식물 과실 및 과채류의 생과실

• 대상지역 : 기주 식물 재배지, 과수원 등

• 방법 : 과수원(재배지)에 설치한 예찰트랩에 의한 조사와 병행하여 부패과일 등을 중심으로 발생여부를 조사한다.

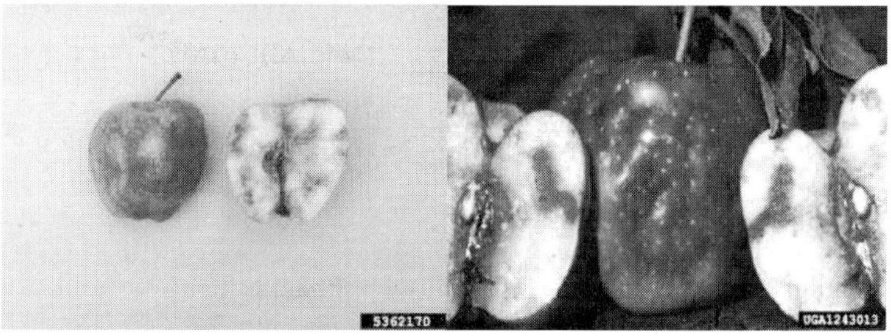

과실파리에 의한 사과 피해(좌 : H. J.Larsen, 우 : Whitney Cranshaw)

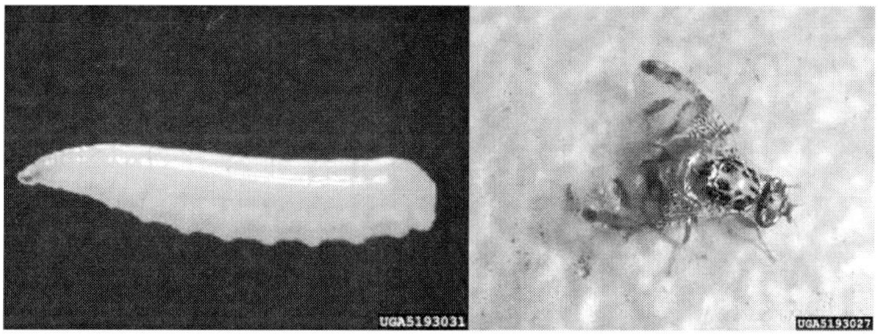

Ceratitis속 과실파리 유충과 성충(Division of Plant Industry Archive)

④ 예찰트랩 설치 및 조사방법

㉠ 조사대상 해충별 유인제

해충명	유인제명
지중해과실파리	Capilure
오리엔탈과실파리류	Dorsalure
오이과실파리	Cuelure
기타 과실파리	Proteinlure
코드린나방	Pheromone

㉡ 트랩설치 방법

- 해충별 기주 과일나무 또는 열매가 달려 있는 기주식물을 우선 선택한다. 기주나무가 없는 경우 그늘진 장소를 선택한다.
- 설치장소는 출입이 편리하고 안정성이 있는 장소를 선택하여 지상에서 1.6~1.8 m 높이에 사방이 잘 트이고 약간 그늘이 있는 곳에 설치한다.
- 트랩의 설치간격은 유인력에 영향을 주지 않도록 최소 5 m 이상의 간격을 유지하도록 하고, 설치한 지점에서 장기간 해충이 채집되지 않는 등 필요 (기준이 있어야 될 것 같음) 하다고 판단될 경우에는 트랩설치 지점을 변경한다.

㉢ 유인제 및 살충제 교체

- Capilure, Dorsalure, Cuelure: 고체유인제 및 strip 살충제를 8 주 간격으로 교체한다. 액체유인제는 5 ml를 주입하고 2 주 간격으로 재주입하며, 액체 살충제를 사용할 경우 3 ml를 2 주 간격 주입하여 채집해충이 살충되도록 한다.
- Pheromone: 고체유인제를 8 주 간격으로 교체하고 트랩내의 끈끈이판은 2 주 간격으로 교체한다.

(2) 과실파리류 발견시 조치사항

① 발견·발생범위 설정을 위한 조사

㉠ 설치방법

- 오리엔탈과실파리류, 오이과실파리, 퀸슬랜드과실파리
  - 최초 발견지점을 중심으로 그 주변을 1.6 km 간격으로 격자배치구를 설정한 후 중심부에서 주병부로 256 ha 당 25-5-5-5-5 개의 트랩을 설치하고, 중심지역에 트랩 25 개를 추가 설치한다.

◇ (발견지점) 예찰트랩 등에서 발견된 지점
◇ (발견중심지) 1.6km×1.6km (256ha) ………………………………………………… [A]
◇ (집중예찰지) 4.8km×4.8km(2,304ha) ……………………………………………… [A+B1]
◇ (완충지역) 예찰지역에서 예찰중심지 제외한 지역 ……………………………… [B1~B4]
◇ (예찰지역) 14.4km×14.4km(20,736ha) ……………………………………………… [전체]

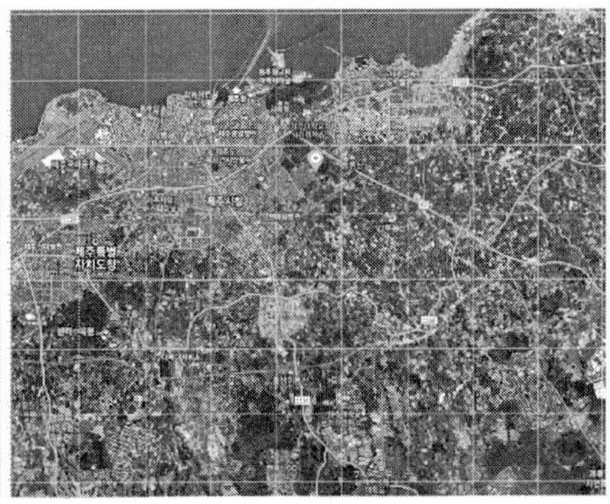

- 지중해과실파리
  - 최초 발견지점을 중심으로 그 주변을 1.6 km 간격으로 격자배치구를 설정한 후 중심부에서 주변부로 1평방마일 당 100-50-25-20-10 개의 트랩을 설치하고, 중심지역에 트랩 25 개를 추가 설치한다. 단, 설치지역 내에 트랩설치가 불가능한 논, 산림, 비기주 경작지 등에는 설치하지 않는다.

‖ 예찰트랩설치 ‖

10개	10	10	10	10	10	10	10	10
10	20	20	20	20	20	20	20	10
10	20	25	25	25	25	25	20	10
10	20	25	50	50	50	25	20	10
10	20	25	50	100 25*	50	25	20	10
10	20	25	50	50	50	25	20	10
10	20	25	25	25	25	25	20	10
10	20	20	20	20	20	20	20	10
10	10	10	10	10	10	10	10	10

발생중심지역, 제1완충지역, 제2완충지역, 제3완충지역, 제4완충지역

* 표는 발생중심지역의 멕페일트랩

• 오이과실파리, 퀸슬랜드과실파리

- 최초 발견지점을 중심으로 그 주변을 1.6 km 간격으로 격자배치구를 설정한 후 중심부에서 주변부로 256 ha당 50-25-20-10-5 개의 트랩을 설치하고, 중심지역에 트랩 25 개를 추가 설치한다.

• 기타 과실파리류

- 최초 발견지점을 중심으로 1.6 km 간격으로 격자배치구를 설정한 후 중심부에서 주변부로 256 ha당 80-40-20-10-5 개 트랩을 설치한다.

㉡ 조사방법

• 조사기간 : 마지막 발견 후 3 세대 기간 (1 마리 발견시 2 세대 기간)

• 조사빈도 : 1 세대 기간의 최초발견 1 주 동안은 매일 조사하고, 그 후 기간은 주당 2 회 조사한다. 2~3 세대는 2 주 1 회 조사한다.

㉢ 관리방법

• 트랩설치 현황 비치

- 트랩별로 번호를 부여하고 위치를 도면에 표시한다.

② 유충 감염여부 조사

㉠ 과수원 명부

• 최초 발견지점을 중심으로 반경 200 m 이내의 과수원 명부를 작성하여 비치한다.

㉡ 조사방법

• 최초 발견지점으로부터 반경 1.6 km 이내에 있는 기주식물의 과일에 대하여 7~10일 간격으로 유충 감염여부를 조사한다.

③ 발생상황 확인 및 결과 조치

• 농촌진흥청과 지자체의 조사자는 정확한 분류동정을 위해 트랩에 채취된 과실파리류 또는 과일에서 발견된 유충을 채집하여 농촌진흥청 국립농업과학원(작물보호과)으로 보낸다.

• 국립농업과학원은 접수한 시료에 대해 분류동정을 실시하고 시기별로 해충 발생과원을 확정하여 농촌진흥청장에게 보고한다. 다만, 분류동정의 경우 외부(농림축산검역본부, 대학 등)의 전문가에게 협조를 요청할 수 있다.

• 농촌진흥청장은 발생과원 확정내역을 관련기관(농림축산식품부, 농림축산검역본부 및 시・도)에게 보고(통보)한다.

(3) 발생 시 방제(박멸사업) 방법

① 방제 사업 기관

• 방제대상 범위별 담당 기관

- 농경지 : 농촌진흥청 또는 특・광역시장・도지사

* 협조 : 도농업기술원, 시 · 군농업기술센터

- 산림지 : 산림청
- 시장, 도로, 공원 등 : 특 · 광역시장 · 도지사

* 협조 : 지자체 담당부서

② 방제대상 구역 설정

발견지점 중심 범위	방제대상 구역	예찰대상구역
200 m	발생구역	발생중심지역
1.6 km×1.6 km	방제구역	〃
2.4 km×2.4 km	관리구역	제1완충지역
14.4 km×14.4 km	완충구역	제4완충지역

③ 방제대상 구역별 방제방법

㉠ 발생구역

- 구역 내 모든 과일을 수거 및 폐기한다.
- 구역 내 유인제와 살충제를 혼합하여 섬유판에 흡수시킨 유살판을 헬리콥터나 차량을 이용하여 대량으로 투하 또는 설치한다.
- 유살제를 트랩에 혼합하여 설치하고 마지막 해충 발견 후 3세대 기간 계속 처리한다.
- 발생이 심한 경우 알, 유충, 성충방제용 살충제와 성충 유살제+유인 단백질을 혼합하여 살포한다.
- 기주식물 주변 토양에 적용약제를 관주하여 토양 소독한다.
- 방제구역 밖으로 기주식물 및 생과실의 이동을 금지한다.

㉡ 방제구역

- 구역 내 유인제와 살충제를 혼합하여 섬유판에 흡수시킨 유살판을 헬리콥터나 차량을 이용하여 대량으로 투하 또는 설치한다.
- 유살제를 트랩에 혼합하여 설치하고 마지막 해충 발견 후 3세대 기간 계속 처리한다.
- 방제구역 밖으로 기주식물 및 생과실의 이동을 금지한다.

㉢ 관리구역

- 유살제를 트랩에 혼합하여 설치하고 마지막 해충 발견 후 3세대 기간 계속 처리한다.
- 방제구역 밖으로 기주식물 및 생과실의 이동을 금지한다.

㉣ 관리구역 외

- 해충의 확산을 막기 위하여 예찰 · 방제 지침에 따라 필요시 주기적으로 해충

발생상황을 예찰한다.

④ 방제 방법별 세주 수행 요령

㉠ 생과실 등의 폐기

- 발생구역 내 기주식물 분포조사는 식물분류 전문기관에 용역을 의뢰하여 그 방제대상을 선정한 후 즉시 해당 과실을 폐기한다.
- 과일수거 및 폐기방법
  - 폐기는 채취한 후 매몰(50 cm 이상)을 원칙으로 한다.
  - 폐기 대상은 해충이 발생한 과수원 전체와 발견지점을 중심으로 반경 200 m 이내의 식물체에 달려있는 생과실이나 낙과된 모든 과실을 폐기하는 것을 원칙으로 하지만, 주변 여건과 농장주의 의견에 따라 반경 200 m 범위에 포함된 전체 포장의 과실을 폐기 조치할 수 있다.

㉡ 기주식물의 생과실 등의 이동제한 등의 규제조치

- 기주식물의 생과실 이동금지 : 발생구역 및 방제구역 내의 증상이 없는 완숙된 생과실(낙과 포함)에 대하여 해당 기주식물에 속한 구역에서 내외로 이동을 금지한다.
- 과실파리가 발견된 지점을 중심으로 14.4 km×14.4 km 이내의 '관리구역'있는 규제대상 품목의 재배 · 취급 · 가공업자들에게 비상조치 내용을 통보한다.
- 규제조치에 포함되어야 할 주요내용 : 규제조치는 발생의 정도에 따라 정한다. 경미하고 제한된 발생 시는 해당과일의 소규모 판매활동은 규제하지 않을 수 있다.
  - 과일 채소류의 상업구역에서 소독처리 상황 감시 · 감독 · 증명서 발급
  - 농산물 가공시설의 주기적 방문
  - 규제품목 폐기물에 대한 감시
  - 검역규제지역 경계의 국도, 지방도로 등에서의 이동감시

  * 지중해과실파리의 경우 발생지점이 1 개 지점에 한하고 발생이 심하지 않을 경우, 약제 살포, 트랩 설치, 검역규제 등은 1 km 내로 할 수 있다.

㉢ 유살판 설치

- 대상 과실파리 유인제(Methyl eugenol (Dorsalure) 또는 Cuelure)에 디클로르보스 · 에토펜프록스유제 또는 페니트로티온유제 등 적용약제 1%를 첨가한 후 다공성 섬유판에 흡수시켜 발생구역 및 방제구역에 대량으로 헬리콥터로 투하하거나 차량을 이용하여 설치한다.
- 마지막 해충발견 후 3 세대 기간 계속 처리한다.

㉣ 유살제 살포

- 대상 과실파리 유인제(Methyl eugenol (Dorsalure) 또는 Cuelure)와 적용약제를 혼합하여 살포한다.(필요 시 적용약제만 살포 가능)
- 발생이 심한 경우 단백질+적용약제+수컷유인제 혼합제를 사용한다.

  ✽ 적용약제는 작물에 따라 등록된 약제를 사용

- 감귤의 과실파리류 방제기간 및 등록 농약 사용 시기

구분 \ 월		4	5	6	7	8	9	10	11	안전 사용기준	작용 기작 그룹	등록 해충	
과실생육기			개화				착색		수확	–	–		
감귤의 과실파리류 방제 가능 시기										–	–		
방제 농약 별 살포 시기	스피노사드 액상수화제									14일전, 2 회	5	총채벌레	
	스피노사드 입상수화제									14일전, 3 회	〃	〃	
	사이퍼메트린유제									7일전, 3 회	3a	귤굴나방	
	알파사이퍼메트린 유제									〃	〃	〃	
	람다사이할로트린 수화제									〃	〃	〃	
	람다사이할로트린 유제									〃	〃	〃	
	람다사이할로트린 미탁제									〃	〃	〃	
	에스펜발러레이트 유제									14일전, 3 회	〃	〃	
	이미다클로프리드 수화제										7일전, 3 회	4a	조팝나무진딧물
	이미다클로프리드 액상수화제										21일전, 2 회	〃	〃
	이미다클로프리드 입상수용제										14일전, 3 회	〃	〃
	아바멕틴 유제									7일전, 3 회	6	귤응애	
	아바멕틴 분산성액제									〃	〃	〃	

✽ 체계처리 방법 : 작용 기작이 서로 다른 그룹의 농약 교호로 살포

- 사례 : 스피노사드(5) → 사이퍼메트린(3a) → 이미다클로프리드(4a) → 아바멕틴(6)
- 방제주기 : 20~30 일 간격 살포(1 세대 주기별 교호 살포)

㉤ 토양소독 처리

- 발견지점을 중심으로 발생구역 내에 있는 모든 과일나무 밑에 적용약제를 14~16 일 간격으로 관주한다.

  * 감귤 : 아바멕틴유제 3,000배액 1 리터/m^2 관주처리

㉥ 약제방제

- 방제대상 : 관리구역 내 감귤 등 기주 작물 과원
- 방제방법
  - 방제기간 : 마지막 해충 발견 후 3 세대까지
  - 방제약제 : 농약지침서에 과실파리류에 등록된 약제
  - 방제간격 : 2~4 주 간격(상황에 따라 현장에서 결정)

(4) 박멸선언

① 트랩 조사

- 전 지역에 단백질 유살제를 살포한 경우 정밀조사 때와 같은 밀도로 트랩을 설치하고 조사한다.(별지 2호 양식으로 관리)
- 박멸조치가 달성되었음을 입증하기 위해서는 정밀조사 할 때와 같은 밀도로 트랩을 설치하고, 박멸이 완료된 후에도 최소한 1 세대 기간 예찰을 실시한다.

② 과일수거검사

- 발생지점 및 방제구역 (발견지점으로부터 2.4 km이내) 등에 있는 과일을 7~10일 간격으로 조사한다. 특히 발생지점의 기주과일은 명부를 작성하고 즉석에서 칼로 절개하여 검사한다.
- 시설이 갖추어진 경우에는 수거된 과일은 과실파리 최적온도인 26℃/70% 습도조건에서 1 주~1 세대 기간 동안 사육 후 검사한다. 과일이 저장되는 시설은 우화하는 과실파리가 날아가지 않도록 안전관리에 만전을 기해야 한다. (시설기준이 필요함)

③ 기타사항

정밀조사 이외의 지역에도 1.6 km 간격사이에 5 개 트랩 밀도로 3 세대 동안 예찰을 실시한다.

④ 박멸선언

과실파리 최종발생 후 3세대기간 처리(예찰 및 박멸사업) 후 발견이 되지 아니하였을 경우 박멸된 것으로 본다.

6. 사업시행

(1) 사업수행기관 및 추진 절차

- 사업주관 : 농촌진흥청장
- 시행주체 : 특・광역시장・도지사

• 사업시행 : 시장 · 군수

• 사업추진 절차 및 기관별 임무(별표 1참조)

(2) 사업기간 : '15. 10. 6 ~

(3) 방제대책협의회 등 구성 · 운영

① 방제대책협의회

시장 · 군수는 '농작물병해충 예찰 · 방제단 등을 중심으로 "병해충 방제 대책협의회"를 구성하여 동 협의회에서 당해 연도 방제관련 세부사항 협의 및 조정 한다.

② 공동방제단 구성 · 운영

방제의 시급성을 고려하여 시장 · 군수는 읍 · 면 · 동 단위(필요시 마을단위) 공동방제단을 편성 운영 한다.

③ 방제담당자 지정

시장 · 군수는 병해충 예찰.방제단을 중심으로 농가별 담당자를 지정하여 방제현장 지도 · 확인 및 사후관리 책임을 부여 한다.

④ 교육 추진

해당 시장 · 군수는 불가피하게 공동방제단 구성을 못할 경우 방제대상 농업인을 대상으로 예찰요령, 방제의 필요성, 약제 살포방법 등에 대하여 약제 배부 또는 필요시 교육을 추진 한다.

(4) 병해충 방제명령

• 시 · 도지사는 식물방역법 제31조 및 제36조의 규정에 의거 방제대상지역에 대한 방제명령은 농촌진흥청 방제 계획을 시달 받고 지체 없이 대상농가에 방제명령서를 통보("별지 제5호"긴급방제명령서 사용)한다.

- 생과실 및 낙과의 폐기방제명령은 시 · 도지사가 하고, 약제방제는 시장, 군수가 예찰 · 방제단을 중심으로 방제를 실시

  * 폐기명령을 위반한 자는 식물방역법 제47조 규정에 의거 3년 이하의 징역 또는 3천만원 이하의 벌금에 처함.

• 방제명령 방법

- 약제방제 : 마을게시판에 방제 기간.대상지역.농가명을 공고하거나 방제단 또는 해당농가에 통보

- 폐기방제 : 해당농가 또는 소유주에 통보(직접 또는 우편)

(5) 병해충 방제명령 이행 보고

• 방제 대상 소유주 등에게 방제 명령 이후 방제 추진 상황을 매일 16시까지 시 · 도청 관리부서(도농업기술원, 특 · 광역시농업기술센터)를 거쳐 농촌진흥청에 보고하여야 합니다.

• 방제 추진에 중대한 문데가 발생한 경우에도 시 · 도청 관리부서(도농업기술원, 특 · 광역시농업기술센터)을 거쳐 농촌진흥청에 보고하여야 한다.

(6) 약제방제(유살제) 추진

• 방제대상 : 관리구역 내 감귤 등 기수 작물 과원

• 약제공급 : 시장·군수는 고요약제를 방제 10 일전까지 농가에 공급

• 약제방제 시행

- 시장·군수는 지역여건에 따라 방제 계획을 수립운영 한다.

- 방제기간 중 농가별 담당자는 현장 지도.확인을 통하여 방제 추진상황을 수시 점검 한다.

(7) 생과실 및 낙과 등에 대한 방제(폐기) 추진

① 추진 일정

• 방제시기는 국립농업과학원의 동정결과 통보 직후 방제명령을 한다.

• 발생구역 설정을 위해 시장·군수는 발생지점 중심으로 반경 200 m 이내의 발생구역 내에 포장의 방제대상 생과실 등 범위를 설정 한다.

• 시장·군수는 방제 대상농가와 협의하여 농가별 작업일정을 수립, 유관기관과 해당 농가에 통보 한다.

② 방제 시행

• 농가별 작업일정에 따라 담당공무원 또는 식물방제관 입회하에 방제작업 시행한다.

• 방제대상과원의 기주식물에 달린 생과실, 낙과 및 폐기 처리된 과일류를 방제하는 것을 원칙으로 하고 해당 포장에서 매몰처리 한다.

* 매몰 : 발생초장 또는 그 인근의 토지(수원지 또는 하천 인근이 아닌 장소에 한함)에 구덩이를 파고 토양 오염을 방지하기 위해 비닐을 깔아 식물을 투입하면서 중간 및 상단부에 식물류 1 톤당 생석회 40 kg을 살포한 후 50 cm 이상 흙을 덮음

- 적재 또는 운반 중에는 비닐이나 천막 등을 덮어 전염원 유출 차단

• 매몰이 곤란한 경우 폐기물관리법 제2조에 따른 폐기물 처리시설에서 소각한다.

• 담당공무원은 방제가 완료되면 별지 제9호(방제이행확인서) 2부를 작성, 1부는 해당농가에 발급하고, 1부는 농가별 관리대장에 첨부 한다.

- 방제 전.후 광경, 진행사항 등을 사진 촬영하여 농가별 관리대장에 부착

7. 사업비 집행·정산 및 사후관리

(1) 사업비 집행·정산

• (약제방제) 시장·군수는 일괄구매 계약 후 약제방제 10 일전까지 농가 공급

- 공동방제 시 공동방제단 소요약제는 방제단에 일괄공급

- 시·군에서는 약제비 구입지출 증빙서류 및 농가별 배부 내역서를 기록.비치

- 농가에 공급한 방제약제가 살포되었는지 확인하고 기록

- 보조금의 교부신청 및 교부신청 사무를 "보조금 관리에 관한 법률 제38조"및"같은 법

시행령 제17조"관련 규정에 의거 시・도지사에게 위임

- (폐기방제) 농촌진흥청에서 과수원 및 기주식물 소유자의 계좌에 입금
  - 해당 소유자는 방제명령 이행 후 30일 이내에 별지 제8호(방제이행확인서) 및 별지 제9호(손실보장청구서)를 첨부하여 시장・군수에게 제출
  - 시장 군수는 제출서류를 검토하고 20일 이내에 시・도시자에게 제출
  - 시・도지사는 제출서류를 검토하고 7일 이내에 농촌진흥청장에게 제출

    * 관리부실로 방치되어 경제성이 없거나 정상적인 과원경영이 되지 않은 과원을 방제하는 경우에는 최소한의 사업비를 산정・집행하고, 관련증빙자료를 비치
  - 생과실 등 수확물에 대한 보상은 별지 제10호에 따라 산정
- 기타 본 요령에 규정되지 않은 사항은 "보조금에 관한 법률" 및 "농촌지도 국고보조사업 시행지침" 등 관계규정에 따름

(2) 사후관리

- 시장・군수는 농가별 관리 담당자를 지정하고 관리대장을 기록 비치하도록 하며, 방제 과원에 과실류가 남아있지 않도록 사후관리를 철저히 한다.
- 방제 후 과원에 과실류를 남겨두었거나, 배부한 약제를 미 살포한 농가에 대하여는 지원금액 회수조치 및 식물방역법 관계규정에 의한 과태료를 부과하고, 향후 5년동안 농림관련 사업비 지원 중단 조치한다.
- 폐기 방제하는 과수원은 "별지 제1호 과실파리류 발생농가 관리대장"을 비치하여야 한다.

8. 교육

(1) 중앙단위 전문교육

- 교육주체 : 농촌진흥청 (협조 : 국립농업과학원, 국립원예특장과학원)
- 교육대상 : 중앙 및 지자체의 식물방제관 및 과수 담당자
- 교육내용 : 진단 및 방제방법 등

(2) 농업인 교육

- 교육주체 : 특・광역시장・도지사, 시장・군수
- 교육대상 : 과수 재배농가 등
- 교육내용 : 진단요령, 방제 필요성, 약제 살포방법 등

9. 행정사항

(1) 사업추진상황 지도 및 보고

- 시・군별 방제사업 담당자(행정, 지도) 및 사업계획서 보고(별지 제3호)
  - 약제방제사업 : 시・군 → 특광역시・도 → 농촌진흥청(방제 통보 후 7일 이내)
  - 폐기방제사업 : 시・군 → 특광역시・도 → 농촌진흥청(방제 통보 후 7일 이내)

• 사업추진상황 현지 지도 점검

 - 농촌진흥청장은 특광역시 · 도지사와 협조하여 방제현장 지도점검 실시

• 사업추진상황 및 결과보고 : 방제기간 및 방제완료 시(별지 제4~9호)

(2) 기타

• 특광역시 · 도지사는 본 사업지침과 별도 시달되는 방제계획(약제 · 방제)에 의거 자체 세부추진계획을 수립하여 시행 한다.

• 특광역시 · 도지사(시장 · 군수)는 방제농가의 지속적인 영농을 위해 최대한 지원 한다.

〈별표 1〉

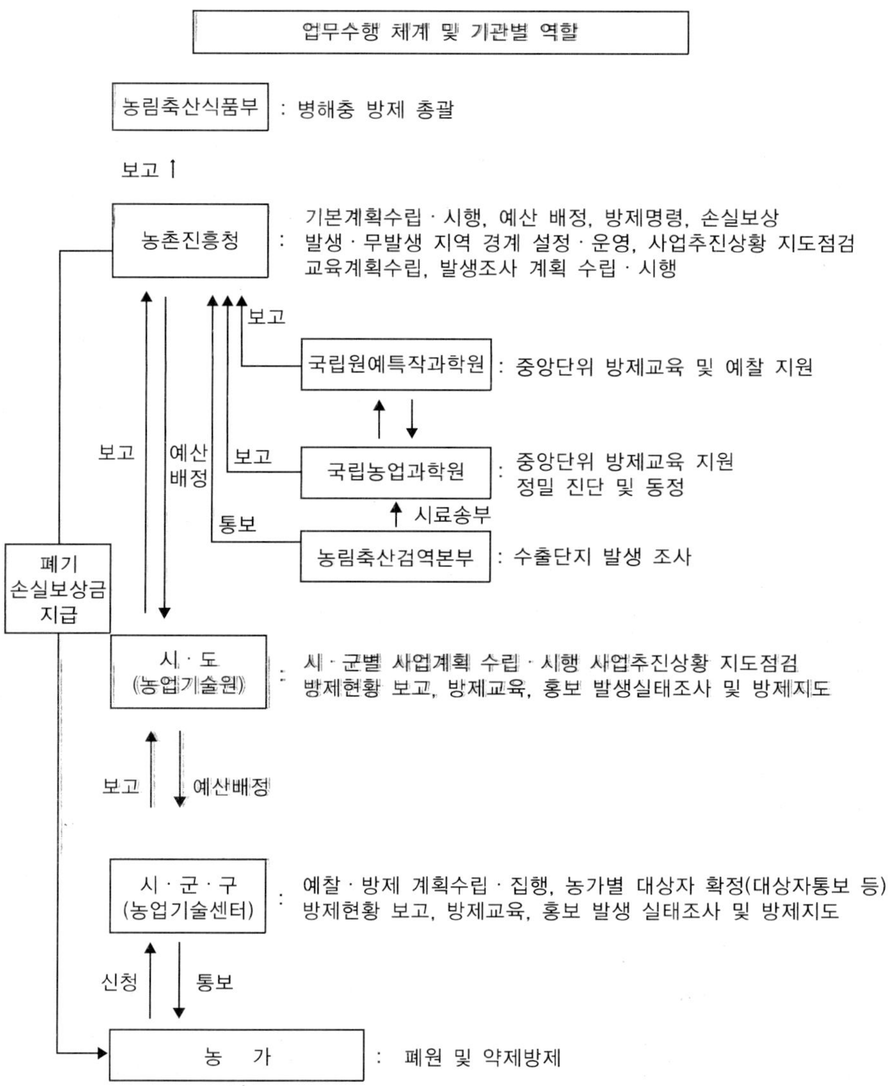

[별지 제1호]

과실파리 발생농가 관리대장

• 관리번호 : (담당자 : 직 , 성명)

<table>
<tr><td colspan="2" rowspan="2">실소유주</td><td>성명</td><td colspan="5"></td><td colspan="2">생년월일</td><td colspan="4"></td></tr>
<tr><td>주소</td><td colspan="5"></td><td colspan="2">전화번호</td><td colspan="4"></td></tr>
<tr><td colspan="2" rowspan="2">경 작 자</td><td>성명</td><td colspan="5"></td><td colspan="2">생년월일</td><td colspan="4"></td></tr>
<tr><td>주소</td><td colspan="5"></td><td colspan="2">전화번호</td><td colspan="4"></td></tr>
<tr><td rowspan="5">과원
현황</td><td rowspan="5">폐기</td><td>지번</td><td></td><td>지목</td><td colspan="4"></td><td>면적</td><td colspan="4">m²</td></tr>
<tr><td>과정</td><td></td><td>품종</td><td colspan="4"></td><td>수령</td><td colspan="4"></td></tr>
<tr><td rowspan="2">재배
주수</td><td rowspan="2">유충
발생주수</td><td colspan="10">발생 연도별 포획충수(마리)</td></tr>
<tr><td>'15</td><td>'16</td><td>'17</td><td>'18</td><td>'19</td><td>'20</td><td>'21</td><td>'22</td><td>'23</td><td>'24</td></tr>
<tr><td></td><td></td><td></td><td></td><td></td><td></td><td></td><td></td><td></td><td></td><td></td><td></td></tr>
<tr><td rowspan="2">방제
현황</td><td colspan="2" rowspan="2">폐기</td><td>폐기일</td><td colspan="5">수량</td><td colspan="5">방법</td></tr>
<tr><td></td><td colspan="5"></td><td colspan="5"></td></tr>
<tr><td colspan="2">지도감독
사항</td><td colspan="12"></td></tr>
<tr><td colspan="2">특기사항</td><td colspan="12"></td></tr>
</table>

※ 폐원 : 전, 중(소각, 매몰)후 사진 별도 첨부

[별지 제2호] 이하 삭제

과실파리 트랩 조사대장

(○○시, 군)

관리번호	농가명	과종	면적 (m^2)	주소	회차별 조사결과(마리수)								
					1	2	3	4	5	6	7	8	9

[별지 제3호]

과실파리 사업계획서

□ 약제방제

지역별	과종	면적	소요액	농가수	비고
		ha	천원	호	
	계				
계	감귤				
	○○				
	○○				
시·군·구					
시·군·구					
시·군·구					

* 주 면적은 소숫점 첫째자리까지 산출

□ 폐기(방제명령 통보 후 3일 이내)

	과종	과 원 소재지	면적	폐기수량	소요액(사업비)		
					계	수확물보상	폐기비용
			m^2	kg	천원		
	계						
계	감귤						
	사과						
	○○						
시·군·구 소계							
○○○							
○○○							
○○○							

* ○○○ : 농가별 기록

[별지 제4호]

식물 방역법 시행규칙 [별지 제28호서식] 〈개정 2013.3.23〉

<table>
<tr><td colspan="5">제 호
긴급방제명령서</td></tr>
<tr><td rowspan="3">수명자</td><td>성 명</td><td colspan="3"></td></tr>
<tr><td>생년월일</td><td colspan="3"></td></tr>
<tr><td>주 소</td><td colspan="3"></td></tr>
<tr><td colspan="2">조 치 내 용</td><td></td><td colspan="2"></td></tr>
<tr><td colspan="2">조치품목명</td><td></td><td>수량</td><td></td></tr>
<tr><td colspan="2">조 치 장 소</td><td></td><td colspan="2"></td></tr>
<tr><td colspan="2">조 치 기 간</td><td></td><td colspan="2"></td></tr>
<tr><td colspan="2">조치물 소재지</td><td></td><td colspan="2"></td></tr>
<tr><td colspan="2">조 치 방 법</td><td></td><td colspan="2"></td></tr>
<tr><td colspan="5">1. 「식물방역법」 제36조 2제2항 및 같은 법 시행규칙 제 38조에 따라 위와 같이 조사할 것을 명합니다.
2. 이 조치로 인하여 재산상의 손실을 받은 경우에는 「식물방역법」 제38조에 따라 손실보상을 받을 수 있습니다.

년 월 일

농림축산검역본부장
농촌진흥청장
시·도지사 직인</td></tr>
</table>

210mm×297mm [백상지 80g/m²]

[별지 제5호]

○○년 과실파리방제 폐기 추진상황 보고

	과종	계획(A)		작업실적(B)		착수일 (예정일)	완료일 (예정일)	입회공무원 (식물방제관)	
		면적	수량	면적	수량			행정	지도
계		m^2	kg	m^2	kg				
시군구 소 계									
농가명									
농가명									
·									
·									
·									

[별지 제6호]

과실파리 약제방제 추진상황 보고(약제방제 완료시 제출)

구분		방제계획		방제실적														
				1차			2차			3차			4차			5차		
		면적 (ha)	농가수 (호)	면적 (ha)	농가수	진도 (%)	면적 (ha)	농가수	진도 (%)	면적 (ha)	농가수	진도 (%)	면적 (ha)	농가수	진도 (%)	면적 (ha)	농가수	진도 (%)
계	계																	
	베																	
	사과																	
	○○																	
시군구 소 계	계																	
	배																	
	사과																	
	○○																	
시군구 소 계	계																	
	배																	
	사과																	
	○○																	

* 회차별로 방제지역을 구분하여 집계하고, 방제면적은 소숫점 첫째자리까지 기재

[별지 제7호]

○○년 과실파리 약제방제 정산보고

지역별	과종	사 업 량			사 업 비				방제농가수			비고
		계획	실적	대비	계획 (A)	실적 (B)	불용 또는 잔액(C)	B/A	계획	실적	대비	
계		ha		%	천원			%	호		%	
시군구												

* 불용 또는 집행 잔액 발생시 사유 : (예)약제구입비 집행 잔액

[별지 제8호]

■ 농촌진흥원 방제명령에 따른 손실보상·생계안정지원에 관한 규정 [별지 제1호서식]

방제이행확인서

소유자 (경작자)	성명		생년월일	
	주소		전화번호	

방제대상 재배지	주소	
	면적(m^2)	

방제실적	명령일	년 월 일	이행일	년 월 일
	품목		방법	
	수량		면적(m^2)	
	수확 후 잔재물 방제여부			

행정기관 입회자	소속		직·성명	
	연락처			

위와 같이 방제명령 이행이 완료되었음을 확인합니다.

년 월 일

확인자 : 기관명 직 성명 (서명 또는 인)

농촌진흥청장 귀하

첨부서류	1. 방제 시행 사진 2. 방제대상 물품의 상채(상품성 등) 등에 대한 설명 및 사진	수수료 없음

210mm×297mm [백상지 80g/m^2]

[별지 제9호]

■ 식물방역법 시행규칙 [별지 제30호서식] 〈개정 2012.10.31〉

손실보상청구서

접수번호	접수일

청구인	성 명	생년월일
	주 소	전화번호

청 구 금 액				
구 분	단 위	단 가	수 량	금 액
계				

「식물방역법」 제36조에 따른 방제명령을 이행하면서 위와 같이 비용이 들었으므로 같은 법 제38조 제2항 및 같은 법 시행규칙 제40조 제1항에 따라 관계 증명서류를 첨부하여 손실보상금을 청구합니다.

년 월 일

청 구 인 (서명 또는 인)

농촌진흥청장
시·도지사 귀하

첨부서류	1. 방제 시행 사진 2. 방제대상 물품의 상채(상품성 등) 등에 대한 설명 및 사진	수수료 없음

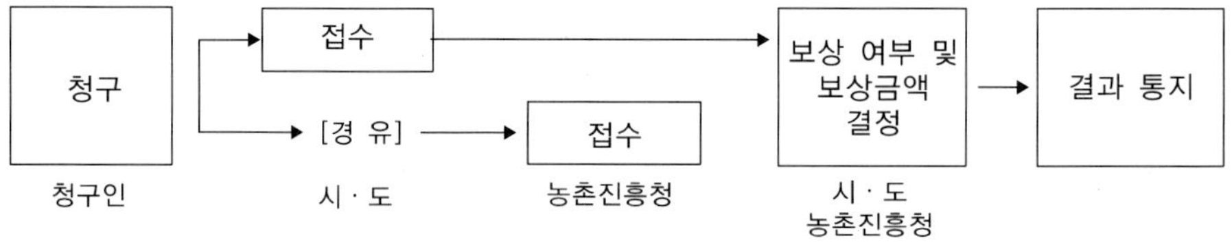

210mm×297mm [백상지 80g/m²]

[별지 제10호]

손실보상 산출방법(식물방역법 제38조 및 같은 법 시행령 제4조의2 제4항 관련)

근거 : 농촌진흥청 방제명령에 따른 손실보상・생계안정지원에 관한 규정(2013.7.29)

구 분	산 식
수확물의 폐기	예상 조수입(수량×단가)×상품화율

* 수량 : 폐기 대상물의 실제 무게를 측정하여 적용
* 단가 : 농협이나 농수산물도매시장에서 발급한 증빙자료에 근거하여 판매 예상 시기 전후 1 주일간의 해당 지역 농가 평균 수취단가(원/kg, 원/개) 적용
* 상품화율 : 부패, 병해충 등에 의한 보상 대상물의 생산량이나 가격 등의 감소 정도를 반영하여 건전한 농산물과 대비한 비율(%)을 적용

부록 7 [농림축산검역본부] 과실파리류 모니터링용 유인제 및 트랩 종류

대상해충	유인제	유인제 교체주기	조사 주기	트랩 종류	
지중해 과실파리	Capilure	8 주	2 주	Steiner trap (스테이너 트랩)	
오리엔탈 과실파리류	Dorsalure (또는 Methyl eugenol)	8 주	2 주	Steiner trap (스테이너 트랩)	
				Jackson trap (잭슨 트랩)	
오이과실파리	Cuelure	8 주	2 주	Steiner trap (스테이너 트랩)	
기타 과실파리	Proteinlure	4 주	2 주	McPhail trap (멕페일)	

인용 문헌

Agarwal, M.L., Kapoor, V.C., 1986. Indian *Dacini* (Diptera: Tephritidae) and their host plant relationships. In: Cavalloro, R, (Ed.) Fruit Flies of Economic Importance. CEC/IOBC ad hoc meeting, Hamburg, 1984. Rotterdam: Balkema, 51−56.

Agarwal, M.L., Kumar, P., Kumar, V., 1999. Population suppression of *Bactrocera dorsalis* (Hendel) by *Bactrocera zonata* (Saunders) (Diptera: Tephritidae) in North Bihar. Shashpa, 6, 189−191.

Aketarawong, N., Bonizzoni, M., Thanaphum, S., Gomulski, L.M., Gasperi, G., Malacrida, A.R., Gugliemino, C.R., 2007. Inferences on the population structure and colonization process of the invasive oriental fruit fly, *Bactrocera dorsalis* (Hendel). Mol. Ecol. 16, 3522−3532.

Ali, M.A., 2016. Effect of temperature on the development and survival of immature stages of the peach fruit fly, *Bactrocera zonata* (Saunders) (Diptera: Tephritidae). Afr. J. Agric. Res. 11, 3375−3381.

APHIS−PPQ (Animal and Plant Health Inspection Service−Plant Protection and Quarantine). 2006. PPQ Treatment Manual. USA.

Baker, R.T., Cowley, J.M., 1991. A New Zealand view of quarantine security with special reference to fruit flies, In: Vijaysegaran, S., Ibrahim, A.G. (Eds.) First International Symposium on Fruit Flies in the Tropics, Kuala Lumpur, 1988. Malaysian Agricultural Research and Development Institute, pp. 396−408, Kuala Lumpur, Malaysia.

Borah, R.K., 1996. Influence of sowing seasons and varieties on the infestation of fruitfly *Bactrocera cucurbitae* (*Dacus cucurbitae*) in cucumber in the hill zone of Assam. Indian J. Entomol. 58, 382−383.

CABI, 2017a. Invasive Species Compendium, *Bactrocera zonata* (peach fruit fly). http://www.cabi.org/isc/datasheet/17694.

CABI, 2017b. Invasive Species Compendium, *Bactrocera cucurbitae* Coquillet (melon fly). http://www.cabi.org/isc/datasheet/17683.

Carey, J.R., Liedo, P., Miiller, H.G., Wang, J.L. Chiou, J.M. 1998. Relationship of age patterns of fecundity to mortality, longevity, and life time reproduction in a large cohort of

Mediterranean fruit fly females. J. Gerontol. A Biol. Sci. Med. Sci. 53B, 245–251.

Cayol, J.P., Causse, R., Louis, C., Barthes, J., 1994. Medfly *Ceratitis capitata* Wiedemann (Dipt., Trypetidae) as a rot vector in laboratory conditions. J. Appl. Entomol. 117, 338–343.

Chen, C.C., Dong, Y.J., Li, C.T., Liu, K.Y., Cheng, L.L., 2006. Movement of the Oriental fruit fly, *Bactrocera dorsalis* (Hendel) (Diptera: Tephritidae), in a guava orchard with special reference to its population changes. Formosan Entomol. 26, 143–159.

Danjuma, S., Thaochan, N., Permkam, S., Satasook, C., 2014. Effect of temperature on the development and survival of immature stages of the carambola fruit fly, *Bactrocera carambolae*, and the Asian papaya fruit fly, *Bactrocera papayae*, reared on guava diet. J. Insect Sci. 14, 1–16.

De Meyer, M., Mohamed, S., White, I.M., 2007. Invasive fruit fly pests in Africa. Tervuren, Belgium: Royal Museum for Central Africa.
http://www.africamuseum.be/fruitfly/AfroAsia.htm.

Dhillon, M.K., Naresh, J.S., Ram, S., Sharma, N.K., 2005a. Evaluation of bitter gourd (*Momordica charantia* L.) genotypes to melon fruit fly, *Bactrocera cucurbitae* (Coquillett). Indian J. Plant Prot. 33, 55–59.

Dhillon MK, Naresh JS, Ram Singh, Sharma, NK. 2005b. Influence of physico–chemical traits of bitter gourd, *Momordica charantia* L. on larval density and resistance to melon fruit fly, *Bactrocera cucurbitae* (Coquillett). J. Appl. Entomol. 129, 393–399.

Drew, R.A.I., 1989. The tropical fruit flies (Diptera: Tephritidae: Dacinae) of the Australasian and Oceanian regions. Mem. Queensl. Mus. 26, 1–521.

Drew, R.A.I., Hancock, D.L., 1994. The *Bactrocera dorsalis* complex of fruit flies (Diptera: Tephritidae: Dacinae) in Asia. Bull. Entomol. Res. 84(Suppl. S2), 1–68.

Drew, R.A.I., Romig, M.C., 2013. Tropical fruit flies of South–East Asia. CAB International, Wallingford, UK.

Drew, R.A.I., Tsuruta, K., White, I.M., 2005. A new species of pest fruit fly (Diptera: Tephritidae: Dacinae) from Sri Lanka and Africa. Afr. Entomol. 13, 149–154.

Duyck, P.F., Quilici, S., 2002. Survival and development of different life stages of three *Ceratitis* spp. (Diptera: Tephritidae) reared at five constant temperatures. Bull. Entomol. Res. 92, 461–469.

Duyck, P.F., David, P., Quilici, S., 2004. A review of relationships between interspecific competition and invasions in fruit flies (Diptera: Tephritidae). Ecol. Entomol. 29, 511–520.

Duyck, P.F., David, P., Quilici, S., 2006. Climatic niche partitioning following successive invasions by fruit flies in La Réunion. J. Anim. Ecol. 75, 518–526.

Duyck, P.F., Sterin, J.F., Quilici, S., 2004. Survival and development of different life stages of *Bactrocera zonata* (Diptera: Tephritidae) reared at five constant temperature compared to other fruit fly species. Bull. Entomol. Res. 94, 89–93.

Elnagar, S., El-Sheikh, M., Hashem, A., Afia, Y., 2010. Recent invasion by *Bactrocera zonata* (Saunders) as a new pest competing with *Ceratitis capitata* (Wiedemann) in attacking fruits in Egypt. Asp. Appl. Biol. 104, 97–102.

Enkerlin E, Garcia L, Lopez F, 1989. Mexico, Central and South America. In: Robinson AS, Hooper G, eds. Fruit Flies; Their Biology, Natural Enemies and Control. World Crop Pests 3(A). Elsevier, pp. 83–90, Amsterdam, Netherlands.

FAO/IAEA, 2000. Action plan: Peach fruit Fly, *Bactrocera zonata* (Saunders). Food & Agriculture Organisation (FAO)/International Atomic Energy Agency (IAEA), 50 pp.

Fetoh, B.E.A., Gawad, A.A.A., Shalaby, F.F., Elymel, M.F., 2012. Temperature-dependent development and degree-days Models of the peach fruit fly *Bactrocera zonata* (Saunders) and the cucurbit fly *Dacus ciliatus* (Loew). Intl. J. Environ. Sci. Eng. 3, 85–96.

Fimiani, P., 1989. Pest status; Mediterranean region. In: Robinson AS, Hooper G, eds. Fruit Flies; Their Biology, Natural Enemies and Control. World Crop Pests 3(A). Elsevier, pp. 37–50, Amsterdam, Netherlands.

Fischer-Colbrie P, Busch-Petersen E, 1989. Temperate Europe and West Asia. In: Robinson, A.S., Hooper, G. (Eds.) Fruit Flies; Their Biology, Natural Enemies and Control. World Crop Pests 3(A). Elsevier, pp. 91–99. Amsterdam, Netherlands.

Fitt, G.P., 1990. Comparative fecundity, clutch size, ovariole number and egg size of *Dacus tryoni* and *D. jarvisi*, and their relationship to body size. Entomol. Exp. Appl. 55, 11–21.

Fletcher, B.S., 1989a. Ecology; life history strategies of tephritid fruit flies, In: Robinson, A.S., Hooper, G., (Eds.), Fruit Flies; their Biology, Natural Enemies and Control. 3. World Crop Pests. pp. 195–208. Elsevier, Amsterdam, The Netherlands.

Fletcher, B.S., 1989b. Movements of tephritid fruit flies. In: Robinson, A.S., Hooper, G., (Eds.), Fruit Flies; their Biology, Natural Enemies and Control. 3. World Crop Pests. pp. 209–219. Elsevier, Amsterdam, The Netherlands.

Grant, T.M., Nicanor J.L., Kelly, A.A., 2017. Nakamichi annotated world Bibliography of host plants of the melon fly, *Bactrocera cucurbitae* (Coquillett) (Diptera: Tephritidae). Insecta Mundi 0527, 1–339.

Han, P., Wang, X., Niu, C.-Y., Dong, Y.-C., Zhu, J.-Q., Desneux, N., 2011. Population dynamics, phenology, and overwintering of *Bactrocera dorsalis* (Diptera: Tephritidae) in Hubei Province, China. J. Pest. Sci. 84, 289-295.

Heppner, J.B., 1988. Larvae of fruit flies. IV *Dacus dorsalis* (Oriental fruit fly) (Diptera: Tephritidae). Fla. Dept. Agric. Consumer Serv., Entomol. Circ. 303, 1-2.

Huang Y.B., Chi, H., 2012. Age-stage, two-sex life tables of *Bactrocera cucurbitae* (Coquillett) (Diptera: Tephritidae) with a discussion on the problem of applying female age-specific life tables to insect populations. Insect Sci. 19, 263-273.

Jeffrey, N.L.S., 1988. Peach fruit action plan, *Bactrocera zonatus* Saunders. PPQ, APHIS, USDA.

Jeffrey, N.L.S., 1990. Queensland fruit action plan, *Bactrocera tryoni* (Froggatt). PPQ, APHIS, USDA.

Jiajiao, W., Fan, L., Guangqin, L., 2000. Study on the relation between developmental rate of oriental fruit fly and its ambient temperature. Plant Quarantine 6, 321-324.

Jiang, C.M., Ai, H.M., Zhao, S.X., 2006. Life tables of the melon fly laboratory population reared on various host fruits. J. Fujian Agric. Forest. Univ. 35, 24-28.

Kean, J.M., 2015. Meta-analysis, validation and application of fruit fly development times. NZ. Plant Prot. 68, 44-53.

Keck, C.B., 1951. Effect of temperature on development and activity of the melon fly. J. Econ. Entomol. 44, 1001-1002.

Kiritani, K, 1998. Exotic insects in Japan. Entomol. Sci. 1, 291-298.

Laskar, N. Chatterjee, H., 2010. The effect of meteorological factors on the population dynamics of melon fly, *Bactrocera cucurbitae* (Coq.) (Diptera: Tephritidae) in the foot hills of Himalaya. J. Appl. Sci. Environ. Manage. 14, 53-58.

Leblanc, L., Vueti, E.T., Allwood, A.J., 2013. Host plant records for fruit flies (Diptera: Tephritidae: Dacini) in the Pacific Islands: 2. Infestation statistics on economic hosts. Proc. Hawaiian Entomol. Soc. 45, 83-117.

Lux, S.A., Copeland, R.S., White, I.M., Manrakhan, A., Billah, M.K., 2003. A new invasive fruit fly species from the *Bactrocera dorsalis* (Hendel) group detected in East Africa. Insect Sci. Appl. 23, 355-360.

MAFF (Ministry Of Agriculture, Forestry and Fisheries). 1996. Cold treatment. Textbook of plant quarantine treatments, MAFF, pp. 136-144, Tokyo, Japan.

Meats, A., 1981. The bioclimatic potential of the Queensland fruit fly, *Dacus tryoni*, in Australia. Proc. Ecol. Soc. Australia 11, 151–161.

Messenger PS, Flitters NE. 1958. Effect of constant temperature environments on the egg stage of three species of Hawaiian fruit flies. Ann. Entomol. Soc. Am. 51, 109–119.

Miyatake, T., 1993. Difference in the larval and pupal periods between mass-reared and wild strains of the melon fly, *Bactrocera cucurbitae* (Coquillett) (Diptera: Tephritidae). Appl. Entomol. Zool. 28, 577–581.

Ni, W.L., Li, Z.H., Chen, H.J., Wan, F.H., Qu, W.W., Zhang, Z., Kriticos, D.J., 2012. Including climate change in pest risk assessment: the peach fruit fly, *Bactrocera zonata* (Diptera: Tephritidae). Bull. Entomol. Res. 102, 173–183.

Noor, M.A.Z., Adam, N.A., Muhamad, R., 2011. Growth and development of *Bactrocera papayae* (Drew & Hancock) feeding on Guava fruits. Aus. J. Bas. Appl. Sci. 5, 111–117.

Norrbom, A.L., Carroll, L.E., Thompson, F.C., White, I.M., Freidberg, A., 1999. Systematic database of names, In: Thompson, F.C. (Ed.), Fruit fly expert system and systematic information database, Diptera Data Dissemination Disk 1 & Myia. pp. 65–251.

Nyamukondiwa, C., Terblanche, J.S., 2009. Thermal tolerance in adult Mediterranean and Natal fruit flies (*Ceratitis capitata* and *Ceratitis rosa*): Effects of age, gender and feeding status. J. Therm. Biol. 34, 406–414.

Purnima, S., Saxena, S.K., 1998. Effect of culture filtrate of three fungi in different combinations on the development of *Dacus cucurbitae in vitro*. Indian Phytopathol. 51, 361–362.

Purnima, S., Saxena, S.K., 1999. Effect of culture filtrates of three fungi in different combination on the development of the fruit fly, *Dacus cucurbitae* Coq. Ann. Plant Prot. Sci. 7, 96–99.

Qureshi, Z., Hussain, T., Carey, J. R., Dowell, R. V., 1993. Effects of temperature on development of *Bactrocera zonata* (Saunders) (Diptera: Tephritidae). Pan-Pac. Entomol. 69, 71–76.

Ren, L., Lu, Y.-Y., Zeng, L., Pang S.-T., 2006. Effect of different hostfruits on the cold hardiness of *Bactrocera dorsalis* (Hendel) (Diptera: Tephritidae). Acta Entomol. Sin. 49, 447–543.

Ricalde, M.P., Nava, D.E., Loeck, A.E., Donatti, M.G., 2012. Temperature-dependent development and survival of Brazilian populations of the Mediterranean fruit fly, *Ceratitis capitata*, from tropical, subtropical and temperate regions. J. Insect Sci. 12, 33

Robinson, A.S., Hooper, G., 1989. World Crop Pests, 3B Fruit Flies: Their biology, natural enemies and control. Elsevier, Amsterdam, 447 pp.

Rwomushana, I., Ekesi, S., Gordon, I., Ogol, C.K., 2008. Host plants and host plant preference studies for *Bactrocera invadens* (Diptera: Tephritidae) in Kenya, a new invasive fruit fly species in Africa. Ann. Entomol. Soc. Am. 101, 331–340.

Schutze, M.K., Mahmood, K., Pavasovic, A., Bo, W, Newman, J., Clarke, A.R., Krosch, M.N., Cameron, S.L., 2014. One and the same: integrative taxonomic evidence that *Bactrocera invadens* (Diptera: Tephritidae) is the same species as the Oriental fruit fly *Bactrocera dorsalis*. Syst. Entomol. 40, 472–486.

Seewooruthun, S.I., Permalloo, S., Sookar, P,, Soonnoo, A.R., 2000. The oriental fruit fly, *Bactrocera dorsalis* eradicated from Mauritius. In: Price, N.S., Seewooruthun, I. (Eds.), Proceedings of the Indian Ocean Commission, Regional Fruit Fly Symposium, Flic en Flac, Mauritius, 5th–9th June, 2000. Indian Ocean Commission, pp. 207–210, Quatre Bornes, Mauritius.

Shehata, N.F., Younes, M.W.F., Mahmoud, Y.A., 2008. Biological Studies on the peach fruit fly, *Bactrocera zonata* (Saunders) in Egypt. J. Appl. Sci. Res. 4, 1103–1106.

Tewatia, A.S., Dhankhar, B.S., 1996. Inheritance of resistance to melon fruitfly (*Bactrocera cucurbitae*) in bitter gourd (*Momordica charantia*). Indian J. Agric. Sci. 66, 617–620.

Vargas, R.I., Walsh, W.A., Jang, E.B., Armstrong, J.W., Kanehisa, D.T., 1996. Survival and development of immature stages of four Hawaiian fruit flies (Diptera: Tephritidae) reared at five constant temperatures. Ann. Entomol. Soc. Am. 89, 64–69.

Vargas, R.I., Walsh, W.A., Kanehisa, D., Jang, E.B., Armstrong, J.W., 1997. Demography of four Hawaiian fruit flies (Diptera: Tephritidae) reared at five constant temperatures. Ann. Entomol. Soc. Am. 90, 162–68.

Vargas, R.I., William, A.W., Kanehisa, D., Stark, J.D., Nishida, T., 2000. Comparative demography of three Hawaiian fruit flies (Diptera: Tephritidae) at alternating temperatures. Ann. Entomol. Soc. Am. 93, 75–81.

Vargas, R.I., Pinero, J.C., Leblanc L., 2015. An overview of pest species of *Bactrocera* fruit flies (Diptera: Tephritidae) and the integration of biopesticides with other biological approaches for their management with a focus on the Pacific region. Insects 6, 297–318.

Vayssières, J.F., Sanogo, F., Noussourou, M., 2004. Inventory of the fruit fly species (Diptera: Tephritidae) linked to the mango tree in Mali and tests of integrated control. Fruits 59, 3–16.

Vayssières, J.F., Rey, J.Y., Traoré, L., 2007. Distribution and host plants of *Bactrocera cucurbitae* in West and Central Africa. Fruits 62, 391–396

Vayssières, J.F., Carel, Y., Coubes, M., Duyck, P.F., 2008. Development of immature stages and comparative demography of two cucurbit-attacking fruit flies in Reunion Island: *Bactrocera cucurbitae* and *Dacus ciliatus* (Diptera Tephritidae). Environ. Entomol. 37, 307–314.

Waterhouse, D.F., 1993. The major arthropod pests and weeds of agriculture in Southeast Asia. Australian Center for International Agricultural Research, ACIAR Monograph 21, Canberra, Australia, 141 pp.

Weldon, C.W., Schutze, M.K., Karsten, M., 2014. Trapping to monitor tephritid movement: results, best practice, and assessment of alternatives, In: Shelly, T., Epsky, N., Jang, E.B., Reyes-Flores, J., Vargas. R. (Eds.), Trapping and the detection, control, and regulation of Tephritid fruit flies: lures, area-wide programs, and trade implications. Springer, pp. 175-217, New York, USA.

Wu, J. Liang, F., Liang, G., 2000. Study on the relation between developmental rate of oriental fruit fly and its ambient temperature. Plant Quarantine 6, 321-324.

Yang, P., Carey, J.R., Dowell, R.V., 1994. Comparative demography of two cucurbit-attacking fruit flies, *Bactrocera tau* and *B. cucurbitae* (Diptera: Tephritidae). Ann. Entomol. Soc. Am. 87, 538–545.

Ye, H., Liu, J., 2005. Population dynamics of *Bactrocera dorsalis* (Diptera: Tephritidae) in Xishuangbanna of Southern Yunnan. Ying Yong Sheng Tai Xue Bao. 16, 1330-1334.

Yonow, T., Zalucki, M.P., Sutherst, R.W., Dominiak, B.C., Maywald, G.F., Maelzer, D.A., Kriticos, D.J., 2004. Modelling the population dynamics of the Queensland fruit fly, *Bactrocera (Dacus) tryoni*: a cohort-based approach incorporating the effects of weather. Ecol. Model. 173, 9-30.

Younes, M.W.F., Akel, F.A., 2010. Effect of temperature on development and reproduction of peach fruit fly, *Bactrocera zonata* (Saunders) (Diptera: Tephritidae). Egypt. J. Exp. Biol. (Zool.) 6, 255-261.

찾아보기

[ㅇ]

[ㅈ]

저자 소개

김용균 교수

경북 안동시 송천동 388번지

안동대학교 식물의학과 곤충생리학 연구실

hosanna@anu.ac.kr

김동순 교수

제주특별자치도 제주시 제주대학로 102 (아라동)

제주대학교 생명대 식물자원환경전공 곤충생태학 연구실

dongsoonkim@jejunu.ac.kr

박계청 박사

New Zealand Institute for Plant and Food Research

Private Bag 4704, Christchurch 8140, New Zealand

kpark@plantandfood.co.nz

한호연 교수

강원도 원주시 흥업면 연세대길 1

연세대학교(원주) 생명과학기술학부 생물계통분류학 연구실

hyhan@yonsei.ac.kr

정가 29,000원

주요 금지급 과실파리 침입대비 위기 대응 매뉴얼

2017년 12월 20일 초판 인쇄
2017년 12월 30일 초판 발행
저 자: 김용균 · 김동순 · 박계청 · 한호연
발행자: 우명찬 · 송 준
발행처: 홍릉과학출판사
주 소: 서울시 강북구 인수봉로 50길 10
01093
등 록: 1976년 10월 21일 제5-66호
전 화: (02) 999-2274~5, 903-7037
팩 스: (02) 905-6729
e-mail: hongpub@hongpub.co.kr
http://www.hongpub.co.kr
ISBN: 979-11-5600-558-2

저자와의 협의하에 인지생략